■ 城市生态园林设计与技术丛书

Yuanlin
Chengshi

城市园林

景观设计

李玉平◎主编

U0299963

中国电力出版社
CHINA ELECTRIC POWER PRESS

内 容 提 要

本书以园林规划者实际需求为切入点，涵盖了多种园林工程设计思路及方法，主要内容包括园林景观设计的类型及原则，园林景观设计的形式，园林景观设计方案表达，园林植物景观设计，园林建筑小品设计，园林水景景观设计，假山、置石、塑石景观设计，园林园路景观设计，园林场地景观设计等知识要点。

本书系统、全面地讲述了园林设计中单品项目的设计方法、程序及要求，并用各个分项工程设计案例加以展示，是园林工程设计及相关人员值得一读的参考资料。

本丛书主要读者对象为园林设计从业人员和园林工作者、园艺观赏者及城市规划、环境艺术、旅游规划等相关人员。

图书在版编目（CIP）数据

城市园林景观设计／李玉平主编. —北京：中国电力出版社，2017.3（2019.3重印）
（城市生态园林设计与技术丛书）
ISBN 978-7-5198-0154-0

Ⅰ. ①城… Ⅱ. ①李… Ⅲ. ①城市-园林设计-景观设计 Ⅳ. ①TU986.2

中国版本图书馆 CIP 数据核字（2016）第 308603 号

中国电力出版社出版发行

北京市东城区北京站西街 19 号 100005 http://www.cepp.sgcc.com.cn
责任编辑：王晓蕾 联系电话：010-63412610
责任印制：杨晓东 责任校对：马 宁
北京博图彩色印刷有限公司印刷·各地新华书店经售
2017 年 3 月第一版·2019 年 3 月第二次印刷
787mm×1092mm 1/16·19 印张·441 千字
定价：68.00 元

编委会成员

主编　李玉平

参编　李志刚　张素景　刘彦林　徐树峰

　　　　马立棉　孙兴雷　杨　杰　郭爱云

　　　　梁大伟　曾　彦　张计锋　毛新林

　　　　张金明　梁　燕　贺太全

前　　言

园林能够有效地改善环境质量，它借助于景观环境、绿地构造、园林植物等多方面的因素合理地改善着人们的生活环境，从而为大家提供良好的生活环境，创造优越的游览、休息和活动平台，也为旅游业的发展提供了十分有利的条件。

优秀的风景园林工程，不但可以持续地使用，还能提高环境效益、社会效益和经济效益。随着社会经济的不断进步和发展，园林工程建设越来越受到国家的重视。园林工程通过在城市中建造具有一定规模的绿色生态系统，以缓减人们对大自然的破坏，改善生活环境的质量，促进环境和社会经济的可持续发展。

改善生态环境、提高人居质量，成为我国目前建设的主旋律。为解决空气污染、噪声污染、热岛效应等不利于人们身体健康的"城市病"，我国许多地区正致力于发展城乡一体的绿化，竞相为人们营造一道绿色的"生态屏障"。据专家预测，园林产业的发展路途久远，前景深广，距离引领世界园林趋势潮流还有相当的距离。

现阶段园林行业从业者，特别是技术人员水平良莠不齐，兼职和跨行业技术人员所占比例很大，而园林行业复合型技术人才所占比例很小，并且处在供不应求的状态，特别是园林科研、设计、养护、绿化、工程管理及预算的技术人才更为急需。园林相关图书近几年已有一定的市场占有率，但是真正将生态理念融合到园林设计、施工、养护，包括材料选用的书还很少，市场已有的图书大多是传统的园林设计施工方式叙述，单独的案例罗列。因此，能将生态绿化从材料选用到园林修缮甚至与其他建筑、人、动物和谐为一体的园林图书应是迎合专业读者和市场需求的。

本系列丛书系统地阐述了当前社会所提倡的可持续、生态、海绵等园林设计、施工领域新的发展观及应用技术，注重客观实际及与相关建筑、文化等的跨界、融合。内容有城市园林景观设计、城市园林绿植养护、城市园林工程施工技术（主要指栽植）、城市园林施工常用材料等，其中园林景观设计主要讲园林绿化及景观建筑的选址、布置等；绿化施工主要讲园林树木栽植方法和栽植要点；园林绿植养护主要讲花卉及植物的调理、灌溉施肥及修剪方法；城市园林施工常用材料主要是配合当今绿色及环保的主题而选用生态材料来做园林的各种新型材料。

本书讲究"知识与技能"的有序性，以"市场需求和行业发展趋势"为导向，以"理论与技能"并重为宗旨，以"培养高技能实用型人才"为目标进行编写。

本书的具体特色如下：

1. 选择在园林领域具有经验的人员编写。

2. 在选材方面，选用典型、具有生态园林需求的案例或材料。

3. 在写法上力求简明扼要、重点突出、范例实用、图文并茂，注重直观，体现可操作性。

4. 本书从专业及从业人员实际需求的角度加以阐述，将专业知识与应用技能交汇编写，内容充实、全面。

5. 本书的内容及阐述方式均采用大众风格和语言编写，以达到普及和迎合更多群体的目的。

6. 从内容组成上来说，本书兼顾生态绿化理论性与技术实用性，力求做到理论精简、技术实践问题突出，从而满足读者的需要。

本书在编写过程中，得到了其他有丰富理论及经验的优秀园林设计人员的指引及建议，也参考了行业内很多文献资料，在此深表感谢。

限于作者水平，加之时间仓促，书中不妥不足之处在所难免，敬请读者朋友们提出宝贵的意见，我们将在本书再版时加以完善，在此不胜感激！

编　者

目 录

第一章

园林景观设计的类型及原则

第一节　园林景观设计的类型
（以公园为主要阐述对象）

我们可以看到，无论是中国的皇家园林还是私家园林，它们的共同特征都是一个供少数富人观赏游乐的封闭式园林。新中国成立后，由于经济体制的改变，私家园林陆续由私有转为公有，开始向公众开放，私家园林的使用功能也转向了以观赏为主。城市公园是国家利用自然风景比较好的环境集中修建的公园，这种公园建成后，原景观的面积、空间相对都扩大了许多，公园绿地内设置了许多游乐、运动、休憩的场所，基本满足了广大市民的要求。公园满足了市民需要户外活动的绿地空间的要求，同时也满足了人们热爱自然及与自然和谐相处的基本愿望。随着经济的飞速发展，城市人口的急剧递增，城市居住形式发生了巨大的变化，相对应的城市小公园、街道小公园、小区花园等也陆续出现，称为一般公园。

一、自然风景

所谓自然公园，就是在地理位置上具有一定观赏价值的公园，一般是以地名命名的地方性公园，例如，张家界森林公园、神农架国家森林公园、海螺沟冰川森林公园、西双版纳森林公园、老山森林公园、狮子山公园等。这类公园都是以得天独厚的地理位置取胜而建立起来的，因此其以独特的自然美景而具有一定的观赏价值，这种观赏优势吸引了游客。例如，张家界森林公园，大自然的旷世之作，纳南北风光，兼诸山之秀，如独一无二的风景奇书，更像一幅百看不厌的山水长卷；又如神农架国家森林公园，原始生态，生物丰富，绚丽多彩；海螺沟冰川公园，冰川与原始森林共生，是多种植物与冰火两重天的神话世界；西双版纳森林公园的神秘雨林，野象及傣家竹楼构成了纯净、淳朴的情节；老山森林公园是以自然森林为依托，依山傍水，风景秀丽；狮子山公园是以面临长江的自然风光为优势，借山的自然清秀，登上山顶的望江楼，可看到长江的壮丽景观。总之，人们在不同的自然公园中能够领略到不同的大自然的美丽，引发人们更加关爱大自然，保护生态环境，提高环保意识，自觉维护地球的生态环境。

自然公园的建设在不破坏原有自然特性的前提下，以利用、维护、发挥自然生态极致美为目的，给人们提供最大的观赏度和进入自然环境的优势。因此，公园内建筑及公共设施的建设都是以最大限度地方便人们观赏自然风景为前提，而不是人为地破坏大自然，随意添加建筑物。人工物要尽可能减少，让自然美景体现得淋漓尽致，使人们真正感受到在自然怀抱中的美丽和温馨，如图 1-1 所示。

(a)

(b)

(c)

图1-1　自然景观示例

（a）自然公园；（b）欧洲夏天海浴场；（c）云南玉龙山脚下的白水河自然景观

二、主题公园园林设计

通常公园是以绿化为主体的公共活动空间，为人们提供优质的户外活动空间。随着经济文化的发展，不同年代、不同文化类型的需求使得公园的内涵发生了深刻的变化。公园的类别开始细化，出现了不同的类型。每个公园既有共性，也具有自己的个性，其共性是都有一个公共的活动园地和花木绿地环境，个性则是在公园的活动内容上各有不同，因此出现了主题公园，如图1-2所示。

图1-2　主题公园设计示例

主题公园一般是以公园的主要内容命名，概括起来有以下几个方面：

（1）风土人情的公园。是以国家风俗为主，传播一种乐趣和异国风情的乐园，其内容从建筑风格到整体色彩、游具造型都具有本国的民族风格。置身其中，游客可以体会和感受到浓厚的风土人情和传统风俗。此类乐园有西班牙公园、丹麦公园、小世界公园、地球村公园等，如图1-3所示。

（2）艺术性为主的公园。例如，雕塑公园、碑林公园、奥林匹克雕塑公园、博物馆园林景观等。雕塑公园是以多种雕塑形式汇集在一起的公园，有独立式雕塑、群组式雕塑、写实的雕塑、抽象的雕塑、电动雕塑，还有巨大雕塑等。它的内容十分丰富，造型独特有趣，风格千变万化，具有较高的艺术观赏价值，人们在观赏雕塑的同时，也接受着艺术的熏陶和心灵的感动。比如，日本雕塑公园的作品来自各个国家，都是世界著名雕塑家所作，具有极高的观赏价值。公园中的雕塑就有上千个，坐落在野外的自然山峦中，规模非常大，足够人们长时间地细细品味和观赏。

（3）知识性为主的公园。例如，常见的植物园、动物园、海洋公园、生态公园等。动植物园是以动植物为主要内容，并附有动植物知识的公园；海洋公园一般靠海边，是内容含有海洋知识的公园。通过逛这类公园可以认识许多动植物，掌握一定的知识，对动植物生态等有一个很好的了解，促使人们爱护环境，保护自然生态资源，如图1-4所示。

图1-3　有民族文化活动的主题公园

图1-4　北京植物园

（4）纪念性为主的公园。例如，奥林匹克公园、和平公园、总统府花园、莫愁湖公园、宝船厂遗址公园、烈士陵园（雨花台、中山陵等）等。纪念性公园一般指公园的内容，或人物，或地点，具有重大历史意义，具有一定的教育意义和纪念意义。如南京中山陵，是纪念民主革命的先驱孙中山先生的陵园，记录了辛亥革命的历史篇章；雨花台是爱国英雄烈士牺牲的地方，是进行爱国主义教育的地方；总统府遗址刻写了民国政治文化，见证了解放南京的历史；莫愁湖公园讲述了古代民间能歌善舞的莫愁女的爱情故事。总之，纪念性主题公园充满了丰富的历史故事，为后人了解历史，弘扬正义，指导当今的工作生活及对人生都有一定的教育意义。

（5）健身为主的公园。例如，青少年公园、运动公园等。内容一般有各种运动项目，如篮球、足球、网球、游泳、自行车、爬山、蹦极等。因为这一类公园是以健身为目的的，所以与一般公园相比，运动项目集中而齐全，如图1-5所示。

图1-5　健身公园

（6）故事性为主的游乐公园。根据众所周知的著名小说或童话故事来命名公园名称，以故事中的人物、情节等展开各种活动为主要内容的游乐公园，如迪士尼乐园等。活动内容比较丰富，有动有静，有惊有险，有紧张、有平和、有恐怖、有探险、有兴奋，让人们在游乐中感悟故事的各种情趣和情节，体验各种经历。

（7）教育性为主的公园。例如，交通公园、市民农园等。交通公园是以交通法规为基准，把城市街道缩小化后在公园中具体实施，让孩子们在小公园游玩中具体体验和掌握好车、人的交通知识，以及识别交通标志等法规知识，同时教育孩子们做一个遵纪守法的人。农业公园是以爱劳动、了解农业生产知识为目的的公园。这些公园对于现代的孩子有一定的教育意义，对现今的学习和生活都有着不可低估的作用。

三、住宅区园林设计

住宅小区公园又称花园小区，是指具有一定绿化环境的户外公共活动空间，即提供和满足市民的户外基本活动空间，丰富人们的居住生活，美化和保护城市生态环境，提高市民生活，提升城市品位，如图1-6所示。

图1-6 住宅小区公园设计
（a）有花坛、花架、草坪；（b）有雕塑和人工水景；（c）日本横滨海边；（d）日本横滨下沉广场公园

一般住宅小区公园的主要功能包括：① 提供户外活动环境，促进健康；② 绿化环保，调节空气；③ 植物观赏，陶冶性情；④ 休憩养心，调节心理；⑤ 美化城市，繁荣市民文化；⑥ 为防灾避难提供安全空地。这种带有普遍意义的住宅小区公园，深受广大市民的喜爱。就市民之便建设公园是人性化设计的体现，孩子的游戏、大人的交流、老人的娱乐及晨练、散步、休憩等都可以得到充分的满足。实用化的住宅小区是市民生活中不可缺少的一部分。公共性、开放性、实用性成为住宅小区的主要特点。

以人为本是住宅小区公园设计的基本原则，要考虑不同年龄层和文化层问题，要有针对性和代表性，为绝大多数人的生活居住提供方便。绿化要丰富多样，绿树成荫，四季色彩多变，提供充分享受自然的室外活动空间。

住宅小区风景设计要注意消防通道及小区的通道畅通问题。消防通道一般单行道要保证在 3m 以上，双行道在 6m 以上。车道的贯通保证了小区居住人群的搬家、救护等应急措施的实行，是安全的必要因素。

在植物配置中也要注意安全问题，禁止栽有毒素的植物，以防孩子误食。还有水景的安全问题，尖锐的石头等都要处理好，避免意外事故发生。除了安全意外，小区景观内配备休息、路灯、垃圾箱等服务设施也是不可忽视的。

日本名古屋的人口是 200 万左右，而大小公园就有 1000 多个，可见市政府对市民活动空间的重视。这不仅给城市市民带来了实惠与关爱，还增加了大片绿地，美化了城市环境；为居住人群提供了安全避难地，增添了城市环境中应有的祥和与温馨气氛。每个居住区都设有与居住群相应大小的公园，特别是大的居住群必有一个大的公园，为附近居民，尤其是孩子提供方便的活动场所。

第二节　园林景观设计的基本元素

本书把设计的基本元素归纳为十项，其中前七项是可见的常见形式（即点、线、面、形体、运动、颜色和质感），后三项（即声音、气味、触觉）则和不可见的感觉有关。

（1）点。一个简单的圆点代表空间中没有量度的一处位置（图 1-7）。

（2）线。当点被移位或运动时，就形成一维的线（图 1-8）。

（3）面。当线被移位时，就会形成二维的平面或表面，但仍没有厚度。这个表面的外形就是它的形状（图 1-9）。

（4）形体。当面被移位时，就形成三维的形体。形体被看成是实心的物体或由面围成的空心物体（图 1-10）。就像一间房子由墙、地板和顶棚组成一样，户外空间中形体是由垂直面、水平面或包裹的面组成的。把户外空间的形体设计成完全或部分开敞的形式，就能使光、气流、雨和其他自然界的物质穿入其中。

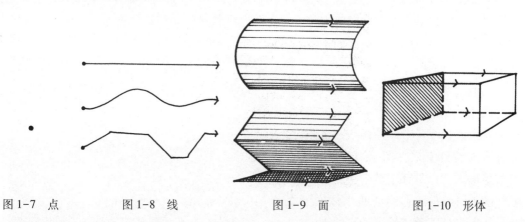

图 1-7　点　　　　　图 1-8　线　　　　　图 1-9　面　　　　　图 1-10　形体

（5）颜色。所有的表面都有内在的颜色，它们能反射不同波长的光波。

（6）质感。在物体表面反复出现的点或线的排列方式使物体看起来粗糙或光滑

图 1-11　质感

（图 1-11），或者产生某种触觉感受。质感也产生于许多反复出现的形体的边缘，或产生于颜色和映像之间的突然转换。

（7）运动。当一个三维形体被移动时，就会感觉到运动，同时也把第四维空间——时间当作了设计元素。然而，这里所指的运动，应该理解为与观察者密切相关。当我们在空间中移动时，我们观察的物体似乎在运动，它们时而变小，时而变大，时而进入视野，时而又远离视线，物体的细节也在不断变化。因此在户外设计中，正是这种运动的观察者的感官效果比静止的观察者对运动物体的感觉更有意义。

剩余的三种元素是不可见的。

（8）气味——嗅觉感受。园林中的花、阔叶或针叶的气味往往能刺激嗅觉器官，它们有的带来愉悦的感受，有的却引起不快的感觉。

（9）触觉——触摸的感受。通过皮肤直接接触，可以得到很多感受——冷和热、平滑和粗糙、尖和钝、软和硬、干和湿、黏性的、有弹性的等。

（10）声音——听觉感受。对我们感受外界空间有极大的影响。声音可大可小，可以来自自然界，也可以人造，可以是乐音，也可是噪声等。

第三节　园林景观设计的组织原则

一、统一性

这一原则能把单个设计元素联系在一起，进而使人们易于从整体上理解和把握事物。例如，如图 1-12 所示，当这一石块被自然之力分成几块时，碎块在大小和形状上都可能差别很大，但仍处于原始石块的大致位置。统一性就是要具有单体和整体的共性，能把不同的景观元素组合成一个有序的主题。因此，利用第二章所讲的主题技巧就能建立一个统一的框架。

其他的统一技巧包括对线条、形体、质感或颜色的重复——当需要把一组相似的元素连接成一个线性排列的整体时，这种方法特别奏效。图 1-13 展示了重复的矩形人行道贯穿于整个空间。

图 1-14 展示了流动的水体作为统一的线条穿插于重复堆置的石块之中。

图 1-15 展示了把同种植物种植在一起，使之成为界限分明的组团。

图 1-12　原始石块

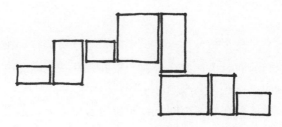

图 1-13　矩形人行道

图 1-14　流动水体

图 1-15　植物组团

如果不遵循统一性的原则，设计就会变得杂乱无序。例如，图 1-16 中这一设计混乱的植物丛，或者各种石块随机散置于鹅卵石地面上，或随机堆积在一起。

图 1-16　植物丛

二、顺序

这一原则同运动有关。静止的观景点，如平台、坐凳或一片开敞的空间，是重要的间隔点。我们穿越外部空间的同时也在体会着这一空间，这些空间和事件之间的一系列联系物就是顺序：水从山涧的小溪中缓缓流出，渐渐变成瀑布，汇成一泓深潭，然后急速奔流，终归江湖。同样，设计者在外部空间设计时也应考虑方向、速度及运动的方式。精心布置的顺序应该有一个起始点或入口，用以指示主要路径。接下来应该是各种空间和重要景点，它们整个被连接成为一个逻辑的过程。其结束点应该是主要的间歇点，并要展示出一种强烈的位置感，居于全景中心。它也可能是通向另一个序列的门槛。事实上，有多条道路和顺序也是可行的。

很多原则（强调、聚焦、韵律、平衡、尺寸等）利于形成顺序。含有一些使游人不断产生新发现的顺序是有效的顺序（图1-17）。最好不要在开始显露出所有景致。一个拐角能隐藏连接的空间或重要景点；一条缝隙能使远处的景致若隐若现。不断发现的兴奋会增加游历的乐趣。注意图1-18和图1-19景观中的神秘感。

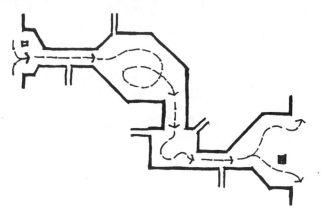

图1-17　序列性景观

图1-18　隐藏性景观

图1-19　神秘性景观

当你要设计一些具体的形体时，不妨先自问以下这些实用的问题：

（1）整个设计中的每一部分都能作为一个优美的景致吗？

（2）各个元素能彼此融合且同周围环境相融合吗？

（3）我使用了足够的种类、有限的强调，并给游人带来发现的机会了吗？

（4）设计中的每一样东西都绝对需要吗？我已经取消了所有无意义的形式、无关的材料和多余的物体了吗？

三、尺度和比例

这一原则涉及高度、长度、面积、数量和体积之间的相互比较。这种比较可以在几种元素之间，也可在一种元素及其所在的空间之中进行。重要的是，我们倾向于把看到的物体同我们自己的身体进行比较。

"微型尺寸"是指小型化的物体或空间，它们的大小接近或小于我们自身的尺寸（图 1-20）。

图 1-20 微型尺寸景观

"巨型尺寸"是指物体或空间超出我们身体的数倍，它们的尺度大得使我们不能轻易理解（图 1-21）。这种大能引起惊叹和惊奇之感，有时甚至是过度的压迫感。

在这两种尺寸之间就是人体比例的尺寸，即物体或空间的大小能很容易地按身体比例去估算（图 1-22）。当水平尺寸是人身高的 2～20 倍、垂直尺寸是水平宽度的 1/3～1/2 时，尽管不能精确地目测尺寸，但此时的空间尺度是使人感觉适宜的尺度。

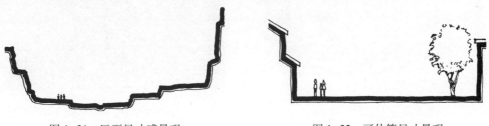

图 1-21 巨型尺寸感景观　　　　图 1-22 可估算尺寸景观

在人体比例尺寸这一较宽的范围内，人们常常喜欢根据经验划分成不同的级别：某一空间可能适宜数目较多的人群活动，而另一空间却适宜少量的人活动。空间级别是界定空间范围的概念。但平衡和尺度的原则不能简单地理解为好或坏、必需或不需要的关系，它们被设计者掌握以后，能创造出激发某些情感的作品。

四、平衡

这是对平衡状态的一种感觉。它暗示着稳定，并被用于引起和平和宁静的感受。在景观设计中，它更多地应用于从静止的观察点处进行观察，如从阳台上、入口处或休息区进行观察。观察到的一些景象之所以比其他更能吸引我们的注意力，主要是因为它们对比强烈或是不同寻常。当各种吸引人的物体在假定的支点上保持平衡时，人们就会感觉思想上很放松。景观中的这种平衡通常是指沿透视线方向垂直轴上注意力的平衡。

规则式的平衡是指几何对称的图形，其特点是在中轴的两侧重复应用同一种元素。它是静态的和可预测的，并创造出一种威严、尊严和征服自然之感（图1-23和图1-24）。

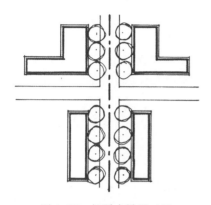

图1-23　规则式景观（1）

图1-24　规则式景观（2）

不规则式的平衡是没有几何形体和非对称的。它常是流动的、动态的和自然的，并创造一种惊奇和运动之感（图1-25和图1-26）。

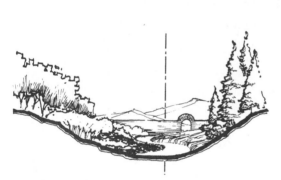

图1-25　不规则景观（1）

图1-26　不规则景观（2）

五、协调性

这是元素和它们周围环境之间相一致的一种状态。与统一性所不同的是，协调性是针对各元素之间的关系而不是就整个画面而言的。那些混合、交织或彼此适合的元素都可以是协调的，而那些干扰彼此完整性或方向性的元素是不协调的。用一些具有真实感的自然材料处理园林景观中的问题比用无艺术感或功能性的人造材料要协调得多。一条总的原则是避免出现不协调、生硬或不牢固。

下面的例子可作为缺乏协调性的典范。

图1-27中这座位于草坪中的小桥，既无特定的方向性，又无实际的意义，同周围环境是不协调的。

图1-28中腐蚀的树根被精心地排成一排。

图 1-27　不协调小桥

图 1-28　树根景观

图 1-29 中鸭子、小鹿、青蛙、天鹅，所有这些都竞相吸引你的眼球，就会减弱空间效果，使空间充满尴尬。

图 1-30 展示了另一种情况，20 只火烈鸟组成一组，能给人以显著且协调的冲击力。

图 1-29　鸭子景观

图 1-30　天鹅景观

协调的布局从视觉上给人以舒适感。可以比较图 1-31 中很和谐的水体和图 1-32 中不和谐的水体；图 1-33 和图 1-34 中的前院景观也形成了对比。然而，也有一些故意使人产生窘迫和紧张之感的布局。

图 1-31　协调的布局（水体）

图 1-32　不协调的布局（水体）

11

图1-33 协调的布局（前院景观）

图1-34 不协调的布局（前院景观）

六、趣味性

这是人类的一种好奇、着迷或被吸引的感觉。它并非是基本的组织原则，但从美学角度上说是必需的，因此也是设计成功与否的关键。通过使用不同形状、尺度、质地、颜色的元素，以及变换方向、运动轨迹、声音、光质等手段可以产生一定的趣味性。使用那些易于引起探索和惊奇兴趣的特殊元素及不寻常的组织形式，能进一步加强趣味性。

七、简单

这是减少或消除那些多余之物的结果，也就是要使线条、形式、质感、色彩简洁化。因此，它是使设计具有目的性并清晰明了的一种基本组织形式（图1-35）。但是，过于简单也可能导致单调。

图1-35 简单性景观

八、丰富

丰富是简单的对立面。如果不保持一个很强的统一主题，过多的元素就会导致无序。简单和丰富之间没有精确的界限，但寻找它们之间的平衡点及寻找场所和项目之间的平衡点是至关重要的。图1-36和图1-37展示的就是简单且又有足够的种类，从而不失趣味性的例子。

九、强调

这一原则是指在景观设计中突出某一种元素。它要求一种布局要强调一种元素或一个小区域，使之具有吸引力和影响力。有限地使用强调能使游人消除视觉疲劳，并能帮助组织方向。当你能很容易地判断出哪一项最重要时，你的设计将会变得更加令人愉快。

图 1-36　简单丰富

图 1-37　趣味景观

强调主要通过对比来表现（图 1-38~图 1-41）。可以在一些较小的群体中布置一个大的物体，在无形的背景下布置一个有形的实体，在暗色调之中布置一种明亮的色调，在精细的质地之中布置一种粗糙的质地，或是使用一种类似瀑布的声音。

图 1-38　深色的背景衬托着明亮的造型

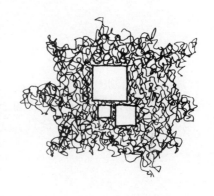

图 1-39　模糊不规则的
背景围绕着轮廓清晰的形状

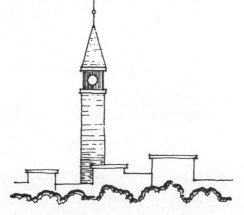

图 1-40　低矮形体旁的高大体块

图 1-41　主峰伫立在小型山石中

强调也能通过使用一种不常见的或是独一无二的元素来表现，如图 1-42 和图 1-43 所示。

图 1-42　不常见性景观　　　　　　　　　　　图 1-43　独特性景观

十、框景和聚焦

框景和聚焦强调的是另一种表现。它们需要有一定的外围景观相配合。当周围元素的排列利于观察者注视某一特定的景象时，可使用框景和聚焦手法（图 1-44 和图 1-45）。其中，必须注意的是聚焦的区域具有欣赏的价值。

图 1-44　框景　　　　　　　　　　　　　　图 1-45　聚焦

当强调的原则被应用在线形景观元素或某种图案上时，就会产生韵律。韵律是有规律地重复强调的内容。间断、改变、搏动都能给景观带来令人激动的运动感（图 1-46 和图 1-47）。

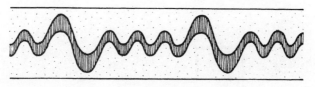

图 1-46 韵律

图 1-47 间断

十一、形体整合

（1）使用一种设计主体固然能产生很强的统一感（如重复使用同一类型的形状、线条和角度，同时靠改变它们的尺寸和方向来避免单调）。但在通常情况下，需要连接两个或更多相互对立的形体。

（2）或因概念性方案中存在几个次级主体；或因材料的改变导致形体的改变；或因设计者想用对比增加情趣。不管何种原因，都要注意创造一个协调的整合体。

（3）最有用的整合规则是使用 90°角连接。当圆与矩形或其他有角度的图形连接在一起时，沿半径或切线方向使用直角是很自然的事。这时所有的线条同圆心都有直接的联系，进而使彼此之间形成很强的联系。图 1-48 的上半部分显示出几种可能性。

（4）90°连接也是蜿蜒的曲线和直线之间及直线和自然形体之间可行的连接方式。平行线是两种形体相接的另一种形式。钝角连接的方式不太直接，适用于某些情况。锐角在连接时要慎重使用，因为它们经常使对立的形体之间显得牵强附会。

（5）可以通过缓冲区和逐渐变化的方法达到协调的过渡效果。缓冲区意味着给相互对立的图形之间留出整洁的视觉距离，以缓解任何可能的视觉冲突。

（6）除了设计者在一种形式和另一种形式之间用几个中间形式过渡以外，逐渐变化的方法与前者有相似的效果。在图 1-48 的右侧展示了从蜿蜒的曲线向直线过渡的一种形式。

有几种图案被整合到图 1-49 中的平面图。可以找到两个 90°/矩形形状。为了和入口的台阶相匹配，其前方的以矩形铺装的停车区被旋转了 45°，围绕着热水浴区域的墙体与建筑的墙体成一条直线相连接。135°花园墙与建筑及草坪以直角（90°）相连接。曲线形的草坪边缘与铺装边缘也以直角（90°）相连接。从矩形喷泉跌落的水沿着直线形的台阶渠道流下，然后进入螺旋形的渠道。螺旋形的半圆圆心和露台边缘的圆心在同一条直线上。

图 1-50 中的拱顶向我们展示了从圆向矩形转变的简便方法：弧形石的半径方向引出一些直线，它们同砖块以钝角相交。

图 1-51 和图 1-52 都包含两个或两个以上的对立形体，注意它们的连接方式（可找到 90°连接、缓冲区和逐渐过渡）。

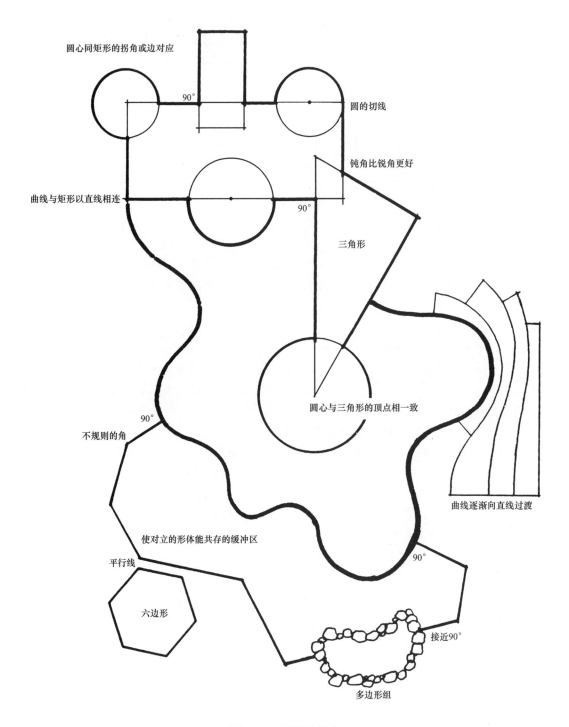

图 1-48　图形的整合

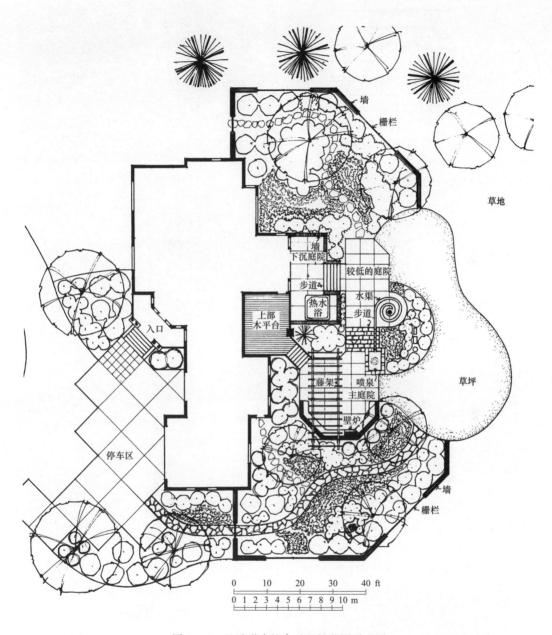

图 1-49 显示形式整合过程的花园平面图

(注：1ft = 0.304 8m)

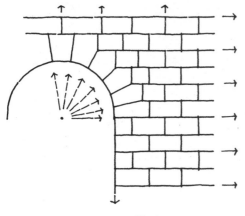

图 1-50　拱顶

图 1-51　对立形景观（1）

图 1-52　对立形景观（2）

十二、生态性

生态性是指园林中各要素在改善周围环境，如涵养水源、净化空气、水土保持方面所起的作用，强调人与自然的和谐关系。

1. 从自然中获得灵感

对自然的珍视和虔诚的热爱，可带给设计师丰富的设计灵感和创作源泉。很多设计，其灵感都来源于大自然。好的园林景观设计作品应该"虽为人工，俨然天成"，设计师以自然为导师，从对自然的感受（声音的倾听和景观的阅读）中，形成通过设计的"有为"来达成对基地的看似"无为"的景观设计特征。把天然形成的风景转化为景观设计语言，自然本身自有其大美，人的活动应该在自然的背景下去完成，如图 1-53 所示。

图 1-53　度假酒店景观休闲广场

2. 充分利用自然界原有资源

真正的园林景观设计并不是任意去破坏自然、破坏生态，而应充分发挥原有景观的积极因素，因地制宜，尽可能利用原有的地形及植被，避免大规模的土方改造工程，争取用最少的投入、最简单的维护，尽量减少因施工对原有环境造成的负面影响，以人类的长远利益为着眼点，减少不必要的浪费，尽可能考虑物质和能源的回收和再利用，减少废物的排放，增强景观的生态服务功能。例如，德国柏林波茨坦广场地面和广场上的建筑屋顶都设置了专门的雨水回收系统。收集来的雨水用于广场上植物的浇灌、广场水景用水的补充及建筑内部卫生的清洁等，有效地利用了自然降水。

3. 注重对自然的体验

现代人对自然的渴望尤为迫切，对自然的感受和需求也更为细腻和多样。园林景观无论是花园还是公园，都是作为人们感受自然、与自然共呼吸的场所。天空的阴晴明暗、云聚云散、风的来去踪影、雨的润物无声和植物的季相变化，应该是设计时常常捕捉的对象并反映在设计中，让人们身处其中能真切地感受到这些微妙的变化，享受"天人合一"的美好境界。景观要反映人们对于自然与土地的眷恋和热爱，搭起人与自然的天然情感桥梁，强调人与自然的生态性联系。

例如，许多景观作品都非常关注地面铺装的设计，运用多种材料拼出精美复杂的图案。在潮湿多雨、天气变幻莫测的情况下，铺装图案的不同效果反映了不同的天气状况。一些景观设计师，常常在作品中设计一些浅浅的积水坑，不仅在下雨的时候能积聚少量的雨水，而且能在放晴后倒影天空的变化，从而感知自然。

4. 尊重自然的准则

在园林景观设计中，生态的价值观是设计中必须尊重的观念，它应与人的社会需求、艺术与美学的魅力同等重要。设计中，应该重视环境中的水、空气、土地、动植物等与人类密切关联因素的内在关系，注重设计中的规模、过程和秩序问题，对生态环境不断地给予深刻理解，在园林景观设计中予以重视并体现在具体措施和环节中（图1-54）。

从方案的构思到细节的深入，时刻都要牵系这一价值观念。应该以这一观念支撑生态景观的设计，在设计与生活时尊重自然带给我们的生命的意义，时刻有着尊重环境、理解自然的态度，合理运用自然因素、社会因素来创造优美的、生态平衡的人类生活景域。

具有"大地雕塑"之称的法国特拉逊·拉·维乐德尔公园，可作为传统自然要素运用的典范代表，它高踞于特拉逊·拉·维乐德尔山坡上，浑然天成的地貌给人以不屑人工雕琢之感，仿佛稍加涂抹便可令其尽显风采。其地形、草地、森林、河流构成了园中诗般的意境，露天剧场、道路、堤坝等则体现了人类与自然的融合，桅杆、风铃、喷泉这些具有当地风情的细部，如同画龙点睛般地透出场地的灵气。整体设计运用多种要素巧妙地体现了"造园如做诗"的境界。

十三、文化性

文化性是指园林中各要素所体现的具有地域特色的历史文化的延续，是园林景观设计通过隐喻与象征等手法传达出的文化内涵。即使同样的使用功能，因其地域、文化、气候、适用对象等的差异，也会对其园林景观设计提出不同的要求。

金属筐墙和防护林

金属筐隔声墙   防护林和墙壁

图 1-54   园林外围景观带

图 1-55   海南休闲度假区景观

1. 体现民族传统地域性准则

随着经济的发展、城市规模的扩张，保持地方历史性、文化性和自然地理特质显得具有深刻的时代价值，图 1-55 表现了当地自然风情的度假区景观。

园林景观设计应根植于所处的地域。地域性准则是在对局部环境的长期体验中，在了解当地人与自然和谐共处的模式的基础上做出的创造性设计。遵循这一原理主要表现为尊重地域的精神和建材等，创造具有自然特征、文化特征的景观，突出地方文化与地域特征。

有的设计师善于从各自的民族传统和自然环境中汲取设计灵感、提炼设计语言，通过与现代设计的结合，形成地方主义的特色。例如，尽管有强国的入侵，世界流行风格也在不断变更，但斯堪的纳斯维亚景观设计几十年来坚持走自己的道路，设计师常常采用自然或有机的形式，以简单、柔和的风格创造出富有诗意的园林景观，以朴素自然、温馨典雅和功能主义的简洁风格赢得了人们的尊敬。

2. 独特的文化内涵

现代设计师应当从时代特征、地方特色出发，顺应文脉的发展，发展适合自己的风格。人类所生存的环境包括园林中的花草树木等，均能唤起人类强烈的情感和联想。设计师在作品中，通过精心的艺术构思，表达出心中臆想的感念，引起人们的共鸣。这种具有深层内涵的园林景观的价值，就在于人们通过所获得的心灵感应，传达了对环境的联想。这种联想唤起了人们已失去的感觉，并通常附加了一些丰富、奇想甚至幽默感。

法国宫廷花园壮丽的轴线诞生的原动力来自于现实路易十三帝皇控制与征服力量的强烈意愿，浓郁氛围的日本庭园产生于精心的维护和一系列复杂的文化背景，意大利城市广场特色源于富有生气的社会生活方式等。像拙政园、网狮园等我国许多优秀的园林都是我们学习和借鉴的榜样，这些园林景观不仅富有自然界的生命气息，具有符合形式美规律的艺术布局，而且还能通过诗情画意的融入、景物理趣的构思，表达出造园者对社会生活的认识理解及其理想追求，其景观除了具有一般外在的形式美之外，还蕴含着丰富深刻的思想和文化内容（图1-56）。

图 1-56　苏州拙政园

现代园林景观通常是城市历史风貌、文化内涵集中体现的场所。其设计首先要尊重传统、延续历史、文脉相承，对民族文化要深入研究，取其精华，使设计富有文化底蕴。中国的景观设计思想源于中国传统文化。皇家园林、宫殿建筑是受儒家思想影响的最具典型性的景观，儒家思想影响下的园林景观设计一般都具有严格的空间秩序，讲究布局的对称与均衡。其中，故宫是现在保存下来的规模最大、最完整，也是最精美的宫殿景观建筑，主要建筑严格对称地布置在中轴线上，体现了封建帝王的权力和森严的封建等级制度。道教思想影响下的中国古代园林景观设计体现了"天人合一"的文化底蕴，如天坛、江南园林等，充分展示了中国古代园林景观设计的群体美、环境美、亲和自然的理想境界。其次，设计在继承和研究传统文化的基础上，又要有所创新，因为人们的社会文化价值观念又是随着时代的发展而变化的。

3. 对称与均衡

均衡是部分与部分或整体之间所取得的视觉力的平衡，有对称平衡和不对称平衡两种形式。前者是简单的、静态的，后者则随着构成因素的增多而变得复杂，具有动态感。

对称平衡，从古希腊时代以来就作为美的原则，应用于建筑、造园、工艺品等许多方面，是最规整的构成形式。对称本身就存在着明显的秩序性，通过对称达到统一是常用的手法。对称具有规整、庄严、宁静及单纯等特点，但过分强调对称会产生呆板、压抑、牵强、造作的感觉。对称之所以有寂静、消极的感觉，是由于其图形容易用视觉判断。见到一部分就可以类推其他部分，对于知觉就产生不了抵抗。对称之所以是美的，是由于部分的图样经过重复就组成了整体，因而产生一种韵律。对称有三种形式：一是以一根轴为对称轴，两侧左右对称的轴对称，多用于形态的立面处理上；二是以多根轴及其交点为对称的中心轴对称；三是旋转一定角度后的对称的旋转对称，其中旋转180°的对称为反对称。这些对称形式都是平面构图和设计中常用的基本形式。

不对称平衡没有明显的对称轴和对称中心，但具有相对稳定的构图重心。不对称平衡形式自由、多样，构图活泼、富于变化，具有动态感。对称平衡较工整，不对称平衡较自然。在我国古典园林中，建筑、山体和植物的布置大多都采用不对称平衡的方式。推崇的不是显而易见的提议，而是带有某种含混性、复杂性和矛盾性的，不那么一眼就能看出来的统一，并因而充满生气和活力。

十四、节奏与韵律

园林景观空间中常采用简单、连续、渐变、突变、交错、旋转、自由等韵律及节奏来取得如诗如歌的艺术境界。

图1-57　体现节奏与韵律的景观

简单韵律是由一种要素按一种或几种方式重复而产生的连续构图。简单韵律使用过多，易使整个气氛单调乏味，有时可在简单重复基础上寻找一些变化。创造具有韵律和节奏感的园林景观，如等距的行道树、等高等间距的长廊、等高等宽的爬山墙等，即为简单的韵律（图1-57）。

渐变韵律是由连续重复的因素按一定规律有秩序地变化形成的，如长度和宽度依次增减或角度有规律地变化。交错韵律是一种或几种要素相互交织、穿插所形成的。两种树林反复交替栽植，登山道踏步与平台的交替排列，即为交替韵律。由春花、夏花、秋花或红叶几个不同树种组成的树丛，便形成季相韵律。

中国传统的园路铺装常用几种材料铺成四方连续的图案，游人一边步行，一边享受这种道路铺装的韵律。例如，一种植物种类不多的花境，按高矮错落做不规则的重复。花境花期按季节而此起彼落，全年欣赏不绝，其中高矮、色彩、季相都在交叉变化之中，如同一曲交响乐在演奏，韵律感丰富。一个园林的整体是由山水、树木、花草及少量的园林建筑组成的千姿百态的园林景观，尤其是自然风景区更是如此，其可比成分比较多，相互交替并不十分规则，产生的韵律感像一组管乐合奏的交响乐那样难以捉摸，使人在不知不觉中得到体会，这种艺术性高且比较含蓄的韵律节奏耐人寻味，引人入胜。

十五、以人为本

1. 注重人情味

深感孤独的现代人在内心深处其实更渴望相互间的交往和沟通，设计应顺应这一愿望，给人们交往提供良好的空间和氛围，在设计时要体现一切设计都以人为本的原则。

如设计中运用人体工程学，充分尊重人体尺度和人的活动方式，使作品表现舒适和亲切的内涵；质感是材料肌理和人的触感的基础，重视作品材料的触觉感受，讲究作品使用的舒适度，通过材料的精心选择和运用，把冰冷变为温馨，让设计充满人情味和美学品质。

2. 宜人性原则

（1）功能性原则确保了人们特定行为的发生，而宜人性原则体现了人们对于更加美好舒适的生活方式的追求及较高生活质量的要求，更加关注园林景观场所中的主体感受。宜人性是园林景观设计中必须把握的一项原则。

（2）宜人性的实现要求园林景观设计师对于人性的敏锐洞察，对于人们日常生活长期的细心观察和积累，对于建筑学、心理学、行为学及色彩学等众多学科知识的综合了解（图1-58）。

（3）我国著名的乾隆花园设计充分体现了宜人性原则，其设计将使用者性情与园林景观风格完美统一起来，满足并体现了使用者的精神文化需求。乾隆花园，即宁寿宫花园，位于宁寿宫的北面，清乾隆

图1-58　体现宜人性感觉的景观

三十七年（1772年）建置，面积约有6000m^2，是乾隆在位时拟定退位后供他养老休憩之处。

花园采用一条线布局，最南端的大门名为衍祺门，进门即为假山，堆如屏障。绕过假山，迎面正中为敞厅古华轩。轩前西南是禊赏亭。

古华轩向北过垂花门，即为遂初堂院落，院内空间开敞，不堆山石、少植花木。

遂初堂后第三进院落的格调突然一变，不但正厅建成两层的萃赏楼，而且院内堆叠山石、植高大的松柏和低矮的灌木，并于山石上建小亭辟曲径，宛若一处独立的小园林。

因中轴线较前院东移，便在西面建配楼——延趣楼，东边建单层的三友轩。第四进院落主体是高大方正的重檐攒尖顶符望阁，其院中假山堆叠，较前院更为高峻，上植青松翠柏，中建碧螺亭。符望阁后即为倦勤斋。

乾隆花园完全遵照乾隆的旨意营造，既有皇家园林的特色，又有江南小园的美妙，装饰以松、竹、梅三友为主，分布错综有致，间以逶迤的山石和曲折回转的游廊，使建筑物与花木山石交互融合，意境谐适，这都反映了乾隆皇帝的兴趣爱好。

十六、时代性

时代的发展使得园林景观从功能需求到文化思想都发生了变化，改变着今天的园林景观设计的面貌。尤其在这个文化多元化的时代，给景观设计提出了一些新的要求：设计更要讲求创新及多样性，充分考虑时代的社会功能和行为模式，分析具有时代精神的审美观及价值方式，利用先进成熟的科学技术手段来进行富有时代性的园林景观设计。

1. 形式的多样化

在园林景观设计中，由于建筑外部空间、建筑内部空间、室外空间及自然环境空间等相互融合与渗透，所以园林景观成为人们室内活动的室外延伸空间。设计师逐步探索，将

原来用于建筑效果、室内效果的材料与技术用于园林空间。当代设计师掌握了比以往任何时期都要多的材料与技术手段，可以自由地运用光影、色彩、音响、质感等形式要素与地形、水体、植物、园林小品等形体要素来创造新时代的园林景观（图1-59）。

图1-59　某公园景观

将地形等自然要素创新运用，同样是公园设计形式多样性的源泉。比如，加强地形的点状效果或是突出地形的线形特色，以创造如同构筑物般的多种空间效果，或将自然地形的极端规则化处理。例如，克莱默为1959年庭园博览会设计的诗园，通过运用三棱锥和圆锥台形组合体，使得地形获得如同雕塑般的效果，形成了强烈的视觉效果。再如，喷泉也发生了变革。相信那些由计算机调节造型、控制高度、形态变化多端的旱喷泉较之于传统的喷泉更别有一番情趣。

2. 多种风格的展现

风格是指园林景观设计中表现出来的一种带有综合性的总体特点。园林景观风格的多样性体现了对社会环境、文化行为的深层次理解。由于人们对园林景观的需求是多样化的，所以园林景观设计需要多种多样的不同风格。在多种艺术思潮并存的时代，园林景观设计也呈现出前所未有的多元化与自由性特征。折中主义、新古典主义、解构主义、波普主义及未来主义都可以成为设计思想的源泉，形成多种风格的并存。

风格是识别和把握不同设计师作品之间的区别的标志，也是识别和把握不同流派、不同时代、不同民族园林景观设计之间的区别的标志。就设计作品来说，可以有自己的风格。就一个设计师来说，可以有个人的风格；就一个流派、一个时代、一个民族的园林景观来说，又可以有流派风格、时代风格和民族风格。其中最重要的是设计师个人的风格。设计师应当从时代特征、地方特色出发，发展适合自己的风格。设计师个人创作风格的重要性日益凸显，有自己的设计风格，作品才有生命力，设计师才有持续的发展前景。

3. 追求时代美学和传统美学的融合

面对园林景观设计中不断涌入的各种艺术思潮和主义，一个清醒的设计师应该认识：景观艺术风格不是单纯的形式表现，而是与地理位置、区域文化、民族传统、风俗习惯及时代背景等相结合的客观产物；设计风格的形成也不是设计师的主观臆断行为，而是经过一定历史时期积淀的客观再现；园林景观艺术风格的体现要与景观主题、景观功能、景观内容相统一，而不是脱离现实的生搬硬套。应将时代与传统美学相结合，以追求和谐完美为设计的主要目标。现代的园林景观艺术已经逐渐凝结了融功能、空间组织和形式创新为一体的现代设计风格，如图1-60所示。

场地的合理规划应主要考虑以下内容：在场地调查和分析的基础上，合理利用场地现状条件；找出各使用区之间理想的功能关系；精心安排和组织空间序列（图1-61和图1-62）。

图1-60　螺旋水景观

图1-61　中式风格园林景观

图1-62　某主题公园景观

第四节　园林景观设计场地设计原则

一、基本面的考察

场地分析是园林景观用地规划和方案设计中的重要内容。方案设计中的场地分析包括场地自然环境条件分析(地形、水体、土壤、植被、光线、温度、风、降雨、小气候等)和场地人文环境分析(人工设施、视觉质量、场地范围及环境因子)等现状内容。

二、立意

随着对场地现状及周边环境的深入了解和分析，以及对使用对象、使用功能及使用方式的确认，基地的用地性质便自然得以确定。用地性质一旦确定，设计师应根据该性质要求的环境氛围的基调，结合适用人群的文化层次及文化背景所对应的精神层面的需求，充分挖掘场地中一切可以利用的自然和人文特征，融合提炼，赋予该园林景观场地一个富有意境的主题，随之围绕该主题来确定布局形式，继而展开后续的设计工作，即所谓的"设计之始，立意在先"。

立意是谋篇布局的灵魂，是一个优秀的园林景观场所特色鲜明、意境深远、主次有序的保障。在一项设计中，方案构思往往占有举足轻重的地位，方案构思的优劣能决定整个设计的成败。一个缺乏主题立意的设计，好像一盘散沙，即使百般使用技巧，也往往会形散神乏，流于直白。

好的设计在构思立意方面多有独到和巧妙之处，直接从大自然中汲取养分，获得设计素材和灵感，是提高方案构思能力、创造新的园林景观境界的方法之一（例如古典园林、经典园林）。

三、功能分区

园林景观场地因其各不相同的用地性质会产生不同的功能需求。通过对林林总总的园林景观场地功能进行整理归类，一般来说，园林景观场所通常包含着动区、静区、动静结合区和入口区域等五大类功能区域。当然，并非所有园林景观场地均包含五大功能区，这是由其具体用地面积的大小和用地性质决定的。但一般至少包含两类以上的功能区域。

动区，是指开放性的、较为外向的区域，适于开展众多人群共同参与的集会、运动或是带有表演、展示性的各类活动。静区，是指带私密性的，较为内向性的区域，适合如休憩、静思、恋人漫步、寻幽探胜及溪边垂钓等少量人流或个体远离尘嚣行为的发生。动静结合区，是指动静活动并列兼容于同一区域或同一区域在不同的时间段产生时而喧闹时而宁静的空间氛围。如大片的草坪空间，当阳光灿烂的春日，一群人来此聚餐、游戏、踏青的时候，它是热闹的、喧哗的，可当人群散去之后，它则呈现出格外宁静的氛围。又如柳枝婆娑的湖岸，常给人以平静深远之感，但节日里的龙舟大赛，又使其成为人头攒动的欢乐的海洋。入口区域因主次之别而可繁可简，通常兼有多重功能，如对游客的礼节性功能、人流集散功能、停车区域、对内部景观气质的暗示等，如图 1-63 所示。

图 1-63　某公园活动中心景区

在园林景观设计过程中，应将具体功能对应五大功能区域进行归类整理，使动静区域相对独立，自然衔接和过渡。管理区域可设在临近主要出入口且又相对隐秘之处。

初学者在设计场地时，往往先构思如何对现有场地中的具体要素进行改进。实际上，由于此种方法对现有空间缺乏整体性考虑，没有真正地对场地布局进行重新构思、重新设计，所以其结果往往平淡、呆板。

如果设计师运用抽象图形进行构思和布局，可能会使设计另辟蹊径，灵感迸发，创作出前所未有的设计作品。抽象画往往有多种含义和解释，一旦学会以抽象图形的方式来表达和思考，就能以新的方式设计园林景观了。

将图案与方格网结合起来考虑，就能确定构图主题是基于圆形、对角线还是矩形，再将构图主题与场地设计结合，充分发挥空间想象力，考虑各个元素在场地中的三维空间关系，然后进行布局。同时要注意光影对空间气氛的塑造。

对场地各要素及其之间的比例和尺度要加以查验，使人体尺度与开阔的户外环境有机联系起来。例如，场地中台阶的尺度要比室内台阶的尺度大得多，在该阶段，也要考虑软、硬地面材料的选用。一般而言，场地中软质景观（草坪、水体和种植）占 1/3 或 2/3 的比例是比较合适的。

水是最吸引人的景观元素。在设计之初，就要考虑如何运用水，让水景与其他元素更好地融合，并注意水景与场地其他部分的尺度关系。

考虑好以上因素之后，将设计重点放在场地的地平面设计上，注意要为露台、园路留下足够的空间，并通过竖向要素设计来丰富景观。此时，就能检验出先前的构想是否有疏漏，并进一步优化它们，形成一个初步的园林景观布局规划。

四、确定出入口的位置

园林景观场地的出入口是其道路系统的终点和起点。出入口的设置应在符合规划、交通管理部门的有关规定的前提下，结合用地性质、开放程度和用地规模而定。

1. 开放型景观场地

对应其开放型特征，应多设出入口，以便更多游人的进入和参与。虽然在形式上会有主次出入口之分，但在各出入口均应考虑设置一定量的停车场。

2. 封闭型景观场地

封闭型景观场地，如公园、休疗场地等，可以设置若干个出入口，具体数量视公园面积大小及周边地区人流进入的便利性而定。但其主入口应设在主要人流进入的方位，且设置足够面积的广场，以供集中人流的缓冲和集散之用，并应在其附近开辟配套的停车场。封闭型公园，其行政管理区域还应该设置直通外部的后勤专用出入口，以方便对外联系和交流。

五、景色分区

园林景观场地中，拥有具有一定游赏价值的景物，且能独自成为一个景观单元的区域，被称为景点。若干较为集中的景点组成一个景区。景点可大可小，大的可由地形地貌、建筑、水体、山石、植被等组成一个较为完整而又富于变化的、供人游赏的景域；小的可由一树、一石、一塔、一亭等组成。景区是景观规划中的一个分级概念，并非所有园林景观设计都设景区，这要视其用地规模和性质而定。一般规模较大的公园、风景名胜区、城市公共景观区域等，都由若干个景色各异、主次各有侧重的景区组成，如图 1-64所示。

图 1-64　某休疗中心景观

从心理学和艺术设计角度来看，在园林景观艺术设计的过程中，一个人气旺盛的景观场地也要求具备各具特色、景色多样的景观区域，方可达到既满足不同人群的需要，又能调动游客的游兴等目的。景色分区虽与功能分区有所关联，但它比功能分区更加细腻，使游客更能获得心灵的享受。

景点之间、景区之间，虽然具有各自相对的独立性，但在内容安排上，应有主次之分。景观处理应相互烘托，空间衔接应相互渗透且留有转换和过渡的余地。

六、视线组织

在游览园林景观设计中，良好的视线组织是游人感知诗情画意的重要途径。设计师应着力开辟良好的视景通道，在游客驻足处为其提供宜人的观赏视角和观赏视域，从而获得最佳的风景画面和最高境界的艺术感受。视线组织的安排可由景序和动线组织的巧妙布置来完成。

人在景观场所中的活动，除了三维空间之外，还穿插了时间轴纬度。通常有起景、高潮、结景的序列变化，即景序。当然，景序的展开虽有一定规律，但不能过于公式化，要根据具体情况有所创新和突破，才能创造出富有艺术魅力、引人入胜的景观。

动线组织即游览线路的组织，游览路线连接着各个景区和景点，它和户外标识系统共同构成导游系统，将游人带入景观场地中，使预先设计好的景序一幕幕地展现在游人面前。动线组织通常采用串联或并联的方式，一般规模较小的场地中，为避免游人走回头路，多采用环状的动线组织，也可以采用环上加环与若干捷径相结合的组织方式。

对于较大规模的风景区域的规划设计，可提供几条游览线路供游人选择。鉴于游人有初游者和老游客之分，老游客往往需要依据个人的喜好直奔某一景点，而初游者则要依据动线组织做较为系统的游览。因此，需要设计一系列直通各景区、景点的捷径，但捷径的设计必须较为隐秘，以不干扰主导游览线路为前提。动线组织或迂回，或便捷，均取决于景序的展现方式，或欲扬先抑、深藏不露、出其不意，或开门见山、直奔主题，或忽隐忽现、引人入胜，使景序曲折展开。

第二章

园林景观设计的形式

第一节　园林景观设计的自然形式

一、不规则的多边形

自然界存在很多沿直线排列的形体，例如，花岗岩石块的裂缝（图2-1）显示了自然界中不规则直线形（图2-2）物体的特点，它的长度和方向带有明显的随机性。正是这种松散的、随机的特点，使它有别于一般的几何形体。

图 2-1　花岗石裂缝

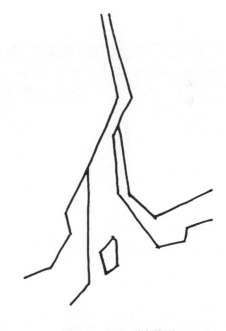

图 2-2　不规则直线形

当设计师使用这一不规则、随机的设计形式时，请用图 2-3 所用的方法绘制不同长度的线条和改变线条的方向。

设计使用角度在100°～170°的钝角（图2-4）。

设计使用角度在190°～260°的优角（图2-5）。

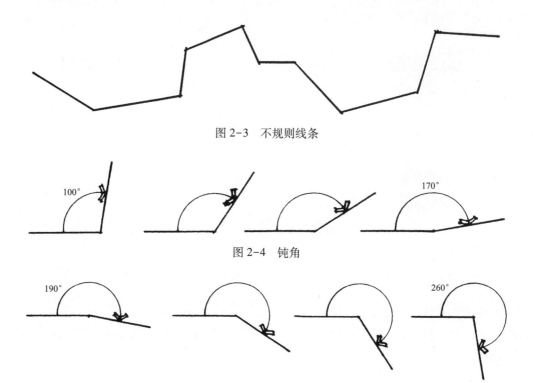

图 2-3　不规则线条

图 2-4　钝角

图 2-5　优角

为了避免使用太多的同直角或直线相差不超过 10° 的角度，就不要用太多的平行线（图 2-6）。

如果使用过多的重复平行线或者 90° 角，会导致主题死板的感觉（图 2-7）。

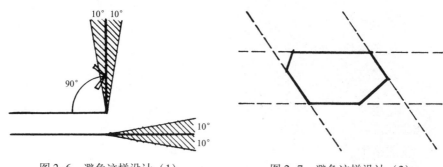

图 2-6　避免这样设计（1）　　　　　图 2-7　避免这样设计（2）

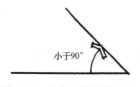

图 2-8　避免这样设计（3）

应避免在设计中使用锐角（图 2-8）。锐角将会使施工难以实施，人行道产生裂缝，一些空间使用受限，不利于景观的养护等。

在图 2-9 中，这一被侵蚀的海滨砂岩中存在很多不规则的多边形。请注意这些线条长度、线条方向及多边形形状的随机性（图 2-10）。

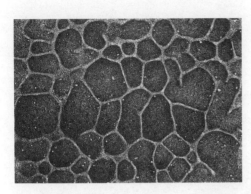

图 2-9　多边形

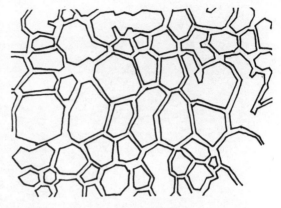

图 2-10　随机形状

在图 2-11 和图 2-12 中，这些不规则的池塘设计中，使用了很多不规则的多边形作为景观材料。

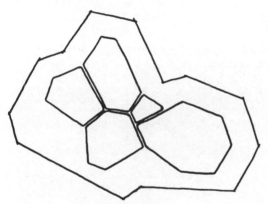

图 2-11　不规则图形（1）

图 2-12　不规则图形（2）

线形的多边形组成半规则式的人行道或石质踏步（图 2-13）。

在加利福尼亚州旧金山的内河码头（Embarcadero）广场的鸟瞰图中，用不规则的尖角能大致表达出遭地震破坏后的情感，是该广场在设计时所定下的概念性主题。

在加利福尼亚州索萨利托（Sausalito）的一个小海湾的广场中，有效使用细微的水平变化，使潮汐依次充满这一不规则的台地间或定时从中排出（图 2-14）。

在科罗拉多州比弗河（Beaver Creek）溪边的小广场设计中，用一些不规则的平台逐渐延伸到水中（图 2-15）。

在得克萨斯州的一个城市水景广场中，用不规则的角度和平面去增强垂直空间效果，从而创造出充满激情的空间表达形式。

尽管反复强调在人造结构中慎用锐角，但在自然界的不规则多边形中，却经常会有一些锐角，如图 2-16 和图 2-17 所示。

以上的形式经常被用于设计景观空间中不规则式的地平面模式（图 2-18）。

图 2-13　石质踏步

图 2-14　海湾广场

图 2-15　溪边小广场

图 2-16　树干上的鳞片形状

图 2-17　干裂的泥浆中的线条

图 2-18　不规则地平模式

二、自由的螺旋形

自由的螺旋形可分为两类：一类是三维的螺旋体或双螺旋的结构。它以旋转楼梯为典型（图2-19），其空间形体围绕中轴旋转，并同中轴保持相同的距离；另一类是二维的螺旋体，形如鹦鹉螺的壳（图2-20）。旋转体是由螺旋线围绕一个中心点逐渐向远端旋转而成的。

图2-19 旋转楼梯

图2-20 螺壳形

两类螺旋形都存在于自然界的生物之中（图2-21）。

图2-21 自然界的螺旋体

例如，毛利人所使用的一种基本的设计形式叫作"koru"，它的形状像正在伸展的树蕨叶子，主干的末端带有螺旋曲线（图2-22和图2-23）。它仅是对数螺旋线的一种变体，这样的变体在自然界也还存在多种。

图 2-22　螺旋曲线　　　　　　　　　图 2-23　螺旋曲线形状

　　毛利人的画家和雕刻家通过对"koru"进行不同方式的组合，设计出了许多有趣的景观形式。反过来，这些形式又激起人们对自然界其他形体的遐想，如波浪、花朵、叶子（图 2-24）等。

图 2-24　叶子形状体

　　把螺旋线进行反转，可以得到其他形式的图案。以螺旋线上的任意一点为轴，都可以对其进行反向旋转。如果这一反转角度接近 90°，就会产生一种强有力的效果。图 2-25 和图 2-26 中的一些形状看起来就像翻转的波浪。

图 2-25　波浪形景观　　　　　　　　图 2-26　波浪形景观状

把反转的螺旋形同扇贝形和椭圆形连在一起，就会衍生出一些自由变换的形式（图 2-27）。

　　一些松散的部分螺旋形和椭圆形组合在一起，可以为图 2-28 中小广场创造出具有层次的次级空间。

图 2-27　反转螺旋形扇贝与椭圆连在一起

图 2-28　次级空间形状景观

　　例如，设计一个干旱园示范园（图 2-29），采用了自由螺旋的形状来设计石墙，并沿石墙设计出环状的步行道。图 2-30 和图 2-31 示范了螺旋形在景观中的其他应用形式。

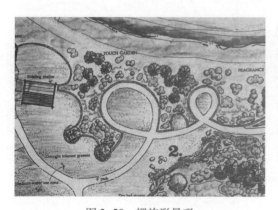

图 2-29　螺旋形景观

图 2-30　新加坡植物园

三、卵圆形和扇贝形图案

　　如果我们把椭圆看成是脱离精确的数学限制的几何形式，我们就能画出很多自由的卵圆。徒手画卵圆是很容易的事。这些图形是以相当快的速度绘制而成的，每一卵圆都重复了几圈。通过这些重复，你能把不规则的点和突出的部分变得更平滑（图 2-32 和图 2-33）。

图 2-31　喷泉

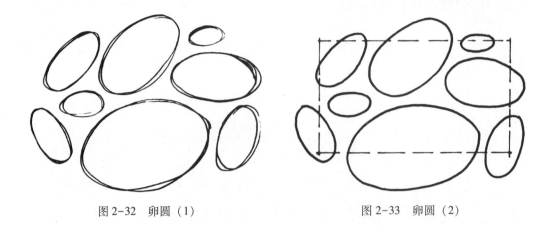

图 2-32　卵圆（1）　　　　　　　　　　　图 2-33　卵圆（2）

如图 2-34 和图 2-35 所示，自由漂浮形式的卵圆很适于这一步行道的设计，根据空间大小调整卵圆的尺寸，进而设计出这种循环的模式。

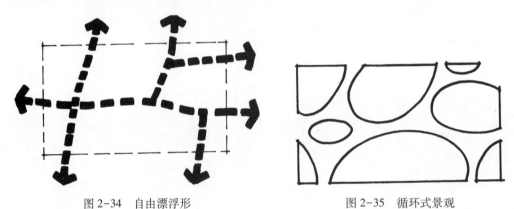

图 2-34　自由漂浮形　　　　　　　　　　图 2-35　循环式景观

如图 2-36 所示，相接的自由卵圆组成了动感的穗状图案。连接这些卵圆的外边界可得到一个突起的图案（图 2-37）；连接这些卵圆的内边界可得到一个尖锐的扇贝形图案（图 2-38）。

橡树叶尖锐的外形能被作为景观材料应用于园林中（图 2-39）。

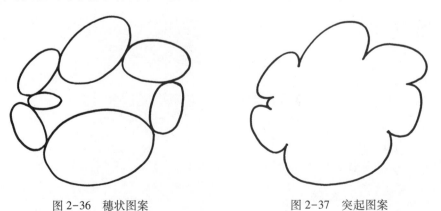

图 2-36　穗状图案　　　　　　　　　　　图 2-37　突起图案

图 2-38　扇贝形图案　　　　　　　　　　　图 2-39　橡树形

　　为了适应理念性方案中空间和尺寸的需要，有时必须改变这些图形的大小和排列方式。在修改它们使之代表确定的实物之前，如果这些图形需要相交，确保它们之间的交角是 90°或接近 90°（图 2-40）。

　　注意：由这些图形的外边界连接成的图形和由它们的内边界连接而成的图形具有不同的特征（图 2-41）。

　　如果我们改变一组自由卵圆的相交角度，就能得到一组与之完全倒转的图形（图 2-42）。为给场地创造一些有趣的形式，可以交换或来回移动部分卵圆。

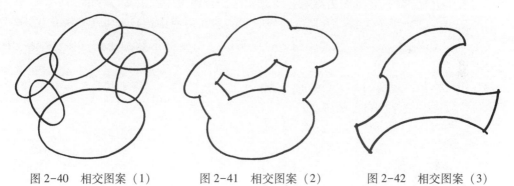

图 2-40　相交图案（1）　　　图 2-41　相交图案（2）　　　图 2-42　相交图案（3）

　　图 2-43 中的扇贝外形是从图 2-44 中的这株小青苔的生长模式演变来的。

图 2-43　扇贝外形模式　　　　　　　　　图 2-44　青苔形状

图 2-45 和图 2-46 展现了空间中的卵形和扇贝形。

图 2-45　卵形

图 2-46　扇贝形

四、分形几何学

在自然界中也有一些图案似乎完全不符合欧几里得几何学。就如同词语"多枝的""云状的""聚集的""多尘的""旋涡形的""流动的""碎裂的""不规则的""肿胀的""紊乱的""扭曲的""湍流的""波纹的""螺纹的""像小束的""扭曲的"所描述的图像。你可能想象不定形的形式有很大的不规则性和内在的无秩序性。近来有一个数学的分支叫作"分形几何学",它试图去给这些明显无序的自然发生的图案以秩序。

伯努瓦·曼德勃罗在他的《大自然的分形几何学》一书中用数学方法系统化了一些看起来不定形、无规则的形状。例如,图 2-47~图 2-51 中的形状,在景观设计中应用得很好。

把它们看作是不规则的、无系统的,是随机的、松散的。不规则的有机设计形状激起一种生长、发展、轻浮、自由的感觉。

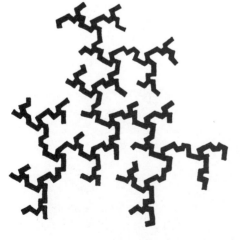

图 2-47　人字纹

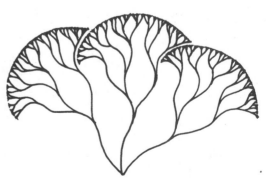

图 2-48　树枝

图 2-49 幕帘

图 2-50 迷宫

图 2-51 振荡

五、蜿蜒的曲线

就像正方形是建筑中最常见的组织形式一样，蜿蜒的曲线或许是景观设计中应用最广泛的自然形式，它在自然王国里随处可见（图 2-52）。

来回曲折的平滑河床的边线（图 2-53）是蜿蜒曲线的基本形式，它的特征是由一些逐渐改变方向的曲线组成，没有直线。

从功能上说，这种蜿蜒的形状是设计一些景观元素的理想选择，如某些机动车和人行道适用于这种平滑流动的形式（图 2-54 和图 2-55）。

在空间表达中，蜿蜒的曲线常带有某种神秘感。沿视线水平望去，水平布置的蜿蜒曲线似乎时隐时现，并伴有轻微的上下起伏之感。

39

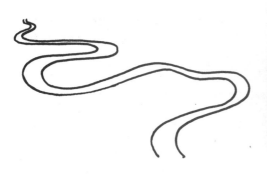

图 2-52　蜿蜒的曲线

图 2-53　曲折的河床

图 2-54　曲折的人行道（1）

图 2-55　曲折的人行道（2）

　　图 2-56 是一座桥的模型，是仿蜿蜒的曲线而做的，同常规的桥梁设计原则（即保持最短和最直的路线）相矛盾。

　　如图 2-57 所示，新加坡机场内这一铺满鹅卵石的小径尽管是装饰性的，也能让人产生这种感觉：它在缓缓地移动，最终消失于长满草的土丘之后。

图 2-56　桥的模型

图 2-57　机场

相当有规律的波动或许能表达出蜿蜒的形状，就像潮汐的入口，来回涨退的海水在泥土中刻出波状的图形（图2-58）。

如图2-59所示，在这些波浪形的人行道中，设计了类似上述形状但更规律化的图形。

图2-58　波状形

图2-59　波浪形人行道

如图2-60和图2-61所示，蜿蜒曲线的变化存在于这一树干的裂缝中。如图2-62和图2-63所示，从人行道和草地边缘的实例中，可以看出一个设计者如何靠变换曲线的形式，从而在流线中创造有趣的韵律。

如果把水平的曲面从地平面抬高，将会增强它的影响力。图2-64和图2-65中的绿篱和蜿蜒的坐凳就是很好的例子。

现在考虑一下垂直平面上的曲面形式，用上下的波动形式来代替那种水平波动的形式。图2-66中墙的上部平面、向上的波状物及地面的土丘都能表达这种垂直波动的形式。

图2-67~图2-69中的图片展示了自然图案经过提炼在建筑形式中的表达。

图2-60　自然的裂缝

图2-61　本质的形式

图 2-62　曲线设计中对草地边缘的模仿

图 2-63　草地边缘

图 2-64　绿篱

图 2-65　坐凳

图 2-66　垂直波形景观

图 2-67　自然树皮图案

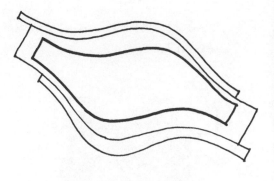

图 2-68　设计者提炼出的形状

图 2-69　自然树皮图案在建筑景观中的应用

就如包含着环状气泡的冰块一样，平滑的曲线也有很多有趣的形式。和直线的特点一样，曲线也能环绕形成封闭的曲线（图 2-70 和图 2-71）。

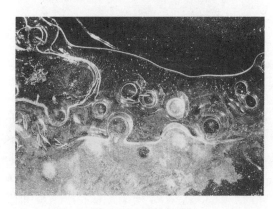

图 2-70　环状气泡

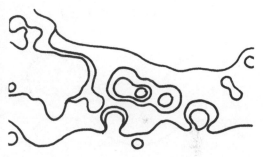

图 2-71　封闭曲线形式

当这种封闭的曲线被用于景观之中时，它能形成草坪的边界（图 2-72）、水池的驳岸或者水中种植槽的外沿（图 2-73）。总之，这些形状给空间带来一种松散的、非正式的气息。

图 2-72　草坪边界

图 2-73　驳岸外沿

图 2-74 和图 2-75 是某社区的干旱园设计方案，它显示了由理念性方案发展为以曲线为主旋律的方案的过程，图中的步行道、墙、干涸的小溪及种植区的边线都设计成蜿蜒的形式。需要注意：在限定三维空间方面，这种形式是很重要的。

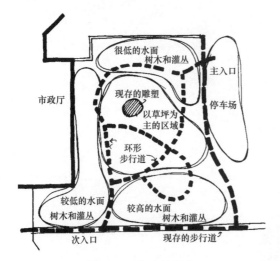

图 2-74　概念性方案

图 2-75　最终的方案

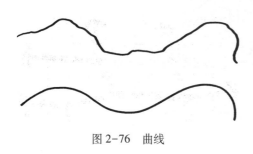

图 2-76　曲线

为了能画出自由形式的曲线，最好使用徒手快速画线法，即保持手指不动，只让肩关节和肘关节用力，努力画出平滑、有力的波形条纹，避免产生直线和无规律的颤动点。

如图 2-76 所示，上方图案是带有无规律的颤动点的曲线，下方图案是带有平滑的和流畅的韵律的曲线。

六、生物有机体的边沿线

一条按完全随机的形式改变方向的直线能画出极度随机的图形，它的随机程度是前面所提到的图形（蜿蜒曲线、松散的椭圆、螺旋形等）所无法比拟的。这一"有机体"特性能很好地在下面大自然的实例中被发现。

如图 2-77 所示，生长在这一岩石上的地衣有一个界限分明的不规则边沿，边沿的有些地方还有一些回折的弯。这种高度的复杂性和精细性正是生物有机体边界的特征。

自然界植物群落（图 2-78 和图 2-79）或新下的雪中，经常存在一些软质的、不规则的形式。尽管形式繁多，但它们拥有一种可见的秩序，

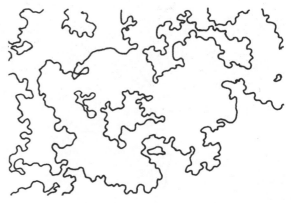

图 2-77　不规则边沿

这种秩序是植物对环境的变化和那些诸如水系、土壤、微气候、火灾、动物栖息地等不确定因素的反映结果。

图 2-78 植物群（1）

图 2-79 植物群（2）

有机体的形式可以用一个软质的随机边界表示，如图 2-80 和图 2-81 所示。

图 2-80 随机边界形状

图 2-81 随机边界

在一个硬质的如断裂岩石的随机边界中，也可以发现有机体的形式，如图 2-82 和图 2-83 所示。

图 2-82 有机体形式

图 2-83　有机体形式景观

注意图 2-84～图 2-87 景观中的一些不规则的特点。自然材料，如未雕琢的石块、土壤、水、植物等，很容易地就能展现出生物有机体的特点，可这些人造的塑模材料，如水泥、玻璃纤维、塑料，也能表现出生物有机体的特点。这种较高水平的复杂性把复杂的运动引入到设计中，能增加观景者的兴趣，吸引观景者的注意力。

图 2-84　人造景观（1）

图 2-85　人造景观（2）

图 2-86　人造景观（3）

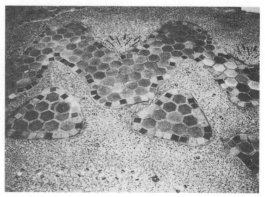

图 2-87　人造景观（4）

七、聚合和分散

自然形体的另一个有趣的特性是二元性。它将统一和分散两种趋势集为一体：一方面，各元素像相互吸引一样丛状聚合在一起，组成不规则的组团；另一方面，各元素又彼此分离成不规则的空间片段（图 2-88）。

图 2-88 的图形由特定自然形体派生而来，同时也是对它们的解释。

景观设计师在种植设计中用聚合和分散的手法，来创造出不规则的同种树丛或彼此交织和包裹的分散的植物组（图 2-89）。

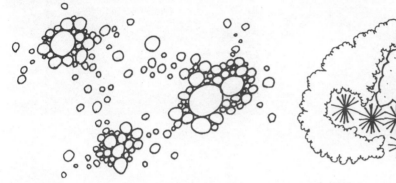

图 2-88　聚合与分散组合

图 2-89　聚合与分散组合的植物景观

成功创造出自然丛状物体的关键是在统一的前提下，应用一些随机的、不规则的形体。例如，围绕池塘的一组石块可通过改变大小、形状和空间排列而成。有些石块应该比其他的大一些；有些石块因空间排序和形状的需要必须突出于水面，另一些则需沿着池岸拾阶而上；有些石块要显示出高耸的立面，而另一些却要强调平面效果。这组石块通过大致相同的色彩、质地、形状和排列方向统一在一起。比较图 2-90 中的自然聚合及图 2-91 中的设计聚合。

图 2-90　自然界的聚合

图 2-91　设计的聚合

也有一些分散的例子，它们表达一种破裂分开的感觉，包含一个紧密联系在一起的元素向松散的空间元素逐渐转变的概念（图 2-92 和图 2-93）。

当设计师想由硬质景观（如人行道）向软质景观（如草坪）逐渐转变时（图 2-94），或想创造出一丛植物群渗入另一丛植物群的景象时，聚合和分散都是很有用的手段。一个丛状体和另一个丛状体在交界处要以一种松散的形式连接在一起。

图 2-92　自然界的分散体

图 2-93　设计的分散体

图 2-94　硬质景观转变为软质景观

第二节　园林景观设计的几何形式

一、90°/矩形主题

90°/矩形主题是最简单和最有用的几何元素，它同建筑原料形状相似，易于同建筑物相配。在建筑物环境中，正方形和矩形或许是景观设计中最常见的组织形式，原因是这两种图形易于衍生出相关图形。

用 90°的网格线铺在概念性方案的下面，就能很容易地组织出功能性示意图。通过 90°网格线的引导，概念性方案中的粗略形状将会被重新改写（图 2-95 和图 2-96）。

那些新画出的、带有 90°拐角和平行边的盒子一样的图形，就赋予了新的含义。在概念性方案中代表的抽象思想，如圆圈和箭头轮廓分别代表功能性分区和运动的走向。而在重新绘制的图形中，新绘制的线条则代表实际的物体，变成了实物的边界线，显示出从一种物体向另一种物体的转变，或者是一种物体在水平方向的突然转变。在概念性方案中用一条线表示的箭头（图 2-97）变成了用双线表示的道路的边界，遮蔽物符号（图 2-97）变成了用双线表示的墙体的边界，中心点符号（图 2-97）变成了小喷泉。

48

图 2-95 概念性方案（1）

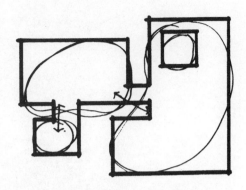

图 2-96 概念性方案（2）

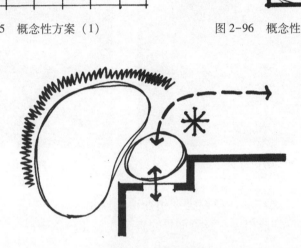

图 2-97 遮蔽物符号

　　这种 90°模式最易于中轴对称搭配，它经常被用在要表现正统思想的基础性设计中。矩形的形式尽管简单，也能设计出一些不寻常的有趣空间，特别是把垂直因素引入其中，把二维空间变为三维空间以后。由台阶和墙体处理成的下陷和抬高的水平空间的变化，丰富了空间特性。图 2-98~图 2-101 是矩形方案的实例，显示了是如何利用这一简单的图形组织成墙体、顶棚甚至固定设施的。

图 2-98 矩形方案（1）

图 2-99 矩形方案（2）

图 2-100　矩形方案（3）

图 2-101　矩形方案（4）

　　在结束直线形模式之前，让我们尝试用变形的网格线来绘制复杂图形（图 2-102）。当用它进行规划时，可创造出一些极具前景的有趣方案（图 2-103）。

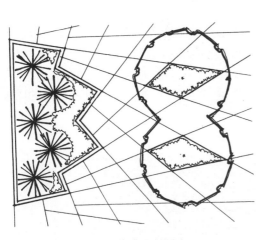

图 2-102　网格线绘制图形（1）

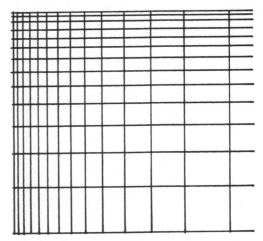

图 2-103　网格线绘制图形（2）

二、120°/六边形主题

　　作为参照图案，这个主题可以看作是以 60°等边三角形或者是六边形组成的网格，如图 2-104 所示。它们都采用了类似的方法。

图 2-104　网格

像图 2-105 那样，把网格覆盖在方案平面图上，一个六边形的景观元素设计可以被描画出来（图 2-106）。当采用 135°图案的时候，没有必要把材料的边缘按照网格线来描画，但是却必须始终和网格线平行。

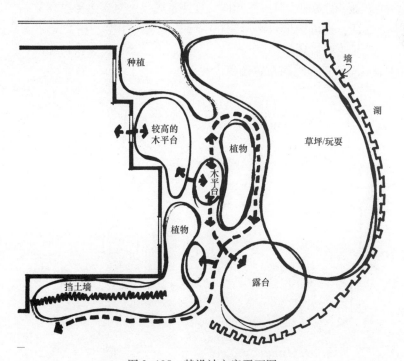

图 2-105　某设计方案平面图

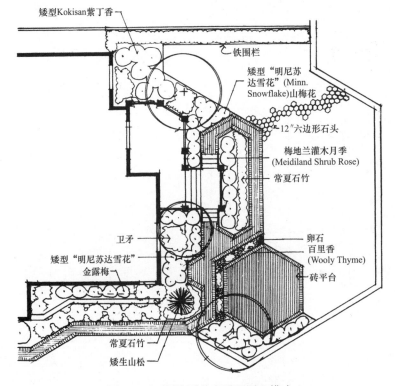

矮型Kokisan紫丁香

铁围栏

矮型"明尼苏达雪花"(Minn. Snowflake)山梅花

12″六边形石头

梅地兰灌木月季
(Meidiland Shrub Rose)

常夏石竹

卫矛

卵石
百里香
(Wooly Thyme)

矮型"明尼苏达雪花"
金露梅

砖平台

常夏石竹

矮生山松

图 2-106　网格覆盖在平面图上模式

根据概念性方案图的需要，可以按相同尺度或不同尺度对六边形进行复制（图 2-107）。当然，如果需要的话，也可以把六边形放在一起，使它们相接、相交或彼此镶嵌。为保证统一性，尽量避免排列时旋转。

图 2-108 是不同位置和空间布置的概念平面。

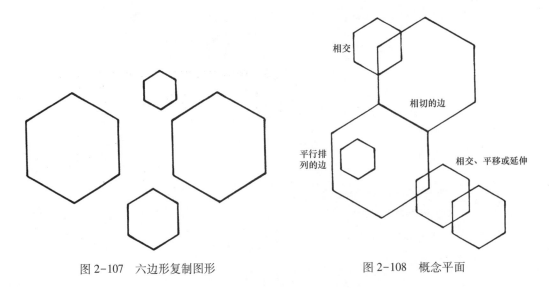

相交

相切的边

平行排列的边

相交、平移或延伸

图 2-107　六边形复制图形　　　　　图 2-108　概念平面

欲使空间表现更加清晰，可用擦掉某些线条、勾画轮廓线、连接某些线条等方法简化内部线条。例如，按照图2-109和图2-110方法简化空间。但要注意：这时的线条已表示实体的边界。避免使用30°和60°的锐角，其原因同45°锐角的道理一样，它们都是不适合、难操作或危险的角度。

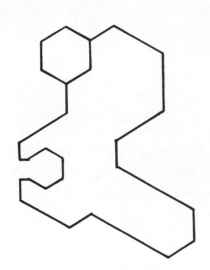

图 2-109 简化空间图形

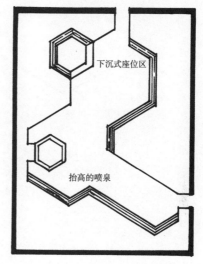

图 2-110 简化空间模式

根据设计需要，可以采取提升或降低水平面、突出垂直元素或发展上部空间的方法来开发三维空间，也可以通过增加娱乐和休闲设施的方法给空间赋予人情味（图2-111）。

图2-112为利用120°主题进行统一而有趣的设计例子。

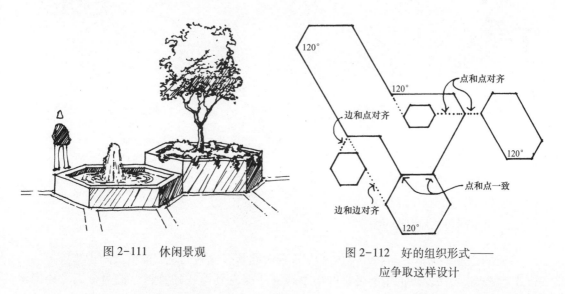

图 2-111 休闲景观　　　　　　　　图 2-112 好的组织形式——
应争取这样设计

用六边形也可以绘出很多其他的形状，如图2-113和图2-114所示。

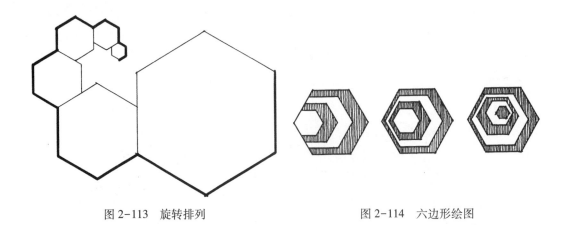

图 2-113　旋转排列　　　　　　　　　图 2-114　六边形绘图

图 2-115~图 2-117 给出了各种利用 120°/六边形主题来组织空间的有趣案例。需要注意观察，在图 2-115 中建筑物的 30°弯曲是如何与景观的六边形构图主题相配合的。在图 2-116 中是如何由于现有的网球场和会所的 60°角关系而选择 120°/六边形构图主题的。

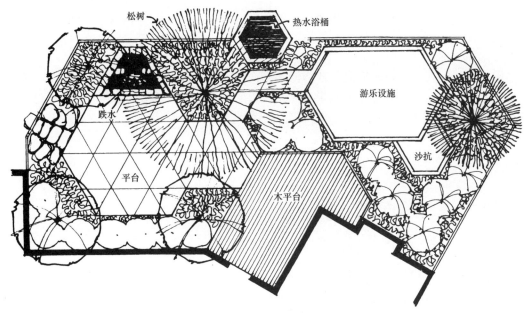

松树　　　　热水浴桶

跌水

平台

游乐设施

沙坑

木平台

图 2-115　120°/六边形主题景观（1）

三、135°/八边形主题

多角的主题更加富有动态，不像 90°/矩形主题那么规则。它们能给空间带来更多的动感。135°/八边形主题也能用准备好的网格线完成概念到形式的跨越。把两个矩形的网格线以 45°相交就能得到基本的模式。为比较两种方法的差异，这里还用上次的概念性设计方案图，不同的是用 135°/八边形主题的网格作底图（图 2-118）。

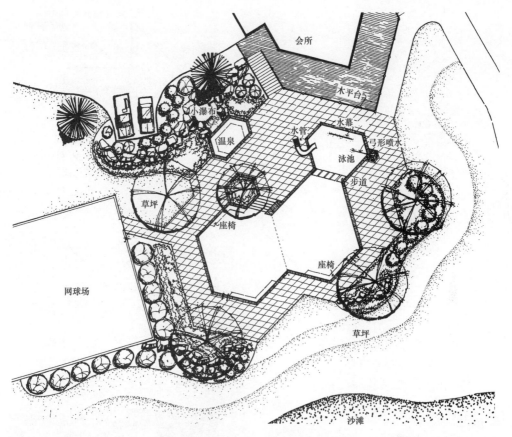

图 2-116　120°/六边形主题景观（2）

图 2-117　写字楼建筑

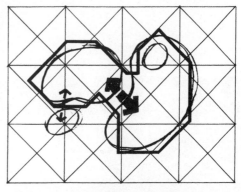

图 2-118　130°/八边形主题底图

重新画线使之代表物体或材料的边界和标高变化的过程很简单。因为下面的网格线仅是一个参照模板，故没必要很精确地描绘上面的线条，但重视其模块，并注意对应线条之间的平行还是很重要的。当改变方向时，主要的角度应该是 135°（有一些 90°角是可以的，但是要避免 45°角）。图 2-119 和图 2-120 是一些利用 135°主题设计的统一而有趣的设计建议。

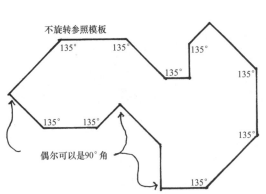

图 2-119　好的组织形式——应争取这样设计　　图 2-120　差的组织形式——应避免这样设计

　　在大多数情况下，锐角会引起一些问题。这些点产生张力，狭窄的垂直边感觉上像刀一样让人不舒服，小的尖角难于维护，狭窄的角常常产生结构的损坏。图 2-121 中可以看到一小片尖角的草坪，既没有用处，又难于维护。图 2-122 中可见锐角墙损坏的情况。

图 2-121　草坪　　　　　　　　　　　　　图 2-122　墙角

　　图 2-123 和图 2-124 列举了由 135°/八边形主题而产生的一些空间效果。

图 2-123　135°/八边形主题景观（1）

图 2-124　135°/八边形主题景观（2）

四、椭圆形

椭圆能单独应用，也可以多个组合在一起，或同圆组合在一起（图 2-125 和图 2-126）。

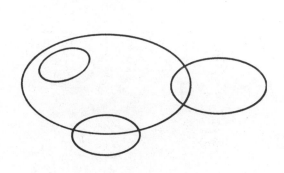

图 2-125　多圆组合图形

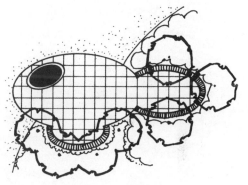

图 2-126　多圆组合景观

椭圆从数学概念上讲，是由一个平面与圆锥或圆柱相切而得（图 2-127）。相切的角度是不能平行于主要的水平或垂直轴的斜切。

椭圆可看成被压扁的圆。绘制椭圆最简单的方法是使用椭圆模板，但用模板绘制的椭圆可能不是太扁，就是太圆，难以满足你的需要。

如图 2-128 和图 2-129 所示，椭圆同圆相比，尽管增加了动感，但仍有严谨的数学排列形式。

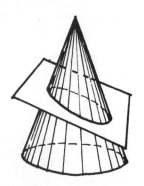

图 2-127　圆锥形

五、多圆组合

圆的魅力在于它的简洁性、统一感和整体感。它也象征着运动和静止双重特性（图 2-130）。单个圆形设计出的空间能突出简洁性和力量感，多个圆在一起所达到的效果就不止这些了。

图2-128 椭圆景观（1）

图2-129 椭圆景观（2）

多圆组合的基本模式是不同尺度的圆相套或相交。

从一个基本的圆开始，复制、扩大、缩小（图2-131）。

圆的尺寸和数量由概念性方案（图2-132）所决定，必要时还可以把它们嵌套在一起以代表不同的物体。

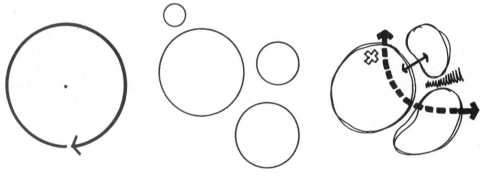

图2-130 圆形　　　　　图2-131 圆形组合形　　　　图2-132 圆相关景观模式

当几个圆相交时，把它们相交的弧调整到接近90°，可以从视觉上突出它们之间的交叠（图2-133）。

用擦掉某些线条、勾画轮廓线、连接圆和非圆之间的连线等方法可以简化内部线条（图2-134）。连接如人行道或过廊这类直线时，应该使它们的轴线与圆心对齐。

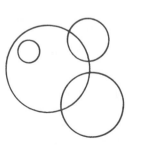
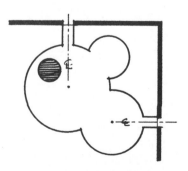

图2-133 相交圆形　　　图2-134 圆内部简化形

避免两圆小范围的相交，这将产生一些锐角。也要避免画相切圆，除非几个圆的边线要形成"S"形空间。在连接点处反转也会形成一些尖角。图 2-135 和图 2-136 表达了这些概念。

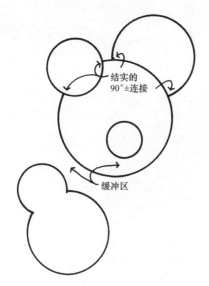
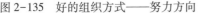
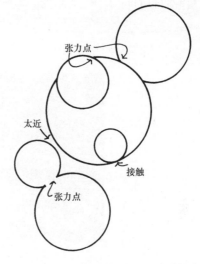

图 2-135　好的组织方式——努力方向　　　图 2-136　差的组织方式——应该避免

　　如图 2-137 所示，在某宾馆内广场的俯视图中有四个圆形景观元素，它们分别是一个水池、一块抬高的平台、一座顶部铺满茅草的伞状小亭和一个周围挖有水沟的棚架。这四个分离的元素通过人行道连接成一个整体。

　　如图 2-138 所示，围绕池塘的块石路面被艺术性地抬升而形成小桥。

图 2-137　4 个圆形景观元素通过　　　　　图 2-138　围绕池塘的块石路面
　　　　　人行道连成一个整体　　　　　　　　　　　抬升而形成小桥

　　如图 2-139 和图 2-140 所示，最协调的空间形体是圆柱和球体。

　　图 2-141 显示了一些用圆的一部分来丰富整个构图的实例。图中也显示出了标高改变、台阶、墙体及其他三维空间的表现方法。

　　改变非同心圆圆心的排列方式将会带来一些变化（图 2-142 和图 2-143）。

图 2-139　圆柱形

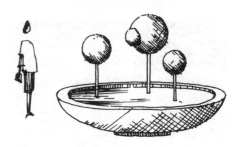

图 2-140　球形

图 2-141　圆形景观实例

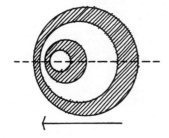

图 2-142　单方向沿轴线移动这些圆

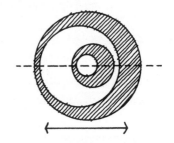

图 2-143　沿轴线来回移动这些圆

六、同心圆和半径

如前所述，开始于概念性方案图（图 2-144）。

准备一个"蜘蛛网"样的网格，用同心圆把半径连接在一起（图 2-145）。把网格铺于概念性平面图之下（图 2-146）。

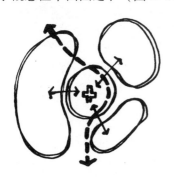

图 2-144　同心圆概念性方案

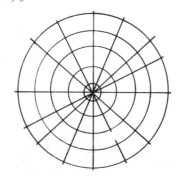

图 2-145　蜘蛛网形

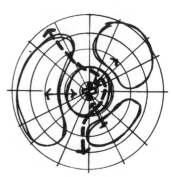

图 2-146　网格铺形

然后根据概念性平面图中所示的尺寸和位置，遵循网格线的特征，绘制实际物体平面图。所绘制的线条可能不能同下面的网格线完全吻合，但它们必须是这一圆心发出的射线或弧线（图 2-147）。擦去某些线条以简化构图。与周围的元素形成 90°角的连线（图 2-148）。

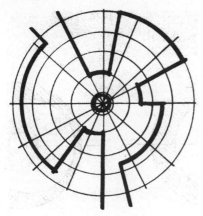

图 2-147　圆心发射弧线形

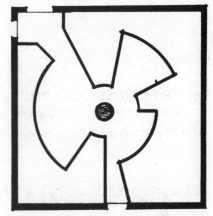

图 2-148　圆心发射弧形模式

　　图 2-149 是用半径和同心圆设计的实例。注意：圆心是如何适用于其他设计元素的。

七、圆弧和切线

　　以下是以圆弧和切线为主旋律绘制出的图形。

　　直线同圆相接且与半径成 90°夹角就形成切线（图 2-150）。

　　用盒状外框封闭概念性方案如图 2-151所示。

图 2-149　同心圆景观设计实例

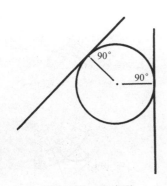

图 2-150　切线形

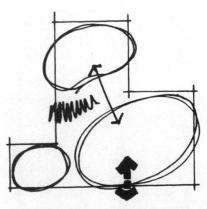

图 2-151　盒状外框封闭概念性方案

在拐角处绘制不同尺寸的圆，使每个圆的边和直线相切（图2-152）。

描绘相关的边形成由圆弧和切线组成的图形（图2-153）。

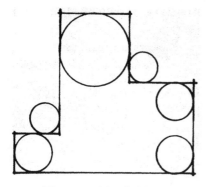

图2-152 圆和直线相切

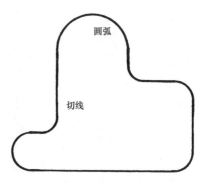

图2-153 圆弧和切线组合

增加简单的连线使之与周围环境相融合。增加一些材料和设施细化设计图，进一步满足雇主的需要（图2-154）。

如果你觉得这种盒子样式的图形过于呆板，可以在细化图形之前采取另一步骤。

前面绘出的圆可以沿着不同的方向推动，然后把对应的切线画出，使之看似一些围绕轮子的传送带（图2-155和图2-156）。

最后形成图2-157中所示的较松散的流线形式，但其中也隐含有规则式的成分。

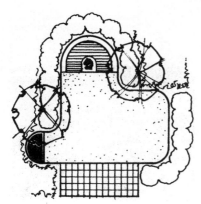

图2-154 圆弧和切线组合景观

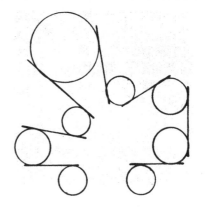

图2-155 绕轮形方案（1）

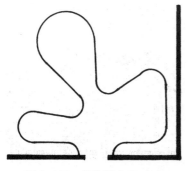

图2-156 绕轮形方案（2）

图2-157 流线方案

图 2-158 为以圆弧和切线为主题设计的庭院平面图。

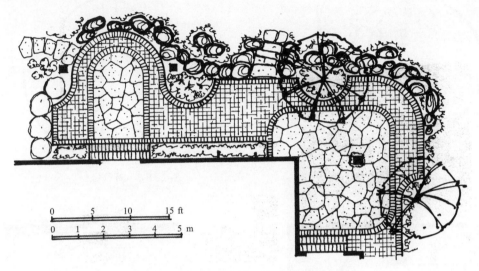

图 2-158　以圆弧和切线为主题的庭院平面图

八、弓形

圆在这里被分割成半圆、1/4 圆、馅饼形状的一部分，并且可沿着水平轴和垂直轴移动而构成新的图形（图 2-159）。

从一个基本的圆形开始，把它分割、分离，再把它们复制、扩大或缩小（图 2-160）。

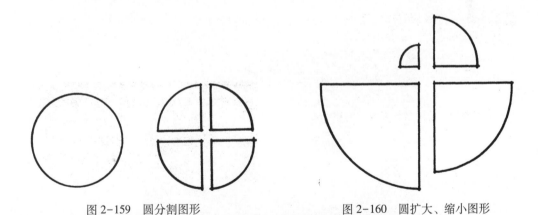

图 2-159　圆分割图形　　　　　　　　图 2-160　圆扩大、缩小图形

根据概念性方案（图 2-161），决定所分割图形的数量、尺寸和位置。

沿同一边滑动这些图形，合并一些平行的边，使这些图形得以重组（图 2-162）。

绘制轮廓线，擦去不必要的线条，以简化构图。增加连接点或出入口，绘出图形大样（图 2-163）。

通过标高变化和添加合适的材料来改进和修饰图纸（图 2-164）。

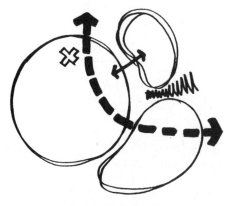

图 2-161　圆概念性方案（1）

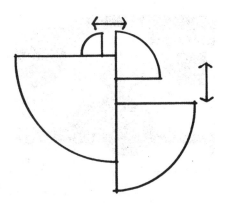

图 2-162　圆概念性方案（2）

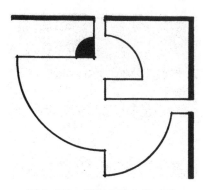

图 2-163　圆概念性方案（3）

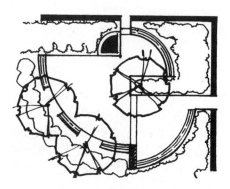

图 2-164　圆概念性方案（4）

图 2-165 中例子显示了以圆的一部分为主旋律的设计效果。

图 2-165　某花园设计方案

九、螺旋线

尽管用数学方法绘出的螺旋线有令人羡慕的精确性，但园林设计中广泛应用的还是徒手画的螺旋线，即自由螺旋线，如图 2-166 所示。

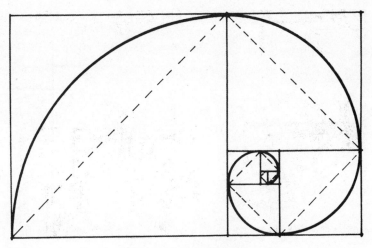

图 2-166 自由螺旋线

为归纳几何形体在设计中的应用，把一个社区广场的概念性规划图（图 2-167）用不同图形的模式进行设计。每一方案中都有相同的元素：临水的平台、设座位的主广场、小桥和必要的出入口。图 2-167 中例子显示了用这些相当规则的几何形体为模式所产生的不同空间效果。

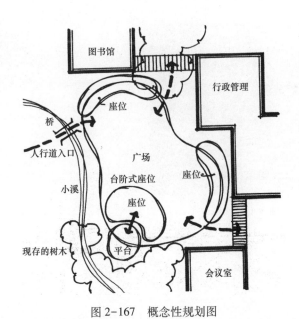

图 2-167 概念性规划图

第三节 园林景观设计的非常形式

一、相反的形式

故意把不和谐的形体放在同一个景观中能导致一种紧张感。

这里展示了一堵与圆心无关的垂直墙体（图 2-168）及与倾斜的墙无关的垂直墙体（图 2-169）。

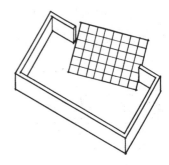

图 2-168　垂直墙体（1）

图 2-169　垂直墙体（2）

把相互冲突的形式作为对应物布置在一起，会引发一种特殊的情感。一个广场（图 2-170）内，地面铺装的花纹和设计的矮墙之间不一致的、对立的关系会引起视觉上的不适。

"不完全正确"的形式是故意引入紧张情绪的另一种方法。因为我们的意识中有一个完美的形象，并且会下意识地去追寻它。

我们看到一个有凹痕的圆，就会下意识地试着把它画圆（图 2-171）。

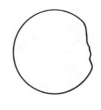

图 2-170　冲突形式广场

图 2-171　有凹痕的圆形

把两个无限接近的物体靠在一起（图 2-172）。

接近平行但又不完全平行的两堵墙会带来何等的不安（图 2-173）。

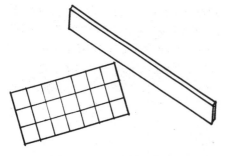

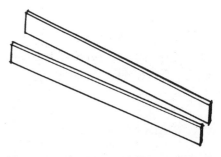

图 2-172　无限接近方案

图 2-173　接近平行又不接近平行的方案

一些观景者看到一处缺点，可能就会失望地离去；另一些可能知道，这是故意设计的不协调并会寻找原因。这很有可能会搅乱人们的视线。

不相容的形式相叠加，会造成对立的形式，即把一种物体放置到与其明显无关的另一物体之上。

例如，在一个弯曲的种植床或地面弯曲的线条上叠加一个带垂直拐角的直线形的座凳，如果不把座凳当成一个整体去观察，那些相互交叠的点就会成为景观中引起紧张的点。如果把它们看作一个个独立的空间，或许会协调一点（图2-174）。

图2-174 弯曲种植床景观

某步行商业街（图2-175）中存在着几种对立的形式：曲折的墙、直线形的镶边、不规则的石头边界、直线形的台阶、三种不同的铺装模式。所有这些以一种古怪的、非理性的关系混合在一起，没有任何统一。或许打破这些规则后，才能创造出奇怪的模式。

在图2-176中，这一具有顽皮特点的铺装展示出对严谨结构的轻率抛弃。

图2-175 商业街地面铺装模式

图2-176 有特点的铺装方案

二、锐角形式

某些条件下，通过精心安排，锐角也能成功地与环境融为一体。

建筑师贝聿铭就很有效地把尖角引入他的很多作品之中（图2-177）。它们与正常的直角线条显著不同。

同样，在一些城市广场（图2-178）中也有很多尖锐的边。它们的位置设计得很巧妙，从而使它们不至于给人们带来危险。

图 2-177　尖角引入方案

图 2-178　尖锐边广场方案

如图2-179所示，这个喷泉下的尖角台阶已成为水中的雕塑。它们强化了流水的动感特征。为避免出现间断的点，尖角的顶端都设计成圆形。

两圆相接难免会出现锐角。在同一地平面上的铺装图案不存在危险的问题。然而，在如图2-180所示的这一设计中，可以通过修剪使绿篱的角度圆化，也能软化这些垂直面上的边界。

图 2-179　尖角台阶

图 2-180　圆化边界

如图2-181所示，这些三角形平面由室外张拉膜结构组成。它们的尖角是结构上的需要。

图 2-181　尖角张拉膜结构组合方案

三、解构

解构是故意把物体或空间设计成一种遭破坏、腐烂或不完全的状态。或许它仅仅是抓住人们视线的秘密武器，或许它根植于最初的设计概念和目标之中。尽管这种方法可能超乎寻常，但它绝非新鲜物。很多英国古典园林就用这种"腐蚀"的结构以表达久远之感（图 2-182）。

在图 2-183 所示的这一现代园林中，墙上的一些砖块被精心摆放，以创造出一种结构分散的感觉。诚然，砖块与周围的草坪不相容，但由墙上的洞和地上的砖组成的无规律整体也形成了一种有趣的景象。

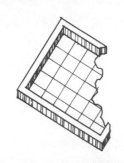

图 2-182　"腐蚀"结构方案

图 2-183　结构分散方案

如图 2-184 和图 2-185 所示，石头园不仅使用了各种形状、质地和色彩的岩石，也通过一块部分埋入地下的倾斜立方体石块来表达一种内在的含义。靠近一侧是弯曲的断裂水泥步行道，它不具有实际功能，却能作为立方体石块的补充。它们放在一起，能激起人们对那不可见的地球引力的遐想。

图 2-184 分散石头园（1）   图 2-185 分散石头园（2）

如图 2-186 所示，这一倒下的方尖碑也是用动态过程表达静态效果。与墙体相交处，方尖碑故意产生一条裂纹，使这一纯粹的直线变成了略带弯曲，不难想象似乎是下落过程中把它放置那儿一样。

采用外观新颖的材料和熟悉的结构营造出古老的、破损的、部分毁坏的、衰败的景观，从而给人以摇摇欲坠的感觉，是设计师追求的一种目标（图 2-187）。这种手法对想表达毁坏含义的设计，如战争、地震、侵蚀、火灾等，具有增强效果。

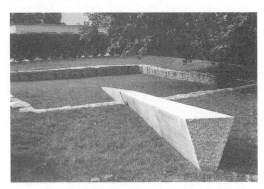

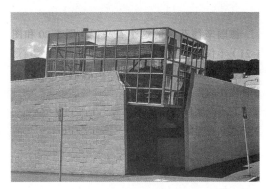

图 2-186 尖碑   图 2-187 部分毁坏方案

墙（图 2-188）和相应的建筑可作为破坏性建筑形式来欣赏，或可提醒人们这里是地震易发地区。

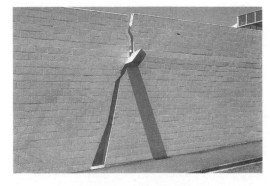

图 2-188 提示性方案

四、变形和视错觉的景观

空间的视错觉在室外环境设计中非常有用。狭长空间的末端可通过空间形式和垂直韵律的控制而拉近或推远（图 2-189）。

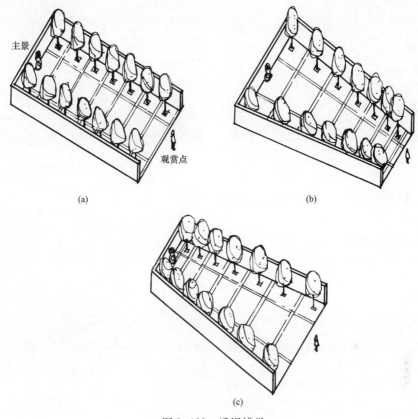

图 2-189　透视错觉

（a）景观元素正常地位于矩形框架内；（b）景观元素向前收缩，主景显示拉近；（c）景观元素向后收缩，主景显得变远

有一些给人留下深刻印象的壁画作品，例如，一块闲置的地皮因墙体上部空间和漂浮的海贝引起幻觉而呈现一派海洋景观（图 2-190）。

图 2-190　呈现某种景象方案

从前面看这座古老的建筑右侧正面扁平（图2-191），直接看这一正面时一个崭新的世界展现在你的面前（图2-192）。设计师捕捉了韦尼蒂安（Venetian）广场和运河强有力的透视深度，烟囱被安置于立柱顶部，其投影进一步增强了这一空间的幻觉。

图2-191　视错觉景观（1）

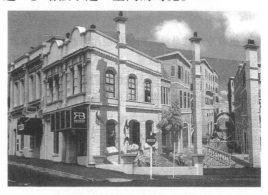

图2-192　视错觉景观（2）

图2-193展示的是一栋采用空间错觉手法装饰的古老建筑。

扭曲变形就是熟悉的物体应用时改变它们正常的方式、位置或彼此联系。例如，有的人体模型花园可能会很多人不喜欢，功能性也不强，但观察者却会对这一连串违背常规的做法表示惊喜。

在图2-194中，这座植物迷宫的设计者在玩尺度变形的游戏。

看似不可能，但是图2-195中这些圆形石头不知怎的竟然支撑起来形成花园的

图2-193　古老建筑

拱门。实际上这很安全，设计的效力在于给人以结构脆弱（即极易坍塌）的错觉。

图2-194　植物迷宫

图2-195　花园拱门

五、标新立异的景观

我们所说的标新立异是指那些不同寻常却没有危害的设计师，他们同样富有创造性和充满活力。他们设计的作品常常不合常规，甚至打破常规，在形式、色彩、质地方面包含一些"疯癫的"有趣成分。

如图 2-196 所示，这座私人建筑平台有一剧烈的斜坡，并用高低不平的支撑物与家具结合，墙体顽皮地用各种砖石和包括茶杯在内的陶瓷制品砌成。

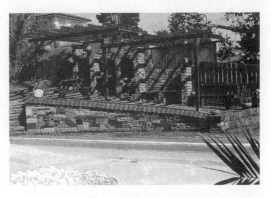

图 2-196　支撑物与家具结合

六、社会和政治景观

如图 2-197 所示，这个公园的形式反映了一种社会现象。某大学校园附近的半个城区曾经满是泥泞，并且持续多年。

有一天，市民们开始自发改善这一地区。于是凹凸不平的地面铺上了草坪，添置了游乐设施，并种植了蔬菜。当时狂热的建设时期，没有规划、无人指导。

如果按照人们习惯接受的准则来衡量，这远称不上完美的设计。由于大家共同参与劳动和玩乐，使这一地区变得生机勃勃，他们认为它是有用的、美丽的，这就是社会和政治景观。对多数人来说，这个公园是十分成功的设计，这一景观仅维持了短短几周时间，因为对当权者来说，这种违背常规的做法是不能接受的。这一公园被取消，其形式随后被变为传统的（却是不实用的）修剪整齐的草地和一个球场。

图 2-198 是花展中一个以反映环境退化为主题的花园，左半部展示了宜人的繁茂绿地，右半部却是一幅毁灭景象。该景观传递了某种社会学信息，它吸引人吗？不。实用吗？不。它会引起争议吗？的确如此！

图 2-197　社会标志性景观

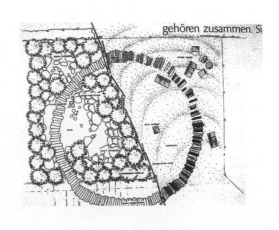

图 2-198　某花园设计方案

第三章

园林景观设计方案表达

第一节　园林景观设计方案图示表达

一、平面图

平面图是地图的一种。当测区面积不大，半径小于 10km（甚至 25km）时，可以水平面代替水准面。在这个前提下，可以把测区内的地面景物沿铅垂线方向投影到平面上，按规定的符号和比例缩小而构成相似图形。

1. 平面图表达的内容

园林景观设计平面图是指景观设计场地范围内其水平方向进行正投影而产生的视图。平面图主要表达场地的占地大小、场地内建筑物及构筑物的大小、屋顶形式和材质、道路与步行道的宽窄及布局、室外场地（主要指硬质场地）的形状和大小及铺装材料、植物的布置及品种、水体的位置及类型、户外公共设施和公共艺术品的位置、地形的起伏及不同的标高等，如图 3-1~图 3-3 所示。

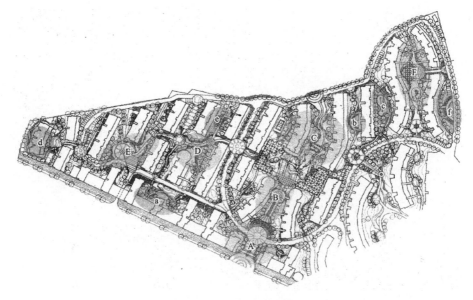

图 3-1　景观分析图

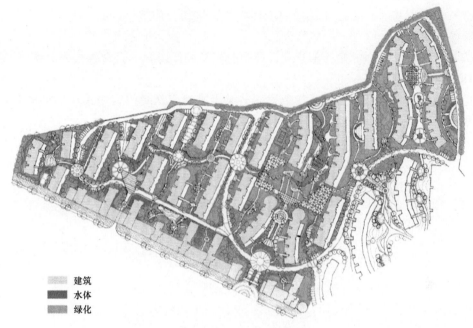

建筑
水体
绿化

图 3-2　绿化分布示例分析

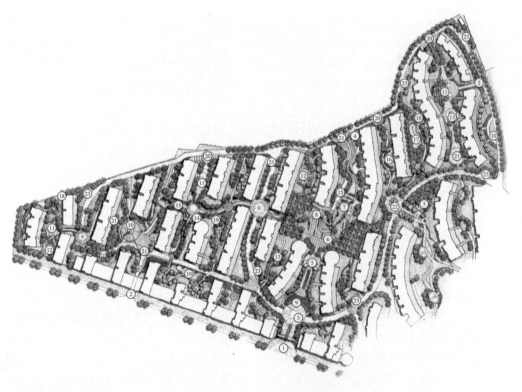

图 3-3　园林环境总平面图

2. 平面图的画法

（1）先画出基地的现状［包括周围环境的建筑物、构筑物、原有道路、其他自然物及地形等高线（稿线）］。

（2）依据"三定"原则，把景观设计中的相关设计内容的轮廓线画入（稿线）；"三定"即定点、定向、定高。

1）"定点"即依据原有建筑物或道路的某点来确定新建内容中某点的纵横关系及相距尺寸。

2）"定向"即根据新设计内容与原有建筑物等朝向的关系来确定新设计内容的朝向方位。

3）"定高"即依据新旧地形标高设计关系来确定新设计内容的标高位置。

（3）画出景观设计中的相关设计内容的划分线和材料图例（如地坪划分和材料，室外场地的划分和材料、植物、水体等），地形的等高线（稿线）。

（4）加深、加粗景观设计中的相关设计内容的轮廓线，再按图线等级完成其余部分内容。其中，各相关设计内容的轮廓线最粗，其余次之。

景观设计平面图的绘制应注意图面的整体效果，应主次分明，让人一目了然，避免因为表达的内容多了而造成图面混杂和零乱。平面图中还应标明指北针和比例尺，有必要时还需附上风向频率玫瑰图。

二、剖面图

在园林制图中，还有一种非常重要的图纸表现方法，就是剖面图。在投影图中，我们一般将看不见的内部结构或被遮挡住的外部轮廓用虚线表示。但是某些物体，如园林建筑、景观小品设施等的外部轮廓或内部结构较为复杂，在投影的绘制中会出现许多虚线，这些虚线交错复杂，给制图和识别带来了极大的不便。为了解决这一问题，可以采用剖视的方法来绘制图纸。

此外，景观本身与建筑构件、机械构件不同，仅仅用平面图、立面图及透视图，不能完整地表现景观的全部。当需要表现重要的景观节点部位或景观带时，立面图、平面图是不能完成的，透视图的表达角度等也不甚理想，这就需要剖面图来完成。剖面图可以准确地看出剖切部位的景观组成成分及相互间横向、竖向的关系，如图3-4所示。

用一个切面在物体的某一部位切开，露出物体内部结构，移去被切部分，将剩下的部分向投影面投影，这种方法就是剖视，所得到的投影称为剖面图。为了便于制图与识图，并且真实地反映出物体本身，剖面图通常是在正投影图中选与投影面平行的剖切平面进行剖切。根据不同需要，剖面图的剖切位置通常有以下几个处理方法。

1. 半剖面

这种处理手法是将物体从中心线或者轴线的位置剖切开，投影图由半面投影视图和半面剖面图组成，以便使物体的外部轮廓和内部结构同时展现在同一图纸中。这种方法较适用于外部轮廓复杂但呈现对称结构的物体。

在绘制半剖面的时候应注意，剖面图和投影图之间，规定用物体的对称中心线为界线。当对称中心线是铅垂线时，半剖面画在投影图的右边；当对称中心线是水平线时，半剖面可以画在投影图的下面。

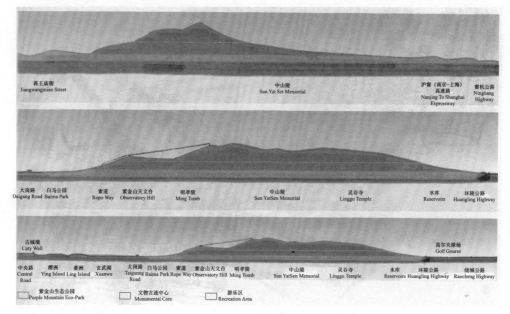

图 3-4　基地剖面

2. 局部剖面图

这种处理方法是将物体投影图的绝大部分保留，在局部位置绘制剖面图。目的是更好地兼顾展示物体的内部结构和外部轮廓。这种方法较适用于外部形态略为复杂的物体。在绘制局部剖面图时应注意，剖面图和投影图之间，规定用徒手画的波浪线为界线。

3. 全剖图

这种处理手法是用剖切面将整个物体切开，较适用于园林景观设计中整体景观带、不对称的园林建筑或景观小品、建筑内部构造及较简单的对称物体的表现。

三、立面图

1. 立面图表达的内容

景观设计立面图是景观设计要素在场地的水平面的垂直面上的正投影。景观设计的立面图也如建筑设计的立面图一样可根据实际需要选择多个方向的立面图。

景观设计立面图主要表达了景观设计在垂直方向上的轮廓起伏和节奏，地形的起伏标高变化，设计所用树木的形状和大小，建（构）筑物及户外公共设施和公共艺术品的高、宽、体量等，如图 3-5 所示。

2. 立面图的画法

（1）依据景观设计平面图画出其建筑物或构筑物等景观要素相应的水平方位，画出其轮廓线（稿线）。

（2）画出地平线（包括标高的变化）（稿线）。

（3）画出建筑物或构筑物的高度体量及树木等的轮廓线等（稿线）。

（4）加深地坪剖断线，并依次按图线的等级完成各部分内容。其中地坪剖断线最粗，建筑物或构筑物等轮廓线次之，其余更细。

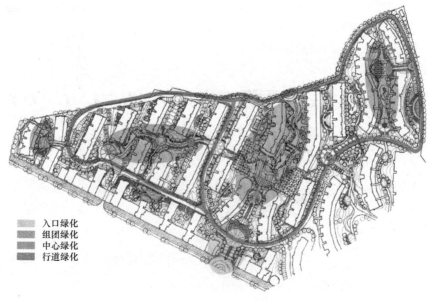

入口绿化
组团绿化
中心绿化
行道绿化

图 3-5　绿化区域划分

四、轴测图

　　轴测图并非透视图，而是由非正视的平行投影根据空间坐标 X 轴、Y 轴、Z 轴产生出来的立体图，是景观设计的一种立体表现方式，它的三个方向的尺寸均可以按比例量出。在综合性的大型公共空间的景观设计中，所有的透视图都只能表达出该空间的一个局部，如运用轴测图，则能反映出户外空间形体的整体关系和景观设计的总体效果。做图较为简单，它的缺点是不真实和不符合人眼的近大远小的原则，画面不够生动。轴测图包括正轴测图和斜轴测图两种，其中俯视轴测图如图 3-6 所示。

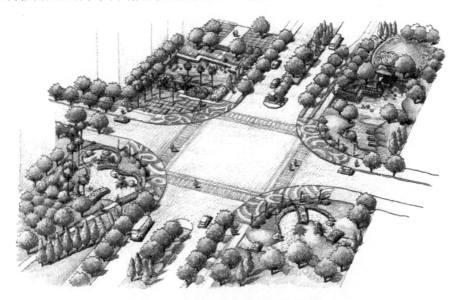

图 3-6　某景观方案设计俯视轴测图

五、透视图

透视图是画好景观设计效果图的基础（只有少量的景观设计效果图采用平面和立面或轴测图的方式）。而就其概念而言，透视图是以做画者的眼睛为中心作出的空间物体在画面上的中心投影（而非平行投影）。它是将三维的空间景物转换成二维图像，逼真地展现了设计者的预设构想（图3-7）。常见的透视图主要有一点透视、两点透视和鸟瞰图三种。

图3-7　透视图

1. 一点透视

一点透视又称为平行透视。其画法简单，表现范围较广，纵深感强，适合于表现严肃、庄重或轴线感强及较为开阔的户外空间，也适合于小范围户外空间的景观设计的分析表现。缺点是画面场景稍显呆板，正常视点高度范围内，无法表现景观空间的相互关系和景观设计的总体效果。

2. 两点透视

两点透视称为成角透视。其表现范围更广，适合于表现比较活泼自由的户外空间的景观设计，同样适合于小范围景观节点的分析表现。缺点是画法比一点透视复杂，若角度选不好，易产生局部变形。同样，在正常视点高度范围内，它也无法表现景观空间的相互关系和景观设计的总体效果。

3. 鸟瞰图

鸟瞰图又称为俯视图。它既可以是一点透视，也可以是两点透视。它的观看角度是自上往下看。它的优点是便于表现景观空间形体的相互关系和景观设计的总体效果，尤其当景观设计总平面具有良好的图底关系时，效果最佳；缺点是当景观空间缺少节奏变化时，效果会显得较为单调。

第二节　园林景观设计方案——光影的表达方法

光影表现主要通过对各设计元素添加阴影的表达方法，利用视错觉的原理，增加画面元素的立体效果，丰富景观设计方案的表现。添加阴影时，需要注意的是，在同一个图中，相同高度的设计元素其阴影的长度应相同，所有设计原色的阴影方向应保持一致。光影要素包含了利用自然光、人工照明及其所产生的阴影所参与的景观构成活动（图 3-8）。

图 3-8　光影表达

一、自然光影与景观艺术

在景观艺术中，自然光与影的运用对于景观意境的创造有着重要的作用，它是反映景观空间深度和层次极为重要的因素。人们经历由暗到明或由明到暗及半明半暗的变化可以使感觉中空间放大或缩小，从而营造特殊的空间气氛，因此，同一空间由于光线的变化，会给人不同的感觉（图 3-9）。

景观艺术中常用光的明暗和光影的对比变化，配合空间的收放处理，来渲染空间氛围。而粉墙上的竹影、月下树木的碎影、栏杆上的花影等，可算是在景观艺术中最富浪漫情趣的空灵妙笔。

实墙、栏杆、地坪本身无景可言，但在自然光的照射下，恍然一幅绝妙的画卷，且随着日、月的转移，该阴影还会出现长短、正斜、疏密的不同形态的变化，传递出比实景更美妙的意境。

二、灯光对于景观空间的表达

光环境设计，既是景观环境设计的一个重要组成部分，又具有相对的独立性。一方面人工光照环境服务于空间性质的揭示，另一方面又为环境注入新的秩序，提高环境的空间品质。灯光环境对于空间的积极作用主要表现在以下几个方面。

1. 灯光环境对空间界面的调节

灯光环境除了其基本的使用功能外，对空间环境的界面的比例、形状、色彩等形态特征还起到视觉上的调节及揭示作用。

（1）一般性揭示。景观环境空间的形态构成要靠灯光环境来呈现。空间的尺度、规模、形状及局部与整体、局部与局部中的构

图3-9 某户外空间长廊

成关系等都要借助灯光环境，特别是具有一定照度、色彩特性的灯光环境得以显现。另外不同的功能、艺术要求的环境空间需要有与之相适应的光照环境，因此通过灯光的揭示，可以显现特定环境空间的功能关系和艺术氛围。

（2）方向性揭示。通过光照能在环境中造成一定秩序和视觉心理联系，使人们把注意力集中于环境视野中那些感兴趣的视觉信息。最典型的做法就是利用人的向光性将环境空间中的行为目的场所处理成视觉明亮的中心，使人产生方向的认识，对行为产生诱导。

（3）质感、肌理的表现。灯光的照射直接或间接地影响材料表面的反射特征。如粗糙的质感在弱光下效果得以夸张，而在强光的直射下则受到削弱。另外，对于形体上不同的部分的同一质地，由于灯光的特征、作用部位等方面的不同，就会产生明暗变化和阴影，那么材料的表面就会产生形态的变化，这在一定程度上改变了材料的视觉感受。

（4）遮隐。"遮"的目的是对空间形态中不理想的部位，用光照加以遮挡，以形成某一角度的视觉屏障；"隐"是利用加强局部的"视亮度"，使之与周围的环境产生很大的反差，从而"隐"去某些景物。

2. 灯光对空间环境的再创造

灯光环境对景物层次的再创造，是通过灯光直接或间接作用于环境空间，以形成空间层次感来实现的（图3-10）。

（1）围合和分隔。灯光对环境空间通过围合与分割可以产生限定作用，这是在空间实质性界面对环境空间的限定基础上的再次限定过程（图3-11）。

围合是指灯光在母体空间形态中，能够限定出相对独立的次生空间。这是一种基本的限定方法，灯光要素能够形成两个以上的界面，是一种向心性的限定。

分隔是灯光的要素将母体空间划分成两个或两个以上的部分，形成次生空间，灯光元素充当那些部分的界面构成。

图 3-10 某园东门雕塑

（2）视觉中心。利用灯光的光色特征，使之相对独立于环境空间形态中，并成为视觉中心。其作用是在周围形成向心性，使之成为一定强度的"场"。如在环境中设置突出的灯具，使之成为空间的中心，对其周围的空间产生一定的向心力，次生空间感也随之产生，增加了空间的层次感（图 3-12）。

图 3-11 某城市活动广场水景观墙

图 3-12 某住宅小区入口喷泉景观

另外，灯光的强弱变化、冷暖差异也能够创造环境的空间层次感，这是由于强光的部分视觉清晰，而弱光的部分视感很模糊，这与距离远近变化的视感特征相似，因此利用灯光的强弱、冷暖有目的地控制与变化，可以产生深度和层次感（图 3-13）。

图 3-13　强弱、冷暖、层次感设计方案

第三节　园林景观设计方案——
草坪和草地的表达方法

草坪和草地的表达方法很多，下面介绍一些主要的表达方法。

一、打点法

打点法是较简单的一种表达方法。用打点法画草坪时所打的点的大小应基本一致，无论疏密，点都要打得相对均匀。

二、小短线法

将小短线排列成行，每行之间的间距相近排列整齐的可用来表示草坪，排列不规整的可用来表示草地或管理粗放的草坪。

三、线段排列法

线段排列法是最常用的方法，要求线段排列整齐，行间有断断续续的重叠，也可稍许留些空白或行间留白。另外，也可用斜线排列表示草坪，排列方式可规则，也可随意。

除上述草坪和草地的表达方法外，还可采用乱线法或 M 形线条排列法。

用小短线或线段排列法等表达草坪时，应先用淡铅在图上作平行稿线，根据草坪的范围可选用 2~6mm 间距的平行线组。若有地形等高线时，也可按上述的间距标准，依地形的曲折方向勾绘稿线，并使得相邻等高线间的稿线分布均匀。最后，用小短线或线段排列起来即可。

第四节 园林景观设计方案
——树林及灌木的表达方法

一、树木的平面表达方法

树木的平面表达可先以树干位置为圆心、树冠平均半径为半径作出圆，再加以表现（图3-14）；其表现手法非常多，表现风格变化很大。根据不同的表现手法，可将树木的平面表示划分为下列四种类型。

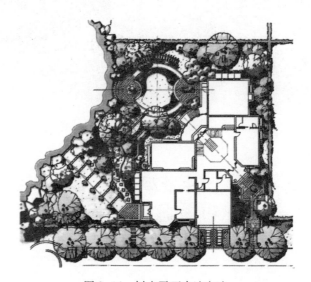

图3-14 树木平面表达方法

1. 枝叶型

在树木平面中既表示分枝，又表示冠叶，树冠可用轮廓表示，也可用质感表示。这种类型可以看作是其他几种类型的组合。

2. 分枝型

在树木平面中只用线条的组合表示树枝或枝干的分叉。

3. 轮廓型

树木平面只用线条勾勒出轮廓，线条可粗可细，轮廓可光滑，也可带有缺口或尖突。

4. 质感型

在树木平面中只用线条的组合或排列表示树冠的质感。

现以落叶树为例来说明四种表示类型的应用。冬态树木的顶视平面可用分枝型表示。叶繁茂后树冠的地面正午投影可用轮廓型表示，顶视平面可用质感型表示。水平面剖切树冠后所得到的树冠剖面可用枝叶型表示。

尽管树木的种类可用名录详细说明，但常常仍用不同的表现形式表示不同类别的树木。例如，用分枝型表示落叶阔叶树，用加上斜线的轮廓型表示常绿树等。各种表现形式当着上不同的色彩时，就会具有更强的表现力。不同类型的树木平面图，有些树木平面具有装饰图案的特点，作图时可参考。

当表示几株相连的相同树木平面时，应互相避让，使图面形成整体。当表示成群树木的平面时可连成一片。当表示成林树木的平面时可只勾勒林缘线。

二、树木的落影表达

树木的落影是平面树木重要的表现方法，它可以增加面的对比效果，使图面明快，有生气。树木的落影与树冠的形状、光线的角度和地面条件有关，在园林图中常用落影圆表示，有时也可根据树形稍稍作些变化。

作树木落影的具体方法：先选定平面光线的方向。定出落影量，以等圆做树冠圆和落影圆，然后擦去树冠下的落影，将其余的落影涂黑，并加以表现。对不同质感的地面可采用不同的树冠落影表现方法。

三、树冠的避让

为了使图面简洁清楚、避免遮挡，基地现状资料图、详图或施工图中的树木平面可用简单的轮廓线表示，有时甚至只用小圆圈标出树木的位置。

在设计图中，当树冠下有花台、花坛、花境或水面、石块和竹丛等较低矮的设计内容时，树木平面也不应过于复杂，要注意避让，不要挡住下面的内容。但是，若只是为了表示整个树木群体的平面布置，则可以不考虑树冠的避让，应以强调树冠平面为主。

四、树木的立面表达方法

树木的立面表达方法也可分成轮廓型、分枝型和质感型等几大类型，但有时并不十分严格。树木的立面表现形式有写实的，也有图案化的或稍加变形的，其风格应与树木平面和整个图面相一致（图 3-15）。

图 3-15　树木立面画法

五、树木平、立面的统一

树木在平面、立（剖）面图中的表示方法应相同，表现手法和风格应一致，并保证树木的平面冠径与立面冠幅相等、平面与立面对应、树干的位置处于树冠圆的圆心。这样作出的平面、立（剖）面图才和谐。

六、灌木的表达方法

灌木没有明显的主干，平面形状有曲有直。自然式栽植灌木丛的平面形状多不规则，修剪的灌木和绿篱的平面形状多为规则的或不规则但平滑的。

灌木的平面表达方法与树木类似，通常修剪的规整灌木可用轮廓型、分枝型或枝叶型表示，不规则形状的灌木平面宜用轮廓型和质感型表达，表达时以栽植范围为准。由于灌木通常丛生、没有明显的主干，因此灌木平面很少会与树木平面相混淆。

第五节　园林景观设计方案——石块的表达方法

平、立面图中的石块通常只用线条勾勒轮廓，很少采用光线、质感的表达方法，以免使之零乱。

用线条勾勒时，轮廓线要粗些，石块面、纹理可用较细较浅的线条稍加勾绘，以体现石块的体积感。

不同的石块，其纹理不同，有的圆浑，有的棱角分明，在表现时应采用不同的笔触和线条。剖面上的石块，轮廓线应用剖断线，石块剖面上还可加上斜纹线（图3-16）。

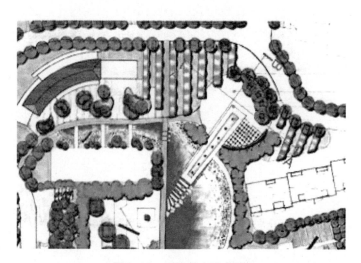

图3-16　石块的表达方法

第六节　园林景观设计方案——水面的表达方法

水面表达可采用线条法、等深线法、平涂法和添景物法，前三种方法为直接的水面表达方法，最后一种方法为间接表达法。

一、线条法

用工具或徒手排列的平行线条表示水面的方法称为线条法。作图时，既可以将整个水面全部用线条均匀地布满，也可以局部留有空白，或者只局部画些线条。线条可采用波纹线、水纹线、直线或曲线。组织良好的曲线还能表现出水面的波动感。

二、等深线法

在靠近岸线的水面中，依岸线的曲折做两三根曲线，这种类似等高线的闭合曲线称为等深线。通常形状不规则的水面用等深线表达（图3-17）。

图3-17　等深线表达水面

三、平涂法

用水彩或墨水平涂表示水面的方法称为平涂法。用水彩平涂时，可将水面渲染成类似等深线的效果。先用淡铅作等深线稿线，等深线之间的间距应比等深线法大些，然后再一层层地渲染，使离岸较远的水面颜色较深。

四、添景物法

添景物法是利用与水面有关的一些内容表达水面的一种方法。与水面有关的内容包括一些水生植物（如荷花、睡莲）、水上活动工具（如湖中的船只、游艇）、码头和驳岸、露出水面的石块及其周围的水纹线、石块落入湖中产生的水圈等。

第七节　园林景观设计方案——地形的表达方法

地形的平面表示主要采用图示和标注的方法。等高线法是地形最基本的图示表示方法，在此基础上可获得地形的其他直观表示法。标注法则主要用来标注地形上某些特殊点的高程（图3-18）。

图 3-18　园林景观高程标注图

一、等高线法

等高线法是以某个参照水平面为依据，用一系列等距离假想的水平面切割地形后所获得的交线的水平正投影（标高投影）图表示地形的方法。两相邻等高线切面（L）之间的垂直距离（h）称为等高距，水平投影图中两相邻等高线之间的垂直距离称为等高线平距，平距与所选位置有关，是个变值。地形等高线图上只有标注比例尺和等高距后才能解释地形。

一般的地形图中只用两种等高线：一种是基本等高线，称为首曲线，常用细实线表示；另一种是每隔四根首曲线加粗一根，并注上高程的等高线，称为计曲线。有时为了避免混淆，原地形等高线用虚线，设计等高线用实线。

二、坡级法

在地形图上，用坡度等级表示地形的陡缓和分布的方法称作坡级法。这种图示方法较直观，便于了解和分析地形，常用于基地现状和坡度分析图中。坡度等级根据等高距的大小、地形的复杂程度及各种活动内容对坡度的要求进行划分。地形坡级图的做法可参考下面的步骤。

首先，定出坡度等级。即根据拟定的坡度值范围，用坡度公式[$\alpha = (h/L) \times 100\%$]算出临界平距 $L5\%$、$L10\%$ 和 $L20\%$，划分出等高线平距范围。

然后，用硬纸片做的标有临界平距的坡度尺或者用直尺去量找相邻等高线间的所有临界平距位置。量找时，应尽量保证坡度尺或直尺与两根相邻等高线相垂直，当遇到间曲线用虚线表示的等高距减半的等高线时,临界平距要相应地减半。最后,根据平距范围确定出不同坡度范围(坡级)内的坡面,并用线条或色彩加以区别。常用的区别方法有影线法和单色或复色渲染法。

三、高程标注法

当需表示地形图中某些特殊的地形点时,可用十字或圆点标记这些点,并在标记旁注上该点到参照面的高程,高程常注写到小数点后第二位,这些点常处于等高线之间,这种地形表示法被称为高程标注法。高程标注法适用于标注建筑物的转角、墙体和坡面等顶面和底面的高程,以及地形图中最高和最低等特殊点的高程。因此,场地平整、场地规划等施工图中常用高程标注法。

四、分布法

分布法是地形的另一种直观表示法,将整个地形高程划分成间距相等的几个等级,并用单色加以渲染,各高度等级的色度随着高程从低到高的变化也逐渐由浅变深。地形分布图主要用于表示基地范围内地形变化的程度、地形的分布和走向。

五、地形轮廓线

在地形剖面图中,除需表示地形剖断线外,有时还需表示地形剖断面后没有剖切到但又可见的内容。可见地形用地形轮廓线表示。

求作地形轮廓线,实际上就是求作该地形的地形线和外轮廓线的正投影。虚线表示垂直于剖切位置线的地形等高线的切线,将其向下延长与等距平行线组中相应的平行线相交,所得交点的连线即为地形轮廓线。

树木投影的做法为:将所有树木按其所在的平面位置和所处的高度(高程)定到地面上,然后作出这些树木的立面,并根据前挡后的原则擦除被遮挡住的图线,描绘出留下的图线即得树木投影。有地形轮廓线的剖面图的做法较复杂,若不考虑地形轮廓线,则做法要相对容易些。因此,在平地或地形较平缓的情况下可不作地形轮廓线,当地形较复杂时应作地形轮廓线(图 3-19 和图 3-20)。

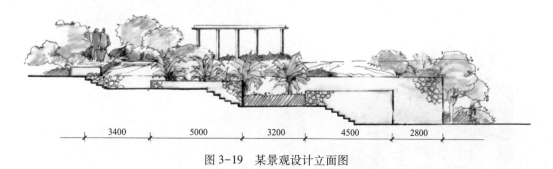

图 3-19 某景观设计立面图

六、垂直比例

地形剖面图的水平比例应与原地形平面图的比例一致,垂直比例可根据地形情况适当

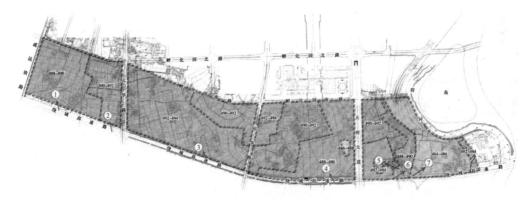

图 3-20 地形轮廓表达

调整。当原地形平面图的比例过小、地形起伏不明显时，可将垂直比例扩大 5~20 倍。采用不同的垂直比例所作的地形剖面图的起伏不同，且水平比例与垂直比例不一致时，应在地形剖面图上同时标出这两种比例。当地形剖面图需要缩放时，最好还要分别加上图示比例尺。

七、地形剖断线的做法

求作地形剖断线的方法较多，此处只介绍一种简便的做法。首先，在描图纸上按比例画出间距等于地形等高距的平行线组，并将其覆盖到地形平面图上，使平行线组与剖切位置线相吻合，然后借助丁字尺和三角板作出等高线与剖切位置线的交点，再用光滑的曲线将这些点连接起来，并加粗加深，即得地形剖断线（图 3-21）。

图 3-21 某景观地形剖线

第八节　园林景观设计方案手绘表达技巧

景观设计表现技法的种类较多，分类方法不尽相同。其实不管如何分类，都是为了便于掌握，通过进行各种技法的练习，熟悉在不同情况下采用不同的技法进行表达，最后的结果应是不管采用何种技法或综合运用各种技法，只要能表达设计意图，符合设计要求即可。下面是一些常用的景观方案表达技巧。

一、画面构图技巧——视点

要画好景观设计效果图除了要掌握基本的透视规律外，还要了解基本的构图法则与视点的选择，具备扎实的手绘表现技巧。

合理的视点是表现画面最精华的部分、最主要的空间角落、最理想的空间效果、最丰富的空间层次的关键。

确定了视点也就确定了构图，好的构图通过活跃有序的画面构成突出所要表达的主题。在具体方案设计过程中，进行空间表现时，对于视点和角度的确定应注意以下几点：

（1）在表现整体空间中，最需要表现的部分放在画面中心（图3-22）。

图3-22　构图视点

（2）对于较小的空间要有意识地夸张，比时间空间相对夸大，并且要把周围的场景尽量绘制得全面。

（3）尽可能选择层次较为丰富的角度，透视图中的前景、建筑物、背景三部分，要用不同明度对比区分，才可使前后景有深度感，突出画面主体。

（4）在确定方案时，可徒手画一些不同视点的透视草图，择优选择。

（5）画面应有虚实感，突出主要部分，强调主要部分的色彩、线条。

（6）有透视感的配景（人、物、树木、汽车等），可以使画面不呆板，活泼生动，有深度感，不同的画面搭配不同的配景，突出画面的氛围（图3-23）。

图3-23　人、物、构图

二、画面表现的基本规律

画面表现的技巧可以总结为：主观想法+切实有效的方法＝生动感人的手绘表现图。应该遵循的原则有以下几个。

（1）对比中求和谐，调和中求对比，展现均衡的对比美。

1）形状的对比——对称形与非对称形，简单形与复杂形、几何形体（圆与方）的对比。

2）虚实对比——突出重点，大胆省略次要部分。

3）明暗对比——表现对象自身的明暗对比，区域性对比（黑衬白、白衬黑），突出表现重点，拉大空间层次。

（2）统一中的渐变、和谐美，展现空间的渐增和渐减的进深韵律，产生特殊的视觉效果。

1）从大到小的渐变——基本形由大到小的渐变和空间逐渐递增的变化。当基本形在一种有秩序的情况下逐渐变小，就会使人感到空间渐渐远离，能使画面有强烈的深远感和节奏感，起到良好的导向作用。

2）明与暗的渐变——画面的明暗由强向弱逐渐转变是一种虚实关系的转换，易于表现画面的主次和空间的深度（图3-24）。

三、彩色铅笔表现

彩铅效果图表现所追求的画面效果是浪漫清新、活泼而富于动感，是一种形式感较强的着色表达方式。彩铅进行表现的主要目的是利用它的特性来创造丰富的色彩变化，可以适当地在大面积的单色里调配其他色彩，加入的颜色往往与主要颜色有对比关系。比如，描绘绿色的树冠，不能只用深绿、浅绿、墨绿等绿色系列，而要适量加入一些黄色或橙

图 3-24　明与暗构图

色，能够使画面的色彩层次丰富，艳丽生动，还能体现轻松、浪漫的气氛和效果。

　　彩铅铅芯的着纸性能不如铅笔强，为了充分体现彩铅的色彩，拉开它们之间的明度（深浅）差别，在使用时必须适当加大用笔力度。彩铅的笔触是体现彩铅效果表现的另一个重要因素，并且注重一定的规律性。例如，使笔触向统一的方向倾斜，是一种效果非常突出的手法，很利于体现良好的画面效果。

　　对于画面整体色彩的对比与协调的艺术处理及局部色彩的过渡与渐变，可以采用不同彩色线条的交叉排列、叠加组合，甚至还可发挥水溶性彩铅颜色溶水的特点，获取画面色彩的艳丽、丰富、笔触生动而富于刚柔变化的艺术效果（图 3-25）。

图 3-25　彩铅图

四、透明水色表现

透明水色（以下简称"水色"）也称为照相色，是一种纯水性的浓缩颜料，使用时要大量加水稀释，与水彩的要求是一样的，甚至用水量要超过水彩。水色的色彩种类不多，调和能力较弱，同时调和色在调色盘中的效果与画纸面上的效果有出入，风干后甚至会完全变成另一种色彩。水色表现的色彩应该是简明、单纯、概括的，不要进行过度的色彩调和。水色不能像水彩那样色彩能够自然地扩散并融合，但是可以通过手工涂抹来进行虚化处理，使附加颜色扩散，并与底色达到一定程度的融合，形成相对柔和的自然效果。

水色表现需要强调速度，着色时尽量一次到位，没有必要分出明确的层次步骤，因为水色的渗透性非常强，短短几秒钟的时间，刚刚画上的颜色已经无法做虚化处理了。水色所表现出来的画面效果是柔中带刚，实中有虚，层次关系清晰透彻，干脆明了。

水色是透明的，没有覆盖能力，但却有较强的色彩重合能力，同一种颜色在风干后进行叠加就会越来越重。风干后的颜色经常会出现斑驳不均的效果，明明是一种颜色，但是看上去感觉会很"花"。导致这种现象的主要原因：一是水分过大，造成过量淤积；二是颜色在调色盘中没有调和均匀；三是过多种类颜色进行调和（图3-26）。

图3-26 透明水色调和

五、综合表现

在多元化艺术表现形式的时代，为了充分显示各自的特点，发挥各类技法的优势，更为了景观设计表现理想效果的追求，不少设计师和专业表现画家都早已打破画种之间的界限，或以一种技法为主、再辅以其他技法；或以两种甚至三种、四种技法交替、穿插混合使用，互相掩盖各自的缺陷，发挥各自的优势，以使画面达到最佳的艺术效果。下面简单介绍几种配合方式。

1. 水彩为主，彩铅为辅的表现形式

水彩作为大面积底色铺垫，不需要深入刻画，明度关系表现及一些细节处理由彩铅完成。水彩柔和清淡，彩铅笔触清晰，这种明显的对比是两者结合的主要效果体现，同时也使它们浪漫自由的共同效果得到了融合和升华。在搭配中，彩铅所占的比例是很小的，强调点缀性、装饰性的效果。彩铅表现成分虽然少，但相比之下它对画面效果的直接影响力却大于水彩（图3-27）。

2. 马克笔与彩铅搭配

马克笔与彩铅结合表现，可适当增加画面的色彩关系，丰富画面的色彩变化，加强物体的质感，但不宜大面积使用，容易画腻。

图 3-27 水彩为主，彩铅为铺的表达形式

若以彩铅表现为主，可以在彩铅铺设完了整体的色彩关系之后，再运用马克笔适当加重。

若以马克笔表现为主，可以在后期针对色彩不足的情况下用彩铅局部铺设一些色彩，协调画面。

马克笔表现图有时会显得过于写意，结合彩色铅笔可以巧妙地衔接不同色彩补充底色，使整个画面变得生动、饱满。

3. 水色与马克笔（水性）搭配

水色作为底色铺垫，所占画面比例较大；马克笔负责拉开明度对比和层次关系，同时运用笔触效果优势来对形体进行点缀、修整，为画面增添活跃的气氛和节奏效果，它是画面整体效果体现的主要决定因素。

水色表现本身比较艳丽，而马克笔的色彩又是固定的，两者不能相互"争艳"，所以作为辅助配合，马克笔应该多使用灰色系列的色彩，尽量减少甚至不使用亮丽的颜色，由水色来负责体现画面的亮丽效果（图 3-28）。

4. 马克笔与水粉、水彩搭配

马克笔与水粉、水彩的先后次序，可

图 3-28 水色与马克笔图

以根据画面要求而定。一般情况下，马克笔常常在水粉、水彩表现接近完成时进行补充，运用得当可以达到事半功倍的效果，比一般画法省时、省力（图 3-29）。

六、马克笔表现

马克笔画以其色泽剔透、着色简便、成图迅速、笔触清晰、风格豪放、表现力强等特点，越来越受到设计师们的重视，成为方案草图和快速表现设计效果的主要手段（图 3-30）。

图 3-29　马克笔与水粉、水彩

图 3-30　马克笔表达

马克笔分为水性与油性两种。主要是通过线条的循环叠加来取得丰富的色彩变化。马克笔不像其他的表现工具，颜色调和比较难，而且不易修改，笔触之间只能进行叠加覆盖而不能达到真正的融合，很难产生丰富、微妙的色彩变化，所以画之前一定要做到心中有数。

马克笔表现的方法要遵循由浅入深的规律，强调先后次序来进行分层处理。在着色初期，通常使用较浅的中性色做铺垫，就是底色处理；而后逐步添加其他色彩，使画面丰满起来；最后使用较重的颜色进行边角处理，拉开明度对比关系，就是深色叠加浅色，否则浅色会稀释掉深色而使画面变脏。

本色叠加，略可加深色彩的明度和纯度，却改变不了色相，类似色叠加，既可获得明度，纯度的明显变化也能增加色相的过渡与渐变。对比色叠加色相变化十分明显，运用时需谨慎，特别是补色叠加，更容易发黑变灰。

马克笔表现效果强调用笔快速明确，追求一定的力度，一笔就是一笔。而最直接体现马克笔表现效果的是笔触，讲求一定的章法，常用的是排列形式。线条的简单平行排列，是笔触的整合形态，目的是为画面建立秩序感。

马克笔的笔触可以随造型或透视关系进行排列，但在实际操作中，横向与竖向的笔触排列是最常用的，尤其是竖向笔触，比较适合体现画面视觉秩序。

马克笔不适合做大面积涂染，需要概括性的表达过渡，主要依靠笔触的排列来表现，利用折线的笔触形式，逐渐拉开间距，降低密度，区分出几个大块色阶关系。

七、水彩景观表现技巧

水彩表现是一种传统的、经久不衰的表现形式，其色彩透明且淡雅细腻，色调明快。画面清新工整，真实感强。作画时，色彩应由浅入深，并且要留出亮部与高光，绘制时还要注意笔端含水量的控制。

运笔可用点、按、提、扫等多种手法，让画面效果富于节奏与层次感。水彩技法的纸张一般选择水彩纸，颜料选用水彩颜料，工具采用普通毛笔或平头、圆头毛笔均可。

水彩表现应使用铅笔或不易脱色的墨线勾画。线条一定要肯定、准确。根据明暗变化，远近关系渲染虚实效果，由浅至深，多次渲染，直至画面层次丰富有立体感。作画时不能急于求成，必须要等前一遍颜色干透后再继续上色，这样才能避免不必要的修改，冷色彩均匀，画面明快清晰；另外叠加的层次不宜过多（图3-31）。

图3-31　水彩表现图

八、水粉景观表现技巧

水粉颜料色泽鲜明、浑厚、不透明，表现力强，有一定的覆盖力，便于修改，宜深入刻画。水粉颜料的调配方便自由；色彩丰富，画面显得比较厚重。

其对纸张要求不是特别严格，水彩纸、绘图纸、色纸等都能使用。绘制时一般按从远到近的顺序，许多色彩可以一次画到位，不用考虑留出亮色的位置，也不用层层罩色，对画面不满意还可以反复涂改。

水粉表现时应注意底色宜薄不宜厚，颜色中不宜加入过多白色，否则画面会显得过于灰暗。作图时常以湿画法来表现玻璃、天空等，即在第一遍水粉未干时画第二层或第三层，这样有利于质感的表现；而墙面、地面及配景则适宜使用干画法，即在已干的水粉上继续绘制。除此之外，还要注意颜色的干、湿、厚、薄搭配使用，有利于画面层次的表现和虚实效果的表现（图 3-32）。

图 3-32　水粉景观表现技法图

第四章

园林植物景观设计

第一节　植物的分类

从方便种植设计角度出发，依据植物的外部形态可将植物分为乔木、灌木、藤本植物、草本花卉、草坪和地被植物六类。

一、草本花卉

草本花卉通常与地被植物相结合，组成特色鲜明的平面构图，布置成花坛、花池、花境、花台、花丛等景观形式；还具有保持水土、防尘固沙、吸收雨水等生态功能。草本花卉是具有观赏价值的色彩鲜艳、姿态优美、香味馥郁的草本植物，根据生长特性可分为一、二年生花卉、多年生花卉和水生花卉。

二、草坪和地被植物

草坪和地被植物均有助于减少地表径流、防止尘土飞扬、改善空气湿度、降低眩光和辐射热。草坪是指多年生矮小草本植物，经人工密植修剪后，叶色或叶质统一，具有装饰和观赏效果，或者能供人休闲运动的坪状草地。草坪是地被植物的一种，但因在现代景观中大量使用和显著的地位而被单列一类。草坪是园林植物中养护费用最大的一类植物。地被植物是指植株紧密、低矮、用于装饰林下或林缘或覆盖地面防止杂草滋生的灌木及草本植物。地被植物种类繁多，色彩斑斓，繁殖力强，覆盖迅速，维护简单，而且是构成自然野趣的有效手段。

三、藤本植物

藤本植物是既具功能性又具观赏价值的最经济的一类植物。它仅需极有限的土壤空间，便可创造最大化的绿化美化效果。它可以作为垂直绿化手段美化和软化城市的立交桥、陡峭裸露的挡土墙、生硬的建筑外立面；可以形成绿屏来划分空间，形成绿廊、花架廊为人们提供良好的视景和片片荫凉；还具备生态防护功能，尤其在城市建、构筑物结构体系的防护及针对陡坡、裸露岩石土壤的绿化、调节小气候方面表现突出。藤本植物本身无法直立生长，需要借助细长的茎蔓、缠绕茎、卷须、吸盘或吸附根等器官，依附其他物体或匍匐地面生长（图4-1）。

四、灌木

灌木长于提供尺度亲切的空间，利于屏蔽不良景物；由于接近人的视线，灌木的花色、果实、枝条、质地、形态等对于景观的构成起到很重要的作用；灌木对于减轻辐射热、防止光污染、降低噪声和风速、保持水土等起到很大的作用。灌木没有明显的主干，多呈丛生状或分枝点低至基部。灌木可分为大灌木和小灌木。

五、乔木

乔木是园林植物中的骨干，在分割空间、提供绿荫、调节气候、治理污染及提供景观季相变化等方面均起主导作用。乔木一般都具有较大的体量，有明显的主干，分枝点较高。依据高度差异可分为小乔木（5~10m 高）、中乔木（10~20m 高）和大乔

图 4-1　垂直藤本植物景观小品

木（20m 以上高）；依据叶片形状特征及其四季叶片脱落的情况，乔木可分为常绿阔叶植物、常绿针叶植物、落叶阔叶植物和落叶针叶植物。

植物手绘如图 4-2 所示。

图 4-2　植物手绘图

第二节　园林植物景观的文化意境

一、植物景观与节令

1. 农历正月花事

正月春、瑞香花香正浓，樱桃将开，杨柳欲黄，百卉发芽，正是花卉孕育的季节。

分栽：木兰、金雀儿。

移植：松山茶、杨柳、瑞香、迎春、木兰、牡丹、蜀葵、桃、梅、李、木香、杏、红花、棣棠等。

扦插：长春、蔷薇、锦带、栀子、葡萄、棣棠、紫薇、白薇、木香、迎春、石榴、佛见笑、金沙、樱桃、银杏、杨柳、素馨、西河柳、玫瑰、菊等。

嫁接：雨水后嫁接蜡梅、瑞香、海棠、梨、绣球、柿、木瓜、桃、梅、蔷薇、杏、李、半丈红。正月中旬嫁接宝相、月季、木樨，下旬时可嫁接胡桃、橙、橘、桑等。

下种（播种花籽）：松子、杏子、胡桃、榛子、山药、橙、橘。

浇灌：要浇肥的有牡丹、芍药、瑞香、杏、茉莉；需要略微润湿的有梅、桃、李、梨。

培壅：石榴、梨、海棠、枣、樱桃、柿、栗。

整修：修剪树的枝条，扎花架，整修池塘堤岸，烧荒草、浇肥、除地。

2. 农历二月花事

农历二月，桃花始开，李花方白，紫荆、梨花、杏花正开，是花的季节。

分栽：紫荆、凌霄、萱草、迎春、玫瑰、杜鹃、石榴、芭蕉、柑橘、映山红、百合、木瓜、榆、木笔、茴香、木槿、栗、玉簪、山丹、菊秧、金雀儿、石竹、菖蒲、蜀葵、虎刺、慈姑、十姊妹、锦带、柳、竹秧、甘露子等。

移植：银杏、桃、海棠、杏、葡萄、芙蓉、玉簪、李、蜀葵、枣、山茶花、梧桐、栗、萱草、槐、蔓菁、蓖麻子、茱萸、桑、椒等。

扦插：栀子、瑞香、葡萄、梨、石榴、西河柳、木槿、芙蓉都适合在春分时扦插。

嫁接：橘、香橙、金柑、柚、紫丁香、沙柑、银杏、桃、梅、杨梅、石榴、李、枇杷、海棠、胡桃、紫荆花、枣、柿，要赶在春分前嫁接。

压条：松、榛、栗、茶、枳、枸杞、榆、槐、椒、楮、桑、葡萄、梧桐。

下种（播种花籽）：金钱、凤仙、黄葵、茶子、山药、曼陀罗子、松子、榛子、枳子、楮子、桐子、槐子、榆荚、茴香、椒核、鸡冠、十样锦、花红、胡麻、银杏、老少年、丽春、红花、桑葚、芝麻、皂荚、雁来黄、金雀花、剪春罗、剪秋纱、棉花、千日红、秋海棠。

浇灌（浇肥）：牡丹、芍药、瑞香、柑、橘、林檎、橙、柚。

培壅：用有机肥培木樨、葡萄。以粪土及细土混合培育橘、橙、樱桃、椒。用菜饼、麻饼屑培壅荷花。

整修：扶葡萄条枝上架，修沟渠，去杂草。

3. 农历三月花事

农历三月，气候开始回暖，绿草繁花，是踏青的好时候。

分栽：银杏、葡萄、樱桃、石榴、剪金、南天竹、望仙、栀子、玫瑰、栗、孩儿菊、松、枸杞、芙蓉、芭蕉、石竹、山丹、百合、玉簪、杏、菊、枣、碧芦、藕秧、剪秋纱等。

移植：凡可分栽者，皆可移植。如石榴、木樨、冬青、蔷薇、木槿、夹竹桃、枇杷、槐、菖蒲、桧、梧桐、芍药、茱萸、橘、栀子、橙、秋海棠、梨、椒、木香、柑、芙蓉、茶，宜向阳地。还可以移植木瓜、杨梅、紫苏、菱花等。

扦插：葡萄、瑞香、蔷薇、樱桃、月季。

嫁接：杏与梅嫁接；柿与桃嫁接；桃与梅嫁接；栗与桐嫁接。

下种（播种）：梧桐、栀子、凤仙、鸡冠花、紫草、十样锦、木棉、山茶、皂角、红花、小茴香。

收种：樱桃、榆荚、金雀儿。

浇灌（浇肥）：凡木与草花蔬菜没有发芽时，都可以浇肥；如已发芽，则不可以浇肥。如果土地干燥，只宜浇清水。

培壅：石榴、玉花、夹竹桃。

整修：建兰出窖。菖蒲出窖后添水，橘、橙要除去外面的裹草。水竹、茉莉、虎刺、天棘、都可从花房中搬到室外去了。

4. 农历四月花事

四月时樱桃已经成熟，春笋刚刚脱壳，绿树渐渐成荫，牡丹花、芍药花开放了。

分栽：松、柏、菊、椒、菖蒲、瑞秋、秋芍药、麦冬等。

移植：移植最好在雨天，如菖蒲、樱桃、枇杷、翠云草、栀子、秋海棠，其中秋海棠要带籽移。立夏前的三日，荷花秧必须长出水面。

扦插：雨水扦插石榴、芙蓉、栀子、木香、樱桃。芒种前后扦插锦葵、茉莉。

嫁接：本月无嫁接事宜。

压条：木樨、紫笑、绣球、栀子、蔷薇、玉蝴蝶。

下种：枇杷、杏子、槐英、椒核、鸡冠、红豆、芝麻、栗子、菱、芡都在四月上旬下种。

收种：红花子、桑葚、芜菁籽诸菜籽。

浇灌（浇肥）：樱桃结实后宜浇肥，各种草花均宜浇肥水。

培壅：无。

整修：剪菖蒲、石竹。茉莉根长大了可换大盆。素馨出窖。

5. 农历五月花事

五月荷花泛水，石榴盛开如火，葵花向日。

分栽：茉莉、素馨、紫兰、菖蒲、竹、香藤。

移植：樱桃、枇杷、棣棠、橙、香橼、剪春罗、石榴、瑞香、花红、金橘、山丹、西河柳。

扦插：木香、棣棠、石榴、橘、葡萄、常春藤、蔷薇、锦带、宝相、月季、西河柳。

嫁接：无嫁接事宜。

压条：槐、杏、桃、李、梅、桑。

下种：梅核、桃核、杏核、李核、槐子、芝麻、红花、桑葚。

收种：木棉、杏、梅、桃、水仙根、林檎、槐、百草头，均宜在端午日收。

浇灌（浇肥）：树木久旱时，只宜浇清水，草花适宜浇轻肥。茉莉浇肥粪。黄梅天时用少量粪清浇桑、柑、橘。

培壅：不宜五月培壅。

整修：搭阳棚遮护木竹。五日午时嫁接枣树、整修桑葚、去除杂草、扎桧柏屏风。

6. 农历六月花事

六月花残，蜂愁蝶怨，桐花开，茉莉、凌霄、凤仙、鸡冠花开。

分栽：本月不宜分栽，不宜扦插，不宜压条。

移植：茉莉、素馨、蜀葵、林檎。

嫁接：樱桃、梨、桃。

压条：槐、杏、桃、李、梅、桑。

下种：梅核、杏核、桃核、李核、蔓菁、葵、水仙。葡萄和土晒半月后，可任意区种、畦种、盆种，均用肥土覆盖，用酒糟和水浇花，花开必盛。

收种：牡丹花、桃、林檎、花椒、剪罗春。

浇灌（浇肥）：凡草花均可浇肥水。牡丹、芍药、林檎、桃、柑、橘宜用清水。茉莉浇肥水。菊花浇清肥水。

培壅：橘、橙、香橼、麦冬。

整修：除一切花木地，竹地更要除草，伐竹，防虫蛀、扎花屏。

7. 农历七月花事

七月玉簪、紫薇等（图4-3）花开，梧桐叶落，菱结实，花已将残。分栽、移植、扦插、压条、培壅均不宜。

接换：海棠、林檎、春桃、棠梨。

下种：蜀葵、苜蓿、腊梅子、水仙。以有机肥拌和泥土种下。

收种：莲子、芡实、松子、柏子、黄葵、紫苏子、龙眼、胡桃、茴香、枣子。

浇灌（浇肥）：凡草类皆宜用轻肥，独橘、橙不可浇粪。

整修：菊丛要整修，剪菖蒲、刘草、伐竹林，七月除草效果最好。

8. 农历八月花事

八月桂花飘香，槐叶黄，丁香紫，万花竞相结实。

分栽：秋分前分栽牡丹、芍药、山丹、百合、南天竺、木瓜、石竹、木笔、玫瑰、贴梗海棠、水仙、石榴、樱桃、紫荆、金橙、剪春罗。

移植：丁香、橘、枇杷、木香、枸杞、橙、木瓜、银杏、桃、梧桐、李、栀子、杏、柑、梅、剪秋纱。

扦插：雨中扦插各种藤本植物，在秋分前都能插活，如木香、蔷薇。

接换：牡丹、玉兰、梨、绿萼、桃、西府海棠。

压条：秋分前压条植物有玫瑰、木香。

下种（播种）：洛阳花、苜蓿、菱、芡，以种子坚黑为好，撒池中来年自生，还有石柱、红花。

图 4-3　农历七月花事

（a）紫薇（百日红）；（b）桂花；（c）鸢尾；（d）橘子

收种：梧桐、石榴、秋葵、椒核、凤仙花。

浇灌：草类宜肥，木类忌肥，就是清水也不宜浇。牡丹、芍药、瑞香宜（猪粪）有机肥，宜磷肥。

陪壅：竹园用大麦糠或稻壳添河泥陪壅。

整修：牡丹每枝留一两头，其余的都可以去掉。芍药去旧梗。兰化可换盆分栽，菊花宜加土，白露后花竹科盆栽用竹帘遮挡。

9. 农历九月花事

重阳节后，已是深秋，菊花开放，荷花凋零，橙、橘上市，诸果成熟。

分栽：蜡梅（图 4-4）、樱桃、萱草、桃、杨梅、柳、牡丹、芍药、菊、八仙、玫瑰、贴梗海棠、水仙（图 4-5）。

图 4-4　蜡梅

图 4-5　水仙

移植：可分栽者均可移植。上旬移植各种果木，霜降后移植紫笑、枇杷、茶花、玫瑰、橙、菊、竹、丽春。

扦插：接换、压条都不适宜。

下种：柿、水仙、红花。

收种：桐籽、槐籽、栗子、决明子、老少年、金钱、蓖麻子、鸡冠花籽、蔷薇、紫草、十样锦、秋葵、木瓜、石榴、榧子、茱萸、秋海棠、栀子、枸杞、紫苏、银杏、梨、剪秋纱。

浇灌：牡丹、芍药、林檎、梅、杏、桃、李、麦冬草。

培壅：不宜。

整修：建兰、茉莉在霜降后移至暖窖。素馨、水仙宜移至花盆内。石榴、芭蕉、葡萄均宜用草包。去荷花缸中水，柑橘树下要培土。

10. 农历十月花事

本月天气已寒，屋檐前可以护花，芳草干枯，落叶纷纷，芦花如雪。

分栽：月初适宜。长春、锦带、牡丹、芍药、秋芍药、樱桃、木香、宝相、棣棠花、海棠、蔷薇、玫瑰、佛见笑、玉簪、天竹、水仙、木笔。

移植：可以分栽的均可移植，如金橘、脆橙、蜀葵、香椽、黄柑、梅、菊、蜡梅。

扦插：接换都不适宜在本月进行。

压条：西府海棠、垂柳。

下种：蔓菁、人参、五味子。

收种：石榴、茶子、枸杞、栗子、皂角、薏苡仁、槐子、椒核、决明子、栀子、山药。

浇灌：牡丹、芍药、水仙、石榴、山茶、杨梅、枇杷、橘、菊、橙、柑、香橼、栗。

培壅：培壅樱桃用肥土，凡属畏寒花木，主根都需要壅土。

整修：兰花、菖蒲入窖。夹竹桃、菊秧、虎刺宜入室，包括一切畏寒树木。

11. 农历十一月花事

到了这个月，一年的花事都结束了。

分栽：蜡梅、蜀葵、萬苣。

扦插：接换、压条、下种均不适宜。

收种：橘子、橙子、柑子、香橼、梨子。

浇灌：牡丹、海棠在冬至日浇灌糟水。各种花木皆宜浇肥。

培壅：牡丹、芍药、石榴、柑、橘、樱桃、橙、柚、杨梅、芙蓉、木香、栗、枣、橙、桑、麦冬草和各种竹等，施肥培土。

整修：给蔷薇、紫笑、木香删去细嫩条，瑞香拿出去晒太阳避霜。

12. 农历十二月花事

岁末，蜡梅、水仙花开，一年的花事又开始了。

分栽：各种花木均可移植，如山茶、玉梅、海棠、杨柳。

扦插：月季、蔷薇、石榴、十姊妹、杨柳、佛见笑。

移植：不宜。

压条：松子、花红、橘子、柑子。

收种：无。

浇灌：天气晴和时一切花木均可浇肥。牡丹、芍药可用重肥。

培壅：桑添泥，牡丹墩土。芍药、橘、橙、杨梅以草木灰掺和泥土浇灌壅根。

整修：打理树梢。

二、植物种植品种配置要考虑文化辉映

植物栽培与造景要考虑文化内涵，要相结合才能使造景诗情画意。诗可以为造园的意境提供依据，图画课为造园设计稿，各种树木也各自有不同的文化内涵。如松为百木之长，被称为十八公，苍松翠柏是景观设计中重要的树种，"庭中无松，如画龙不点睛"。松柏树中常用在造景中的有五针松、马尾松、桧柏等，若苍松再配置以怪石，则能更生古趣。

1. 常见的植物景点造景手法

书带草，又名麦冬草。常青藤，栽于假山下、曲径旁、石阶边，有春意盎然之趣，如图4-6所示。

图4-6 常青藤像绿色瀑布一样垂落

红枫，落叶乔木。栽于黄石旁，有秋意。

蜡梅，落叶乔木。栽于石英石假山下，有冬意。

桃树、柳树，落叶乔木。一株桃花一株柳，栽于水湾道边，有闹春景象。

翠竹丛中，四季常青，安置柏果风景石，有雨后春笋景色。

兰草，植于湖石假山丛中，有画意。

岁寒三友，松、竹、梅，植于厅堂北窗外，如诗如画。

玉兰花，落叶乔木。种在堂前，比喻"玉堂富贵"。

广玉兰，常绿乔木，四季成荫。种植于庭院中，前面有金鱼池，比喻"金玉满堂"。

桂花（金桂、银桂），常青乔木。种厅堂前后，是中秋赏月的佳处，有"蟾宫折桂"之意。

2. 园林常用植物种植形式

对植：一种对称和均衡的种植方法，按轴线关系显现对称美。

混植：将植物混合栽种，能体现自然的美和变化的美，如图4-7（a）所示。

列植：做队列状种植，体现整齐的序列美，如图4-7（b）所示。

丛植：二至十多株异种或同种的乔木、灌木，两株配合或三株配合的栽法，如图4-7（c）所示。

林植：做丛林状种植，体现林木茂盛的美。

篱植：做篱笆墙状种植，可起到围合、遮挡的作用，如图4-7（d）所示。

孤植：乔木或灌木可采用孤立种植方法，突出树木个体美，如图4-7（e）所示。

图 4-7　植物种植形式
（a）混植；（b）列植；（c）丛植；（d）篱植；（e）孤植

三、因地制宜地种植绿色植物

营建绿色生态环境，植物种类的选择应适合于该地区、地形、气候、土壤和历史文化传统，不能由于猎奇而违背自然规律（图 4-8）。首先，要重视地方树种花木的种植，以求便于生长，形成地方特色。如四川成都称蓉城，以芙蓉花为特色花卉；洛阳称牡丹为花王；福州以榕树为特色；海南以棕榈为代表；扬州宜杨，以杨柳为特色；等。当地的园林景观绿化就往往以上述地方树种为主。

其次，在经营园林景观时，应考虑景观植物，保护特色树种，尽量保护已有的古树名木，因为一园一景易建，古树名花难求。

对于景观立意，可以借用植物来命名，如以梅花为主的梅园，以兰花为主的惠芝园，以菊花为主的秋英园，以翠竹为特色的个园、翠园。

(a)　　　　　　　　　　　　　　　　　(b)

(c)

图4-8　因地制宜植物景观

（a）古典园林常用植物——竹子；（b）古典园林常用植物——菊花；

（c）松树的树姿画法

在梅园中可建梅园亭，遍植红梅、白梅、蜡梅；翠竹园可以建潇湘馆、紫竹院，以形成特色景点。

在中国传统文化中，经常会以花木比喻人物的手法表现花木的文化内涵，因此在选择景观绿化植物时也应该加以考虑。如松树为文人士大夫，松树的伟岸与苍古挺拔象征人物的气节，泰山有五大夫松，北京团城公园有"白袍将军"松。

桂花为月宫中树，故称仙子，与月中嫦娥相伴，有吴刚捧出桂花酒的诗句为证。海棠称为神仙。草花中有虞美人，相传是楚霸王的虞姬泣血而成。竹称君子，门前门内种竹，称为"门内有君子，门外有君子"。而菊花则是隐士陶渊明的花，所谓渊明爱菊，秋菊傲霜，是中国传统士大夫的精神家园。

第三节　园林植物景观的环境影响

一、植物的非视觉品质作用

植物在庭园中最大的作用在于给人以赏心悦目的视觉享受，尤其是成群栽植更能形成动人的形式、纹理和颜色组合。但是在选择植物时，不要忽略了其他品性。

1. 触觉吸引力

触摸植物可以带来很大的乐趣。儿童尤其喜欢这样做，如鸟羽般的青草、柔软的花朵和质地粗糙的树皮，仅仅是众多植物触觉体验中的几种。有些植物，如长有刺状叶片的植物则有明显的威慑作用。

2. 香味

对于大多数人而言，园林中有芬芳的花香很重要。有些人对气味很敏感，但在狭小的空间中充斥着太多种浓香也可能令人反感。非专业人士可能感觉所有的玫瑰都能散发香味，实际上并非如此。在植物设计中要审慎选择。并非所有的香味在园林中都是受欢迎的。一般来说，植物花朵常常有甜雅的香味，叶片和树皮也会有芬芳的香味，但是，有些植物过于强烈的香味会吸引苍蝇，还有些植物散发着令人生厌的刺激性气味。

还有一些花木则是通过色彩变化或嗅觉等其他途径来传递信息的，如承德离宫中的"金莲映日"和拙政园中的枇杷园等主要就是通过色彩来影响人的感受的。金莲映日位于离宫如意洲的西部，为康熙三十六景之一。周围遍植金莲，与日月相呼应，如黄金覆地，光彩夺目。枇杷园位于拙政园东南部，院内广植枇杷，其果呈金黄色。每当果实累累，院内便一片金黄，故又称金果园。

通过嗅觉而起作用的花木更多了，例如，留园中的"闻木樨香"，拙政园中的"雪香云蔚"和"远香益清"等景观，无非都是借桂花、梅花、荷花等的香气宜人得名的。

3. 声音

植物枝叶的摇动会发出声音。微风中，竹子会发出沙沙声，栖息在竹子中的野生动物，如小鸟的鸣叫声，可以为园林景观增加活力。随着景观植物的成熟，鸟的数量也会逐渐增多。

例如，拙政园中的听雨轩就是借雨打芭蕉产生的音响效果来渲染雨景气氛的。又如留听阁也是以观（听）赏雨景为主的。建筑物东南两侧均临水池，池中便植荷莲。留听阁即取义于李商隐"留得残荷听雨声"的诗句。借风声也能产生某种意境，例如，承德离宫中的"万壑松风"建筑群，就是借风掠松林而发出的涛声而得名的。万壑松风、听雨轩、留听阁等主要是借古松、芭蕉、残荷等在风吹雨打的条件下所产生的音响效果，而给人以不同的艺术感受，是借花木为媒介而间接发挥作用的，所创造出来的空间意境深深影响了人的感受。

二、结构和维护作用

利用植物材料创造一定的视觉条件可增强空间感，提高视觉和空间序列质量。植物可用于空间中的任何一个平面，以不同高度和不同种类的植物来围合形成不同的空间。空间围合的质量决定于植物的高矮、冠形、疏密和种植的方式。

在进行庭园布置规划时，考虑到使用植物来规划庭园的空间结构，就决定了是否保留现有乔木及绿篱的线型和位置。结构性植物与硬质景观同样重要，因此，在塑造不同空间时，应尽早做出这些决策。

适合发挥结构性作用的植物通常是可以常年维持高度和体量的乔木或灌木，但需要注意的是，有些多年生的大型草本植物也会显著地影响庭园的空间结构。

三、主景、背景和季相景色

植物材料可做主景，并能创造出各种主题的植物景观，但作为主景的植物景观，要有相对稳定的植物形象，不能偏枯偏荣。植物材料还可做背景，但应根据前景的尺度、形式、质感和色彩等决定背景材料的高度、宽度、种类和栽植密度，以保证前后景之间既有整体感又有一定的对比和衬托。背景植物材料一般不宜用花色艳丽、叶色变化大的种类。

季相景色是植物材料随季节变化产生的暂时性景色，具有周期性，如春花秋叶便是园中很常见的季相景色主题。由于季相景色较短暂，而且是突发性的，形成的景观不稳定，因此通常不宜单独将季相景色作为园景中的主景。为了加强季相景色的效果，应成片成丛地种植，同时也应安排一定的辅助观赏空间，避免人流过分拥挤，处理好季相景色与背景或衬景的关系（图4-9）。

图4-9　某城市园林景观

随着植物逐渐成熟和季节更替，植物的形态会发生显著变化。庭园中冬季的光秃景象与夏季枝繁叶茂的景象大相径庭。庭园新建时的景观与二十年后相比会差异很大。通过巧妙配置，保证四季皆宜，是种植设计中最大的挑战之一。

四、障景、漏景和框景作用

障景是使用能完全屏障视线通过的不通透植物，达到全部遮挡的目的。

漏景是采用枝叶稀疏的通透植物，其后的景物隐约可见，能让人获得一定的神秘感。

框景是植物以其大量的叶片、树干封闭了景物两旁，为景物本身提供开阔的、无阻拦的视野，有效地将人们的视线吸引到较优美的景色上来，获得较佳的构图。框景宜用于静态观赏，但应安排好观赏视距，使框与景有较适合的关系。

五、改善环境

植物对环境起着多方面的改善作用，表现为净化空气、涵养水源、调节气温及气流、湿度等方面，植物还能给环境带来舒畅自然的感觉。

园林景观的美在于整体的和谐统一。植物应该和硬质景观相协调。植物可以作为视觉焦点，例如在视线末端种植一株观赏树，或者用修建灌木将视线引导到凉亭上。可以通过密实的植丛限定空间，或者特殊植物标识出方向的转变，另外，植物还能引导交通流线。无论是在城市还是乡村，都可以利用植物来统一园林内外的景观。

乡村园林中，种植乡土植物或者将其修剪成装饰形式，可以与周围环境相融合。城市园林中，植物的选择和布置可以模仿周边建筑的外形，也可以在外形上与建筑形成对比。

六、植物改善环境氛围的方式

园林植物色、香、味、形的千姿百态和丰富变幻为大自然增添了神秘莫测的色彩和无穷魅力。从事植物景观艺术设计，首先应从把握植物的观赏特性入手，了解植物不同生长时期的观赏特性及其变化规律，充分利用植物花（叶）的色彩和芳香，叶的形状和质地，根、干、枝的姿态等创造出特定环境的艺术氛围。

1. 园林植物的纹理

植物的纹理是指叶和小枝的大小、形状、密度和排列方式、叶片的厚薄、粗糙程度、边缘形态等。植物的纹理通过视觉或触觉（主要是视觉）感知作用于人的心理，使人产生十分丰富而复杂的心理感受，对于景观设计的多样性、调和性、空间感、距离感，以及观赏氛围和意境的塑造有着重要的影响。纹理可分为以下几种。

（1）粗质型。此类植物通常由大叶片、粗壮疏松的枝干及松散的树形组成。粗质型植物给人粗壮、刚强、有力、豪放之感，由于具有扩张的动势，常使空间产生拥挤的视错觉，因此不宜用在狭小的空间，可用作较大空间中的主景树，如鸡蛋花、七叶树、木棉、火炬树、凤尾兰、广玉兰、核桃、臭椿、二乔玉兰等（图4-10）。

图4-10　粗质型植物

（2）细密型。此类植物叶小而浓密，枝条纤细不明显，树冠轮廓清晰，有扩大距离之感，宜用于局促狭窄的空间，因外观文雅而细腻的气质，适合作背景材料，如地肤、野牛草、文竹、苔藓、珍珠梅、馒头柳、北美乔松、榉树等。

（3）中质型。此类植物是指具有中等大小叶片和枝干及适中的密度的植物，园林植物大多属于此类。

2. 园林植物的形态

除了色彩对视觉感观的强烈冲击外，植物根、干、枝、叶及其整体的形状与姿态也是景观世界营造意境、发人联想、动人心魄的重要元素，如同色彩在人眼中具有"情感"一般，植物的形态也传递着各种信息，或欢快，或平静，或散漫，或向上，或振奋，或凄凉，或抒情，或崇高，或柔美，或颓废，等。某种意义上与其说是植物的形态不如说是植物的情态更能体现植物形态对于景观设计主题及意境表现的意义。

（1）植物的姿态。植物的姿态是指某种植物单株的整体外部轮廓形状及其动态意象。植物的姿态是由其主干、主枝、侧枝和叶的形态及组合方式和组合密度共同构成的（图4-11）。园林植物物种千奇百怪，依据其动势总体概括起来可分为无方向型、水平伸展型和垂直向上型三类。

图4-11 植物的姿态

1）无方向型。此类植物无明确的动势方向，格调柔和平静，不易破坏构图的统一，在景观设计中，常被用于调和过渡对比过分激烈的景物。此类植物大多拥有曲线形轮廓，有圆形、卵圆形、广卵圆形、倒卵圆形、馒头形、伞形、半球形、丛生形、拱枝形等，还包括人工修剪的树形，如黄杨球等。

2）水平伸展型。此类植物或匍匐（如葡萄、爬山虎、蟛蜞菊、地锦、野蔷薇、迎春等）或偃卧（如铺地柏、偃柏、偃松等）生长，沿水平方向展开，从而强调了水平方向的空间感，起到引导人流向前的作用，与其他景观要素配合，可营造宁静、舒展、平和或空旷、死亡等气氛，因对于平面的图案表现力较强，常作为地被植物使用，且当与垂直方向景观要素配合组景时更显生动。

3）垂直向上型。此类植物生长挺拔向上，气势轩昂，强调空间的垂直延伸感和高度感，将人的视线引向高空，适合营造崇高、庄严、静谧、沉思的空间氛围，或与圆形植物或强调水平空间感的景物组合成对比强烈的画面，成为形象生动的视觉中心。此类植物依据其具体轮廓形状又可细分为塔形（如雪松、南洋杉、龙柏、水杉、落羽杉等）、圆柱形（如钻天杨、塔柏、北美圆柏等）、圆锥形（如圆柏、毛白杨、桧柏等）、笔形（如铅笔柏、塔杨等）。

当然植物的姿态并非一成不变，随着季节和树龄的变化，有些树种的姿态会发生改变，这是设计中要注意和把握的。

（2）干的形态。植物具观赏性的干的形态或亭亭玉立，或雄壮伟岸，或独特奇异，其观赏价值的体现主要依赖树干表皮的色彩、质感及树干高度、姿态综合体现。如紫薇的干光滑细腻、白皮松平滑的白干带着斑驳的青斑、佛肚竹大腹便便、青桐皮青干直、龙鳞竹奇节连连、白色干皮的白桦亭亭玉立、紫藤的干蜿蜒扭曲，等。

（3）枝的形态。植物枝的数量、长短、组合排列方式和生长方向直接决定了树冠的形态和美感。植物形态的千变万化关键在于树枝形态的多样化，树枝形态可大致分为五类：向上型（榉树、龙柏、新疆杨、槭树、白皮松、红枫、泡桐等）、水平型（雪松、冷杉、凤凰木、落羽杉等）、下垂型（龙爪槐、龙爪柳、垂柳、垂枝榕、垂枝榆、垂枝山毛榉等）、匍匐型（平枝枸子、偃柏、铺地柏、连翘等）、攀缘型（五叶地锦、紫藤、凌霄、金银花、牵牛等）。

（4）叶的形态。园林植物的叶形也十分丰富，有单叶和复叶之分。单叶的形式也有近20种之多，其中观赏价值较高的主要是一些形状较为特殊或较为大型的叶片，如掌状的鸡爪槭、八角金盘、梧桐、八角枫，龙鳞形的侧柏，马褂形的鹅掌楸，披针形的夹竹桃、柳树、竹、落叶松，针形的松柏类，心脏形的泡桐、紫荆、绿萝等；复叶的形式可分为奇数羽状复叶（如国槐、紫薇）、偶数羽状复叶（如无患子、香椿）、多重羽状复叶（如合欢、栾树）和掌状复叶（如七叶树、木棉）四类。除特殊的叶形具有较高观赏价值外，叶片组合而成的群体美也是十分动人的，如棕榈、蒲葵、龟背竹等，一些大型的羽状叶也常带给游人以轻松、洒脱之美。

（5）根的形态。园林植物中大多数的根都生长在土壤中，只有一些根系特别发达的植物，它们的根暴露在地面之上，高高隆起、盘根错节，具有非常高的观赏价值，它们常因奇特的形态而吸引人们的眼球，成为景观场所中引人注目的视觉焦点。自然暴露的树根都是植物适应当地气候条件的自然生理反应。如榕树的枝、干上布满气生根，倒挂下来犹如珠帘，一旦落地又变成树干，形成独木成林之象，十分神奇；又如池杉的根为了满足呼吸的需要露出水面，像人的膝盖一样；黄葛树的树根盘根错节，遒劲有力，很是壮观。

3. 园林植物的色彩

色彩是景观世界在人眼中最直接和最敏感的反映，园林植物色彩的丰富程度是任何其他景观材料所无法企及的。不同的色彩在不同国家和民族有着不同的象征意义，不同的人对色彩也有不同的喜好。在人们的眼中植物的色彩是有感情的，不同的色彩有着不同的动静、冷暖、喜怒哀乐的指向，植物色彩在园林意境的创造、景物的刻画、景观空间的构图及空间感的表现等方面都起着重要的作用。

植物的色彩主要指植物具观赏性的花、叶、果、干的颜色，总结归纳起来主要可分为红、橙、黄、绿、蓝、紫、白七大色系。

第四节　园林植物景观种植设计的基本原则

一、符合用地性质和功能要求

在进行植物配置时，首先应立足于园林绿地的性质和主要功能。园林绿地的功能是多种多样的，功能的确定取决于其具体的绿地性质，而通常某一性质的绿地又包含了几种不同功能，但其中总有一种主要功能。例如城市风景区的休闲绿地，应有供集体活动的大草坪或广场，同时还应有供遮阴的乔木和成片的层次丰富的灌木和花草；街道行道树，首先应考虑遮阴效果，同时还应满足交通视线的通畅；公墓绿化，首先应注重纪念性意境的营造，大量配置常绿乔木。

二、适地适树

适地适树是种植设计的重要原则。任何植物都有着自身的生态习性和与之对应的正常生长的外部环境，因此，因地制宜，选择以乡土树种为主、引进树种为辅，既有利于植被的生长繁茂，又是以最经济的代价获得地域特色浓郁效果的明智之举。

三、符合构景要求

植物在景观艺术设计中扮演着多种角色，种植设计应结合其"角色"要求——构景要求展开设计，如做主景、背景、夹景、框景、漏景、前景等，不同的构景角色对植物的选择和配置的要求也是各不相同的。

四、配置风格与景观总体规划相一致

景观总体规划依据不同用地性质和立意有规则和自然、混合之分，而植物的配置风格也有与之相对应的划分，在种植设计中应把握其配置风格与景观总体规划风格的一致性，以保证设计立意实施的完整性和彻底性，如图 4-12 所示。

图 4-12　某建筑外藤本植物景观墙

五、合理的搭配和密度

由于植物的生长具有时空性，一棵幼苗经历几年、几十年可以长成荫翳蔽日的参天大树，因此种植设计应充分考虑远期与近期效果相结合，选择合理的搭配和种植密度，以确保绿化效果。比如，从长远来看，应根据成年树冠的直径来确定种植间距，但短期成荫效果不好，可以先加大种植密度，若干年后再移去一部分树木；此外还可利用长寿树与速生树结合，做到远近期结合。

植物世界种类繁多，要想取得赏心悦目的景观艺术效果，就要善于利用各种物种的生态特性，进行合理的搭配。如利用乔木、灌木与地被植物的搭配，落叶植物与常绿植物的搭配，观花植物与观叶植物的搭配，等等。当然，这些搭配并非越丰富越好，而应视具体的景区总体规划基调而定。此外，合理的搭配不仅指植物组景自身的关系，还包含了景与景、景区间的自然过渡和相互渗透关系。

六、全面、动态考虑季相变化和观形、赏色、闻味、听声的对比与和谐

植物造景最大的魅力在于其盎然的生命力。随着季节的转换、时间的推移，植物悄然地变化着：萌芽、展叶、开花、落叶、结果，不起眼的树苗长成参天浓荫……此消彼长，传达出强烈的时空感（图4-13）。

图4-13　公园自然水景

植物优美的姿态、绚丽斑斓的色彩、叶片伴着风声雨声的和鸣或馥郁或幽然的芳香及引来的阵阵蜂蝶调动着游人几乎所有的感知系统，带给视觉、嗅觉、触觉、听觉等全方位美的享受。因此，不同于其他景观要素相对单一和静态的设计，种植设计要在全面、动态地把握其季相变化和时空变化过程中考虑植物观形、赏色、闻味、听声的对比与和谐，应保证一季突出，季季有景可赏。

第五节　园林植物景观种植设计形式

一、自然式种植

人们从自然中发掘植物构成类型，将一些植物种类科学地组成一个群体。这与将植物作为装饰或雕塑手段为主的规则式种植方法有很大的差别。例如，19世纪英国的威廉·罗宾逊（William Robinson）、戈特路德·吉基尔（Gertrude Jekyll）和雷基纳德·法雷（Reginald Farrer）等以自然群落结构和视觉效果为依据，对野生林地园、草本花境和高山植物园进行了尝试性的种植设计，这对自然式种植方式有一定的影响和推动。

在19世纪后期美国的詹士·詹森（Jens Jenson）提出了以自然的生态学方法来代替以往单纯从视觉出发的设计方法。1886年他就开始在自己的设计中运用乡土植物，1904年之后的一些作品就明显地具有中西部草原自然风景的模式。19世纪德国的浮士特·鲍克勒（Fuerst Pueckler）也按自然群落的结构，采用不同年龄的树种设计了一批著名的公园。

自然式种植注重植物本身的特性和特点，植物间或植物与环境间生态和视觉上关系的

图4-14　自然式种植植物

和谐，体现了生态设计的基本思想（图4-14）。生态设计是一种取代有限制的、人工的、不经济的传统设计的新途径，其目的就是要创造更自然的景观，提倡用种群多样、结构复杂和竞争自由的植被类型。例如，20世纪60年代末，日本横滨国立大学的宫胁昭教授提出的用生态学原理进行种植设计的方法就是将所选择的乡土树种幼苗按自然群落结构密植于近似天然森林土壤的种植带上，利用种群间的自然竞争，保留优势种。两三年内可郁闭，10年后便可成林，这种种植方式管理粗放，形成的植物群落具有一定的稳定性。

二、规则式种植

在西方规则式园林中，植物常被用来组成或渲染加强规整图案。例如，古罗马时期盛行的灌木修剪艺术就使规则式的种植设计成为建筑设计的一部分。在规则式种植设计中，乔木成行成列地排列，有时还刻意修剪成各种几何形体，甚至动物或人的形象；灌木等距直线种植，或修剪成绿篱饰边，或修剪成规则的图案作为大面积平坦地的构图要素图。例如，在法国著名园林设计师勒·诺特（Andre Le Notre，1613—1700）设计的沃勒维孔特城堡中就大量使用了排列整齐、经过修剪的常绿树图。如地毯的草坪及黄杨等慢生灌木修剪而成的复杂、精美的图案。这种规则式的种植形式，正如勒·诺特自己所说的那样，是"强迫自然接受匀称的法则"。

随着社会、经济和技术的发展，这种刻意追求形体统一、错综复杂的图案装饰效果的规则式种植方式已显得陈旧和落后了，尤其是需要花费大量劳力和资金养护的整形修剪种植更不值得提倡。但是，在园林设计中，规则式种植作为一种设计形式仍是不可缺少的，只是需赋予新的含义，避免过多的整形修剪。例如，在许多人工化的、规整的城市空间中规则式种植就十分合宜。而稍加修剪的规整图案对提高城市街景质量、丰富城市景观也不无裨益。乔木是园中的主体，有时也偶尔采用雪松和橡树带常绿树。例如，在有些设计园中，树群常常仅由一两种树种（如桦木、栎类或松树等）组成。

18世纪末至19世纪初，英国的许多植物园从其他国家尤其是北美地区引进了大量的外来植物，这为种植设计提供了极丰富的素材。以落叶树占主导的园景也因为冷杉、松树和云杉等常绿树种的栽种而改变了以往冬季单调萧条的景象。尽管如此，这种形式的种植仅靠起伏的地形、空阔的水面和溪流还是难以逃脱单调和乏味的局面。

美国早期的公园建设深受这种设计形式的影响。南·费尔布拉泽（Nan Fairbrother）将这种种植形式称为公园—庭园式的种植，并认为真正的自然植被应该层次丰富，若仅仅将植被划分为乔灌木和地被或像英国风景园中采用草坪和树木两层的种植，那么都不是真正的自然式种植。

三、抽象图案式种植

例如，由于巴西气候炎热、植物自然资源十分丰富，种类繁多，所以设计师从中选出了许多种类作为设计素材组织到抽象的平面图案之中，形成了不同的种植风格。从这类作品中就可看出设计者受立体主义绘画的影响。种植设计从绘画中寻找新的构思也反映出艺术和建筑对园林设计有着深远的影响。

巴西著名设计师设计抽象图案或种植以后的一些现代主义园林设计师们也重视艺术思潮对园林设计的渗透。例如，某些设计作品中就分别带有极少主义抽象艺术和通俗的波普艺术的色彩。

这些设计师更注重园林设计的造型和视觉效果，设计往往简洁、偏重构图，将植物作为一种绿色的雕塑材料组织到整体构图之中，有时还单纯从构图角度出发，用植物材料创造一种临时性的景观。甚至有的设计还将风格迥异、自相矛盾的种植形式用来烘托和诠释现代主义设计（图4-15）。

图4-15 某公园内园景

第六节 园林植物景观配置

一、基地条件

虽然有很多植物种类都适合于基地所在地区的气候条件，但是由于生长习性的差异，植物对光线、温度、水分和土壤等环境因子的要求不同，抵抗劣境的能力不同，因此，应针对基地特定的土壤、小气候条件安排相适应的种类，做到适地适树（图4-16和图4-17）。

（1）对不同的立地光照条件应分别选择喜阴、半耐阴、喜阳等植物种类。喜阳植物宜种植在阳光充足的地方，如果是群体种植，应将喜阳的植物安排在上层，耐阴的植物宜种植在林内、林缘或树荫下、墙的北面。

（2）多风的地区应选择深根性、生长快速的植物种类，并且在栽植后应立即加桩拉绳固定，风大的地方还可设立临时挡风墙。

（3）在地形有利的地方或四周有遮挡并且小气候温和的地方可以种些稍不耐寒的种类，否则应选用在该地区最寒冷的气温条件下也能正常生长的植物种类。

（4）受空气污染的基地还应注意根据不同类型的污染，选用相应的抗污种类。大多数针叶树和常绿树不抗污染，而落叶阔叶树的抗污染能力较强，像臭椿、国槐、银杏等，就属于抗污染能力较强的树种。

图 4-16 某高尔夫球场   图 4-17 某自然湿地景观

（5）对不同 pH 值的土壤应选用的植物种类。大多数针叶树喜欢偏酸性的土壤（pH 值为 3.7~5.5），大多数阔叶树较适应微酸性土壤（pH 值为 5.5~6.9），大多数灌木能适应 pH 值为 6.0~7.5 的土壤，只有很少一部分植物耐盐碱，如乌桕、苦楝、泡桐、紫薇、白蜡、刺槐、柳树等。当土壤其他条件合适时，植物可以适应更广范围 pH 值的土壤，例如，桦木最佳的土壤 pH 值为 5.0~6.7，但在排水较好的微碱性土壤中也能正常生长。大多数植物喜欢较肥沃的土壤，但是有些植物也能在瘠薄的土壤中生长，如黑松、白榆、女贞、小蜡、水杉、柳树、枫香、黄连木、紫穗槐、刺槐等。

（6）低凹的湿地、水岸旁应选种一些耐水湿的植物，例如水杉、池杉、落羽杉、垂柳、枫杨、木槿等。

二、比例和尺度

植物的比例、外形、高度及冠幅对于园林景观的氛围影响巨大。选择恰当大小的植物至关重要，如果植物过大，空间会过于幽闭，而如果植物太小，空间就会缺乏围合和保护。植物应该与邻近的建筑、园林及人体在尺度上相协调（图 4-18）。

图 4-18 比利合适的园林景观

为了取得和谐统一的效果，不同群组的植物应该在比例和数量上相互协调。尽量用不同大小和形状的植物形成平衡的节奏。例如，如果园林的一侧种植一棵大型灌木，应采取相应措施在另一侧进行平衡。最简单的做法就是在对面位置种植一棵相同的植物，但是如果使用小灌木，单株可能不足以平衡大灌木产生的"视觉重量"，可能需要种植3棵或5棵。之所以说3棵或5棵，因为奇数配置可以形成较自然的效果，而偶数往往显得更规则。

植物配置中要注重群组效果，而不能仅仅局限于单株形态。一株鸢尾无法与一棵圆形的大灌木取得平衡，但大片鸢尾的体量可与之相当。

在设计植物景观时，要确保园林不同区域的植物通过一定程度的重复而相互呼应。种植相同植物是避免场地中植物种类过多的好方法，而且这样种植比看上去很凌乱的"散点布置"更能形成强烈的视觉效果。

三、植物形态

植物配置应综合考虑植物材料间的形态和生长习性，既要满足植物的生长需要，又要保证能创造出较好的视觉效果，与设计主题和环境相一致（图4-19）。一般来说，庄严、宁静的环境的配置宜简洁、规整；自由活泼的环境的配置应富于变化；有个性的环境的配置应以烘托为主，忌喧宾夺主；平淡的环境宜用色彩、形状对比较强烈的配置；空阔环境的配置应集中，忌散漫。

图4-19　植物形态

1. 种植层次

种植设计，无论是水平方向还是垂直方向，应尽量按照一定层次来配置植物。植床宽度应该能容纳一排以上的植物，从而使植物能够有前后的层次效果。所谓层次效果是指有些植物被前面的植物部分遮挡后形成的景深感。

在空间有限、植床狭窄的情况下，可以在垂直方向的层次上做文章，即模仿自然界中植物群落生存的情形。例如，在林地中，植物群落自然形成几"层"，大乔木在上层，小乔木和灌木在中层，草本植物和球根植物在最下层。

按照这种方式种植，可以在同一个地块形成几种景观效果，且整体效果好。例如，春季和秋季开花的球根植物可以种植在草本植物中间，上层的灌木和乔木在这两个季节也有景可观。

2. 光线质量

植物的纹理会影响其吸收和反射光线的效果。有些植物叶片有光泽且反光，而有些植物叶片则粗糙且吸光。叶片光亮的植物可以使一个黑暗的角落赫然生辉，而叶面粗糙的植物可以作为很好的背景来衬托颜色艳丽的植物或者装饰性的元素（图4-20）。

图4-20　互映互衬的某古宅门前花簇与古树

园林设计中可以尝试使用不同的纹理，如光滑的、粗糙的、金属质感的、皮毛质感的等。一般来说，应是以一种质感为主，并在园林的不同区域重复出现，以增加不同地块间的联系。

3. 纹理

选择植物首先要考虑颜色和形状，然后就是叶片纹理。与布料等织物一样，植物叶片也有不同的粗糙度和光洁度。叶面的类型很多，从粗糙到细密，像软毛、天鹅绒、羊皮、砂纸、皮革和塑料等。为了最有效地展示植物的纹理，可以将纹理相差悬殊的植物对比配置。有些植物本身上部和下部的叶片就有显著差异。

四、颜色

虽然硬质景观元素（如墙体和铺地）也是整个园林色彩构成的一部分，但是植物与园林色彩的联系可能更为密切。

在种植设计方面，你所喜欢的颜色搭配未必能适合现有的硬质景观颜色。更明智的做法往往是首先考虑背景，然后再选择相应的补色或者对比色。植物的颜色可以突出整个园林的重点。例如，植物的颜色搭配可以影响空间的透视感。冷色（如淡蓝色、淡褐色、白色和灰色）植物如果布置在稍远的位置，将会有延伸空间深度的效果。暖色（如大红色、亮黄色）植物由于更容易引人注目，所以有一种距离观者更近的感觉。从这方面考虑，应避免在面对重要景点的道路旁使用强烈的颜色，因为这样会与整体景观发生冲突，分散对主景的注意力。可以通过强烈的颜色吸引视线，使需要遮挡的东西从场景中弱化，如图 4-21 所示。

图 4-21　某城郊景观规划方案效果图

虽然花朵的颜色为大多数人多关注，但是在进行种植设计时，应该对保留时间更长久的叶片、树皮和枝干的颜色予以重视。

叶片的颜色很多，仅就绿色系而言就有黄绿色、灰绿色和蓝绿色等，此外，还有紫色系、红色系和黄色系等。有些植物的新生叶片呈现嫩绿色、黄色甚至是粉色，成熟时颜色就会变深变暗。植物颜色的季节变化也能形成令人惊叹的美景。

喜酸性土壤的植物，秋季时叶片的颜色会从橙黄色变成红色，再变成深紫色。在秋日的阳光下，这种丰富的跳动颜色可以使整个园林异常的缤纷绚丽。有些植物，尤其是落叶乔木和灌木，其树皮和枝干的色彩在冬季有很好的观赏价值。

光线影响人们对颜色的感知，所以画家们喜欢在光线变化相对较小的朝北房间作画。

当光线强度增加时，所有的颜色都显得很淡，但是很强的色调（如亮红色和橘黄色）比淡的颜色有更多的光泽。

典型热带地区中，在阳光的强烈照射下，淡的颜色几乎被完全"漂白"了。在温带地区，天空中略带蓝色的光线下，颜色的区分更明显，淡色倾向于变浓，而浓的颜色看上去更加浓丽。

当傍晚来临太阳变红时，亮色先是变得更加浓重，然后逐渐变深呈紫色直至黑色。更淡的颜色，尤其是白色，将会在其他颜色变弱后还持续发亮。可以利用这种现象配置阴暗处的植物（图4-22和图4-23）。

五、种植间距

作种植平面图时，图中植物材料的尺寸应按现有苗木的大小画在平面图上，这样，种植后的效果与图面设计的效果就不会相差太大。无论是视觉上还是经济上，种植间距都很重要。稳定的植物景观中的植株间距与植物的最大生长尺寸或成年尺寸有关。在园林设计中，从

图4-22　自然山林植物景观

图4-23　自然溪水景观

造景与视觉效果上看，乔灌木应尽快形成种植效果、地被物应尽快覆盖裸露的地面，以缩短园林景观形成的周期。因此，如果经济上允许的话，一开始可以将植物种得密些，过几年后逐渐移去一部分。例如，在树木种植平面图中，可用虚线表示若干年后需要移去的树木，也可以根据若干年后的长势、种植形成的立地景观效果加以调整，移去一部分树木，

使剩下的树木有充足的地上和地下生长空间。解决设计效果和栽种效果之间的差别过大的另一个方法是合理地搭配和选择树种，如图4-24所示。

种植设计中可以考虑增加速生种类的比例，然后用中生或慢生的种类接上，逐渐过渡到相对稳定的植物景观。

六、植物种植风格

凡是一种文化艺术的创作，都有一个风格的问题。园林植物的景观艺术，无论是自然生长还是人工的创造（经过设计的栽植），都表现出一定的风格。而植物本身是活的有机体，故其风格的表现形式与形成的因素就更为复杂一些。一团花丛，一株孤树，一片树林，一组群落，都可从其干、叶、花、果的形态，反映于其姿态、疏密、色彩、质感等方面，而表现出一定的风格。

如果再加上人们赋予的文化内涵、诗情画意、社会历史传说等因素，就更需要在进行植

图4-24 某景观设计植物分布图

物栽植时加以细致而又深入的规划设计，才能获得理想的艺术效果，从而表现出植物景观的艺术风格来。下面简要介绍几类植物风格。

1. 以植物的生态习性为基础，创造地方风格为前提

植物既有乔木、灌木、草本、藤本等大类的生态特征，更有耐水湿与耐干旱、喜阴喜阳、耐碱与怕碱，以及其他抗性（如抗风、抗有害气体等）和酸碱度的差异等生态特性。如果不符合植物的这些生态特性，就不能生长或生长不好，也就更谈不上什么风格了（图4-25）。

如垂柳好水湿，适应性强，有下垂而柔软的枝条、嫩绿的叶色、修长的叶形，栽植于水边，就可形成"杨柳依依，柔条拂水，弄绿棒黄，小鸟依人"般的风韵。

油松为常绿大乔木，树皮黑褐色，鳞片剥落，斑然入画，叶呈针状，深绿色；生于平原者，修直挺立；生于高山者，虬曲多姿。孤立的油松则更见分枝成层，树冠平展，形成一种气势磅礴、不畏风寒、古拙而坚挺的风格。

将松、竹、梅称为"岁寒三友"，体现其不畏风寒、高超、坚挺的风格；或者以"兰令人幽、菊令人雅、莲令人淡、牡丹令人艳、竹令人雅、桐令人清……"来体现不同植物的形态与生态特征，就能产生"拟人化"的植物景观风格，从而也能获得具有民族精华的园林植物景观的艺术效果。

植物的生态习性不同，其景观风格的形成也不同。除了这个基础条件之外，就一个地区或一个城市的整体来说，还有一个前提，就是要考虑不同城市植物景观的地方风格。有时，不同地区惯用的植物种类有差异，也就形成不同的植物景观风格。

图 4-25　创造植物生态习性风格景观

植物生长有明显的自然地理差异，由于气候的不同，南方树种与北方树种的形态如干、叶、花、果也不同，即使是同一树种，如扶桑，在南方的海南岛、湛江、广州一带，可以长成大树，而在北方则只能以"温室栽培"的形式出现。即使是在同一地区的同一树种，由于海拔高度的不同，植物生长的形态与景观也有明显的差异。然而，就整体的植物气候分区来说，是难以改变的，有的也不必去改变，这样才能保持丰富多彩、各具特色的植物景观风格。我国北方的针叶树较多，常绿阔叶树较少。如在东北地区自然形成漫山遍野的各种郁郁葱葱、雄伟挺拔的针叶林景观，这种景观在南方很少见；而南方那幽篁蔽日的毛竹林，或疏林萧萧、露凝清影的小竹林，在北方则难以见到。

除了自然因素以外，地区群众的习俗与喜闻乐见，在创造地方风格时，也是不可忽略的，如江南农村（尤其是浙北一带）家家户户的宅旁都有一丛丛的竹林，形成一种自然朴实而优雅宁静的地方风格。在北方黄河流域以南的河南洛阳、兰考等市、县，则可看到成片、成群的高大泡桐，或环绕于村落，或列植于道旁，或独立于园林的空间，每当紫白色花盛开的 4 月，就显示出一种硕大、朴实而稍带粗犷的乡野情趣。

如北方沈阳的小南街，在 20 世纪 50～60 年代，几乎家家户户都种有葡萄。每当初秋，架上的串串葡萄，清香欲滴，形成这一带市民特有的庭院风格，与西北地区新疆伊宁的家居葡萄庭院遥相呼应，这都是受群众喜闻乐见而形成的庭院植物景观风格。

所以说，植物景观的地方风格，是受地区自然气候、土壤及其环境生态条件的制约，也受地区群众喜闻乐见的风俗影响，离开了它们，就谈不到地方风格。因此，这些就成了创造不同地区植物景观风格的前提。

2. 以文学艺术为蓝本，创造诗情画意等风格

园林是一门综合性学科，但从其表现形式发挥园林立意的传统风格及特色来看，又是一门艺术学科。它涉及建筑艺术、诗词小说、绘画音乐、雕塑工艺等诸多的文化艺术。

文学艺术气息与思想直接或间接地被引用或渗透到园林中来，甚至成为园林的一种主导思想，从而使园林成为文人们的一种诗画实体。这种理解虽与今日的园林含义有所不同，但如果仅从一些古典的文人园林的文化游憩内涵来看是可以的。而在诸多的艺术门类中，文学艺术的"诗情画意"对于园林植物景观的欣赏与创造和风格的形成，则尤为明显（图4-26）。

图4-26 艺术创意风格

植物形态上的外在姿色、生态上的科学生理性质，以及其神态上所呈现的内在意蕴，都能以诗情画意做出最充分、最优美的描绘与诠释，从而使游园的人获得更高、更深的园林享受；反过来，植物景观的创造如能以诗情画意为蓝本，就能使植物本身在其形态、生态及神态的特征上，得到更充分的发挥，也才能使游园者感受到更高、更深的精神美。"以诗情画意写入园林"，是中国园林的一个特色，也是中国园林的一种优秀传统：它既是中国现代园林继承和发扬的一个重要方面，也是中国园林植物景观风格形成中的一个主要因素。

3. 以设计者的学识、修养和品位，创造具有特色的多种风格

园林的植物风格，还取决于设计者的学识与文化艺术的修养。即使是在同样的生态条件与要求中，由于设计者对园林性质理解的角度和深度有差别，所以表现的风格也会不同。而同一设计者也会因园林的性质、位置、面积、环境等状况不同而产生不同的风格。

在同一个园林中，一般应有统一的植物风格，或朴实自然，或规则整齐，或富丽妖娆，或淡雅高超，避免杂乱无章，而且风格统一，这样更易于表现主题思想。

而在大型园林中，除突出主题的植物风格外，也可以在不同的景区栽植不同特色的植物，采用特有的配置手法，体现不同的风格。如观赏性的植物公园，通常就是如此。由于种类不同，个性各异，集中栽植，必然形成各具特色的风格，如图4-27所示。

大型公园中，常常有不同的园中园，根据其性质、功能、地形、环境等，栽植不同的

图 4-27　某校园内景观休闲区

植物，体现不同的风格。尤其是在现代公园中，植物所占的面积大，提倡"以植物造景"为主，就更应多考虑不同的园中园有不同的植物景观风格。植物风格的形成，除了植物本身这一主要题材之外，在许多情况下，还需要与其他因素作为配景或装饰才能更完善地体现出来。如高大雄浑的乔木树群，宜以质朴、厚重的黄石相配，可起到锦上添花的作用；玲珑剔透的湖石，则可配在常绿小乔木或灌木之旁，以加强细腻、轻巧的植物景观风格，如图 4-28 所示。

图 4-28　设计者创意景观

从整体来看，如在创造一些纪念性的园林植物风格时，就要求体现所纪念的人物、事件的事实与精神，对主角人物的爱好、品位、人格及主题的性质，发生过程等，做深入的探讨，配置与之外貌相当的植物。如果只注意一般植物生态和形态的外在美，而忽略其神韵的一面，就会显得平平淡淡，没有特色。

当然，也并不是要求每一块的植物配置都有那么多深刻的内涵与丰富的文化色彩，但既谈到风格，就应有一个整体的效果。尽量避免小处的不伦不类，没有章法，甚至成为整体的"败笔"。

　　故植物配置并不只是要"好看"就行，而是要求设计者除了懂得植物本身的形态、生态之外，还应该对植物所表现出的神态及文化艺术、哲理意蕴等，有相应的学识与修养。这样才能更完美地创造出理想的园林植物景观风格，如图 4-29 所示。

图 4-29　某休闲度假中心休息区

　　园林植物景观的风格，依附于总体园林风格。一方面要继承优秀的中国传统风格；另一方面也要借鉴外国的、适用于中国的园林风格。现代的城市建设，尤其是居住区建设中，常常出现一些"欧陆式""美洲式"或"日本式"的建筑风格，这使中国园林的风格也多样化了。但从植物景观的风格来看，如果在全国不分地区大搞草皮，广栽修剪植物，就不符合中国南北气候差别、城市生态不同、地域民俗各异的特点了。

　　在私人园林中选择什么样的树种，体现什么样的风格，多由园林主人的爱好而定，如陶渊明爱菊，周敦颐爱莲，林和靖爱梅，郑板桥喜竹，则其园林或院落的植物风格，必然表现出菊的傲霜挺立、莲的皓白清香、梅的不畏风寒及竹的清韵萧萧、刚柔相济的风格。从植物的群体来看，大唐时代的长安城，栽植牡丹之风极盛，家家户户普遍栽植，似乎要以牡丹的花大而艳、极具荣华富贵之态，来体现大唐盛世的园林风格一样。

　　以上诸例，或从整体上，或从个别景点上，以不同的植物种类和配置方式，都能表现私人园林丰富多彩的园林植物风格。

4. 以师法自然为原则，弘扬中国园林自然观的理念

　　中国园林的基本体系是大自然，园林的建造以师法自然为原则，其中的植物景观风格，也就当然如此。尽管不少传统园林中的人工建筑比重较大，但其设计手法自由灵活，组合方式自然随意，而山石、水体及植物乃至地形处理，都是顺其自然，避免较多的人工痕迹。中国人爱好自然，欣赏自然，并善于把大自然引入到我们的园林和生活环境中来（图 4-30）。

图 4-30　师法自然

第七节　园林植物景观手绘表现方法

植物的手绘表现方法是学习园林设计时必须掌握的，它对于园林整体设计表现也是重要的一个部分。要画好植物，准确体现园林设计的意图，一方面要求对各类植物的外形、特征、生长特性加以了解和掌握，另一方面也离不开实践操作，多做写生、观察、绘图工作，如图 4-31 所示。

图 4-31　植物手绘修剪的成形灌木

树木的平面符号是便于在植物配置平面图中，清晰地表明树木的种类和配置情况。因此其符号是以树冠为直径，按制图比例画入平面图内的。其符号形状的产生是根据不同树种，以俯视角度看树而产生的平面圆形状。为了便于识别，根据树种特征进行不同树种的画法，分别有针叶树、常绿阔叶林、阔叶树、落叶树、热带树。符号中圆心一般表示树干中心和栽植位置。其画法可以用圆形模板（图 4-32），也可以徒手绘画（图 4-33）。

图 4-32　树叶形状手绘

（a）修剪成半圆的植物画法；（b）同树叶不同叶形的替代画法；（c）手绘修剪成形的灌木

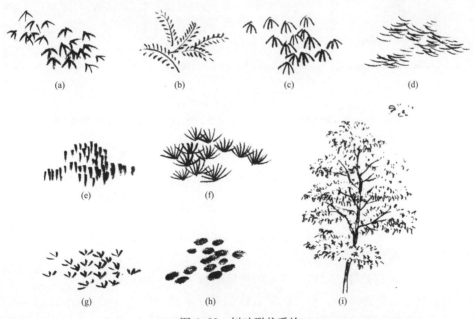

图 4-33　树叶形状手绘

（a）个字点叶；（b）聚散椿叶；（c）介字叶；（d）仰头叶；

（e）破笔叶；（f）松叶点叶；（g）攒兰点叶；（h）大混点叶

在画地被、草花植物时，为了区分不同的种类，我们往往会用直线或云纹即大小弧线框出所种植的范围后，在框内画一些接近花形或叶形的符号来区别。比如，草坪的平面表示，是在框好的直线范围内，用碎点或短线排列表示。而草花就可以用象征性的符号来代替，如喇叭形，我们在圈好的种植范围内就可以画三角形符号代替花的品种，这样可以在种植品种较多的情况下，便于区别，但是要注意把握好整体平面图，不能太琐碎，以防破坏整体画面。框内的符号不宜过于密集，还是以易区别、整体效果好为准（图4-34）。

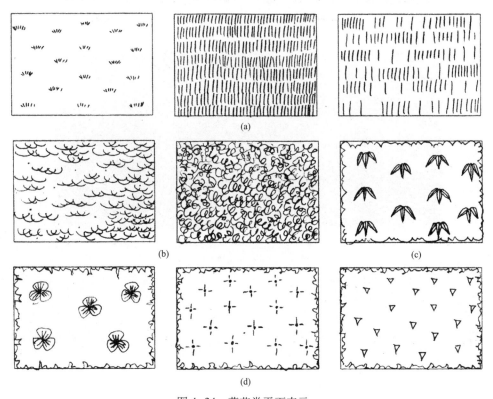

图4-34　草花类平面表示

（a）草坪的平面表示；（b）常青藤类的平面表示；（c）矮竹、竹类的平面表示；（d）草花类的平面表示

常绿树的枝叶结构一般长得比较紧密，树形清晰，画时要注意树的外轮廓特征。先画树的外形，再根据光线走势画树叶。接近光源的枝叶清淡疏松，暗部的枝叶浓黑密集。画时可分成组来画。树叶的层次和立体感的表现，还可以在用笔上加以表现，用轻重、缓急、深浅、大小来区分前后的关系。

常绿树的树叶有朝上长的，也有朝下长的，可以根据实际情况在基本形上加以替换后变为其他所需的树种。

总之，画常绿树的关键是以抓住树木的整体形态为准，如图4-35所示。

落叶树表现手法多种多样，可以根据自己的喜好选择。如图4-36所示，这一组落叶树，是以树叶的整体分组分层构成的画法。先画一组一组的树叶层次，然后添加树干。也可以先画树枝的主干和枝干，画时有意留出画树叶的空白，然后再画一组一组的树叶。也有不画树叶只画树干和树枝的，一般画冬天的树可以这样表达。落叶树主要表现树的枝干

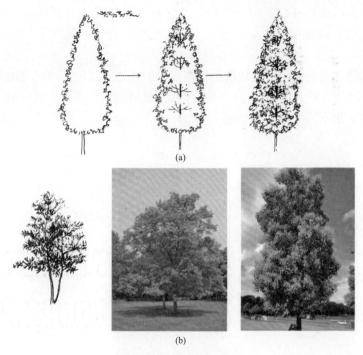

图 4-35 常绿树木画法

（a）常绿树的作画步骤和画法；（b）手绘常绿乔木，实景对照参考

图 4-36 落叶乔木画法

（a）落叶树多样画法参考；（b）手绘落叶乔木，实景对照参考

骨架，画时要注意层次和分枝的生长趋向，抓住树木的特征和生长形态，笔触要有轻有重，不能平均对待。画枝干时需要考虑到粗细、远近、轻重、疏密等处理方法，笔触要自然。

绿篱的作用是分隔空间，因此栽植比较密，以形成一道绿墙。画规整的绿篱时一般在长宽高的基本体块上作画，画时除了注意植物的生长结构外，还要注意体块的受光面不同所产生的黑、白、灰不同的植物面（图4-37）。

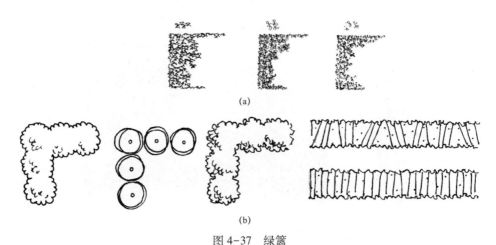

(a)

(b)

图4-37　绿篱

（a）绿篱的作画步骤和画法；（b）绿篱的平面画法

攀缘植物一般是以画树叶为主，用连贯缠绕的画法尽可能画出自然盘绕的感觉，树叶要画得有疏有密，之后在穿插的树叶中添加时隐时现的攀缘植物主枝干（图4-38）。

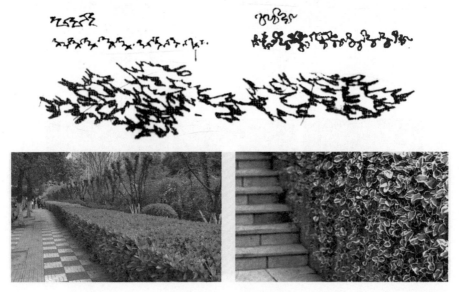

图4-38　手绘攀缘植物

竹子和芦苇的画法一般是先画枝干。竹子枝干是一节一节的，这一特征要把它表现出来，然后添加竹叶。画竹叶时要注意竹叶的交错自然、疏密有致，竹叶一般集中在主干的上半部，下半部表现的是清晰的裸露的竹竿，芦苇枝干虽然也是一节一节的，但比较细，容易被风吹得倾斜，直接用粗线画出长短不一的倾斜线条，然后在斜线上面添加枝叶就可以了。竹子和芦苇的画法如图4-39所示。

图4-39　手绘竹子与芦苇画法

（a）竹子和芦苇的画法；（b）手绘芦苇类植物，园林实景对照参考；

（c）手绘竹子类植物，园林实景对照参考

第五章

园 林 建 筑 小 品 设 计

第一节　园林装饰小品设计

一、园林装饰小品设计理论

1. 园林装饰小品的类型

园林装饰小品是指体量小、具有一定实用功能，并有装饰造型艺术观赏要求的园林建筑或园林设施，可以单独设置、组合设置或作为建筑物的某一局部来设置。园林建筑装饰小品主要包括园椅、园林展览牌、园林景墙及窗门洞、栏杆、花格、花池、花坛、园灯、园林果皮箱、饮水台、雕塑小品等。

园林建筑装饰小品根据功能可以分为以下几个类型：

（1）休息设施：园椅、桌、凳等。

（2）观赏造景设施：花池、花坛等。

（3）服务设施：饮水台、路标、园林展览牌、园灯等。

（4）游戏设施：秋千、滑梯、砂场、转盘、爬梯、滑梯等。

园林建筑装饰小品，一般具有简单实用功能，又具有装饰品的造型艺术特点。在园林中既作为实用设施，又作为点缀风景的装饰小品，其体量小巧，造型新颖，立意有章，富有园林特色和地方风格。因此它既有园林建筑技术的要求，又含有造型艺术和空间组合上的美感要求。

园林建筑装饰小品主要指园椅、园灯、园林展览牌、园林景墙及窗门洞、栏杆、花格、瓶饰、花池、花坛、园林果皮箱、饮水池等。

2. 园林装饰小品的设计要点

（1）符合使用功能及技术要求。园林建筑装饰小品大多具有实用功能，因此应符合实用功能及技术上的要求。如园林栏杆对高度就有规定的要求；园林坐凳就要求符合游人就座休息的尺度要求等。

（2）将人工融于自然。园林建筑装饰小品设计应遵循"虽由人作，宛自天开"原理。追求自然，精于人工。装饰小品制作是人工的工艺过程，将人工与自然浑然一体，则是设计者的匠心所在。如在自然风景树木之下，设自然山石修筑成的山石桌椅，体现自然之趣（图5-1）。

（3）精于体宜。这是园林空间与景物之间最基本的体量构图原则，建筑装饰小品，作为园林陪衬，一般在体量上力求精巧，不可喧宾夺主，不可失去分寸，力求得体。在不同大小的园林空间中，应有相应的体量要求与尺度要求。如园林灯具，在大的开敞广场中，设巨型灯具，有明灯高照的效果；而在小庭院、小林荫曲径之旁，宜设小型园灯，不但体量要小，而且造型更应精致。如喷泉的大小，花台的体量等，均应根据其所处的空间大小，确定相应的体量。

（4）巧于立意。园林建筑装饰小品对周围人们的感染力，不仅在于形式的美，更重要的在于表达一定的意境和情趣。因此，设计时应巧于构思。我国传统园林中常在庭院的白粉墙前置玲珑山石、几竿修竹，粉墙花影恰似一幅古典水墨画的再现，很有感染力。

图 5-1　公园标牌的设置与环境的融合

（5）独具特色。园林建筑装饰小品，应突出地方特色、园林环境特色及单体的工艺特色，具有独特的格调，切忌生搬硬套，切忌雷同。如北京人民大会堂运用的玉兰灯具，典雅大方，适得其所。广州某园水畔边设水罐形的灯具，造型简洁，灯具紧靠地面，与花卉绿草融成一体，独具环境特色（图 5-2）。

3. 花坛的类型和布置方式

花坛是具有一定几何轮廓的种植床，其内种植各种观花观叶的植物，构成鲜艳色彩或华丽纹样的装饰图案，以供欣赏，如图 5-3 所示。

图 5-2　树叶造型的园椅

图 5-3　组合花坛

花坛根据外部轮廓造型可分为独立花坛、组合花坛、立体花坛。

（1）立体花坛。立体花坛由两个以上的独立花坛叠加、错位组合而成，在立面上形成具有高低变化、外观造型上协调统一的种植床（图 5-4）。

花坛一般设置在道路的交叉口、公共建筑的正前方、园林绿地的入口处、广场的中央、游人视线交汇处（即视觉中心）。花坛的布置方式如图 5-5 所示。

图 5-4 立体花坛

（2）独立花坛。独立花坛以单一的平面几何轮廓作为构图主体，在造型上具有相对独立性。圆形、正方形、长方形、三角形、六边形等为独立花坛的常见形式（图 5-6）。在中国古典园林庭院中常用自然山石作对立的花坛（即花台）。

（3）组合花坛。组合花坛由两个以上的独立花坛组成，在平面上组成一个不可分割的构图整体，也称花坛群（图 5-7）。组合花坛的构图中心，可以采用独立话踏青内，也可以是水池、喷泉、雕塑、亭等。组合花坛内的铺装场地和道路，允许游人入内活动。大规模组合花坛铺装场地的地面上，可设置座椅、花架，供人休息，也可利用花坛边缘设置隐形坐凳。

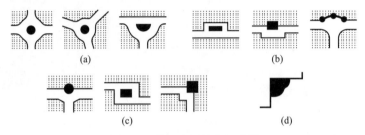

（a）　　　　　　　　　　　　　（b）

（c）　　　　　　　　　　　　　（d）

图 5-5　花坛布置的位置选择

（a）位于道路交叉口；（b）位于道路一侧；（c）道路转折处；（d）位于建筑一角

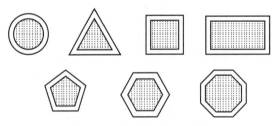

图 5-6　独立花坛常见形式

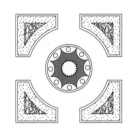

图 5-7　组合花坛

4. 园椅的位置选择

（1）选择在需要休息的地段，结合游人体力，按一定行程距离或经一定高程的升高，在适当的地点，设置休息椅，尤其在大型园林中更应充分考虑按行程距离设置园椅。

（2）根据园林景致布局上的需要，设置园椅以点缀园林环境、增加情趣。如园林风景优美的一隅，林间花畔、水边、崖旁、山腰台地、山顶等，都是园椅必设之处，既要做到环境优美，又要有景可赏，有景可借。在游人驻足停留，稍作休息时，可以欣赏周围景色。也可以结合各种活动的需要设置园椅，有大量人流活动的园林地段，就有设置休息园椅的需要，如各种活动场所周围、出入口、小广场周围等，均宜布置园椅。

（3）园椅布置要考虑地区的气候特色及不同季节的需要。如在湿热地区，宜在通风良好处布置园倚，以迎轻风；在干热地区则宜将园椅布置在荫凉之处，以求凉爽；而在浓雾迷漫地区，宜将园椅设置在阳光充足的场地、草坪中，以求日晒。要考虑不同季节气候变化的因素，一般冬季需背风向阳、接受日晒，忌设在寒风劲吹的风口处；夏季需通风荫凉，忌设在骄阳暴晒之处，以利消暑。

（4）园椅布置要考虑游人的心理，不同年龄、性别、职业爱好的游人，喜好选择设置在不同位置上的园椅。有的需要单人安静就座休息；有的需多人聚集进行集体活动；有的希望尽量接近人群，以取热闹气氛；有的需要回避人群，需有较私密的环境；等等。在设置园椅时应对各种游人心理予以充分考虑（图5-8）。

5. 园椅的设置

设在道路旁边的园椅，应退出人流路线以外，以免干扰人流、妨碍交通，在其他地段设置园椅也需遵循这一原则（图5-9）。

图5-8　园椅围合的不同休息空间

图5-9　园椅与树池组合

广场设园椅，因有园路穿越，一般宜用周边式布置，有利于形成良好的休息空间及有效地利用空间，同时有利于形成空间构图中心，并使交通畅通，不受园椅的干扰。

结合建筑物设置园椅时，其布置方式应与建筑使用功能相协调，并衬托、点缀室外空间。亭、廊、花架等休憩性建筑，经常在两柱间设置靠背椅，充分发挥休憩建筑的使用功能。而服务性园林建筑，如小卖部、冷饮店、照相部等，其使用特点为室内与室外空间相融，园椅设置应尽量有利于扩大室外、室内使用空间，并取得良好的休息环境，因此，园椅设置方式经常成为建筑室内空间的延伸、空内外空间的连接或围合室外空间的设施。

应充分利用环境特点，结合草坪、山石、树木、花坛布置园椅，以取得具有园林特色的效果。

二、园林装饰小品的设计要点及内容

1. 公园园林建筑小品的设计要点

以某广场为例分析公园广场的建筑装饰小品的设置及类型。

入口处设置标牌，可对公园进行总体介绍，包括公园总平面图、景点设置、公园历史及特色等方面的内容。

入口处设置的壁泉水景结合观赏造景小品——景墙，强调入口景观，创造出声色动人的园林景观。

采用欲扬先抑的传统造园手法，在广场轴线端点设置题刻景墙，既起到围合广场空间的作用，又起一定的障景作用，让中部的立面主景空间稍后展开形成空间序列。

用观赏造景设施花池围合广场空间，增加了广场的观赏性。花坛边缘设置隐形坐凳。

广场四周合理布置庭院灯，既可保证晚间游览活动的照明需要，又以美观的造型装饰广场环境，增加园林景色。

水池边缘靠近道路及广场铺装一侧，设置栏杆，起到安全防护作用。

分析确定：下面广场设置的园林建筑装饰小品有标牌、景墙、题刻景墙、花坛、庭院灯、栏杆（图5-10）。

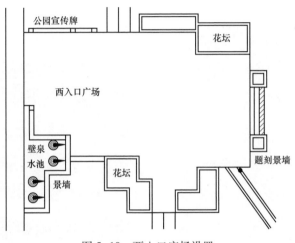

图5-10　西入口广场设置

2. 公园中花坛的设计

（1）公园中花坛的位置设置。花坛是具有一定几何轮廓的种植床随地形、环境的不同，设置及造型多种多样。

广场上的花坛一般按照规则对称关系组成花坛群。花坛群的外形应当和广场的形状相一致。花坛群内个体花坛的形状则要与所处的局部场地形状相适应。所有个体花坛要按照统一的轴线轴心关系紧密组合一起，构成协调统一而又富有变化的花坛群。

花坛在规则式的园林构图中有两种作用：其一，作为主景来处理；其二，作为配景来处理。

下面案例中设置的花坛组成花坛群，其中不规则的个体花坛平面轮廓与不规则的广场相一致。花坛群采用不均衡对称布局与广场的轴线保持一致，花坛平面构成又富于变化。

下面案例中设置的花坛为独立花坛，设置在广场中心，是该广场的主景。花坛前左右对称设置有树池，形成轴线，使花坛作为轴线端点，提升花坛主景的地位（图5-11）。

广场中设置的花坛即可作为主景，也可作为烘托主景的景观小品。其设置形式灵活多变。

（2）花坛的平面详图设计。一般平地上设置的花坛面积过大时，视觉效果就不好。通常一个人立在花坛边缘，视点高度1.65m，当人眼水平向前平视的时候，从脚跟起往上的0.97m距离是不受注意的。距离游人立点0.97~2.00m的花坛图案最清楚。距离游人立点2.93m以外的花坛，观察的映像缩小且变形，视觉效果差。因此，一般平地模纹花坛面积不宜太大，其短轴的长度最好在8~10m以内（指两面观赏花坛）。图案简单的对立花丛花坛面积可以放大，通常直径可以为15~20m。

以以上所列举的花坛群北部花坛个体组合为例，介绍花坛的平面详图设计。

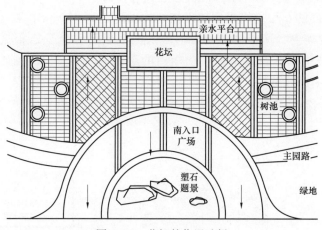

图 5-11　花坛的位置选择

花坛平面为不同宽度的长方形花坛错落组合。平面形状与广场形状保持一直。花坛围合广场，配景烘托主景形成广场主轴。该花坛组合短轴宽度分别为 2m 和 3.4m，花坛组合的总长度为 12.184m，花坛边缘砌体宽度为 0.3m，基本适合作为隐形坐凳的宽度，如图 5-12 所示。

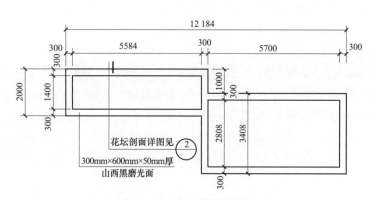

图 5-12　花坛的平面详图

（3）花坛的剖面详图设计。花坛表现的是平面图案，由于视角关系离地面不能太高，太高则花坛图案不清晰，但是为了花卉的排水，以及突出主体，避免游人践踏，花坛的种植床应该稍高于地面。通常种植床的土面高出外面平地 70~100mm。为了利于排水，花坛的中央拱起，成为向四面倾斜的和缓曲面，最好能保持 4%~10% 的坡度，一般以 5% 的坡度比较常用。种植床内的种植土厚度，栽植一年生花卉及草坪为 200mm，栽植多年生花卉及灌木为 400mm。

为了使花坛的边缘有明显的轮廓，种植床内高出路面的泥土不致因水土流失而污染路面或广场，避免游人践踏，花坛种植床的周围要用边缘石保护或砌体结构围护起来。边缘石的高度，通常为 100~150mm，一般不宜超过 300mm。当边缘石提高时，种植床的土面也应当提高。种植床靠边缘石的土面，应比边缘石稍低。边缘石的宽度根据花坛的面积而定，应有合适的比例，但最小宽度不宜小于 100mm，一般不宜超过 300mm。常用的边缘石或围护砌体材料有混凝土、黏土砖、花岗岩、大理石等。

图 5-13 中北面的花坛边缘采用砖砌体结构围护，高 450mm，宽 300mm。该尺度既考虑了花坛观赏的需要，又考虑了花坛砌体围护形成隐形坐凳，根据人体尺度要求设计确定边缘砖砌体的高度宽度要求。花坛内的土面高度低于边缘砌体高度 20mm。花坛边缘砖砌体结构采用 M5 水泥砂浆砌筑 MU7.5 砖，20mm 厚的 1∶2.5 水泥砂浆粘结黄木纹石花岗岩石材贴面装饰，做冰裂纹。厚 50mm 山西黑磨光面花岗岩板材压顶（图 5-13）。

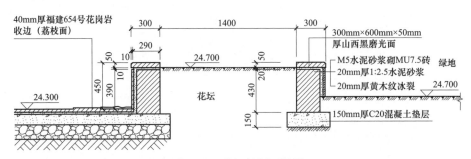

图 5-13　花坛的剖面详图

3. 公园中园椅的具体设计

（1）公园中园椅的位置设计。公园一般根据游人休息的需要，在一定行程距离或一定高程的升高处，在道路旁或广场周围设置休息园椅。

在有景可赏的风景优美区域宜设置园椅，游人既可驻足停留赏景，又可就座休息。

例如，考虑某地区的气候特点来设置园椅，公园地处南方，属湿热地区，因此园椅宜设置在通风良好的区域以迎轻风。中心湖区西侧镜心亭休息区是公园立面构图中心的景点土石假山和景观张拉膜结构的主要观景点之一。该区域靠近中心湖区，通风良好，观景视线开阔，是公园集中设置休息设施的理想场所，因此确定在该区域沿道路、广场周边及园林建筑镜心亭和花架内设置一定量的休息坐凳，以便游人观景休息（图 5-14）。

（2）园椅的造型风格的确定。园椅的造型根据形式可分为直线型（包括长方形和正方形）、曲线型（包括环形和圆形）、多边形（包括多角形和连续折线形）、混合型（直线加曲线形）、仿生模拟型、多功能组合型等。

园椅的造型根据风格可分为古典型、现代型、异域风格型（欧式古典、民族风格等）。

如果中心公园风格为自然式园林，景观建筑风格为中式现代简约风格。因此确定公园对立设置的坐凳造型形式应为简约的直线型，坐凳造型风格为现代型。主要材料选择为耐久的天然石材和就座舒适的木材。

（3）公园园椅的设计。道路和广场旁边设置休息园椅，都应退出人流路线以外，以免干扰人流，既妨碍交通，也影响游人就座休息。小广场园椅一般宜周边式布置。结合园林建筑设置休息园椅。亭、廊、花架等休憩性建筑通常在两柱间设置靠椅。园椅的设置经常成为建筑室内外空间的连接，或成为围合室外空间的设施。

例如，某公园中心湖区平曲桥北侧小广场西北侧设置园椅，形成良好的休息空间，并保障交通通畅。园椅和花坛的围合使广场形成空间构图中心（图 5-15）。

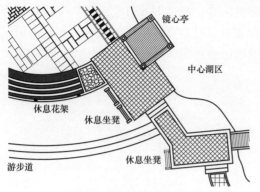

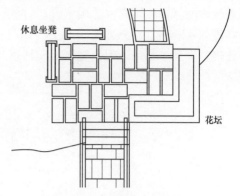

图 5-14　园椅的位置选择　　　　　　　　图 5-15　园椅的布置形式

中心湖区西侧园林建筑镜心亭和休息花架内，在一侧柱间设置休息园椅。

（4）园椅的平面详图设计。一般园椅的尺寸要求：园椅高度为 350～450mm，园椅水平，园椅宽度为 400～600mm，坐板长度为 1200～1500mm（600～700mm/人）。

根据不同的使用人群园椅的基本尺寸具体要求有所不同（见表 5-1）。

表 5-1　　　　　　　　　　　　不同使用人群的园椅基本尺寸要求

使用人群	高度/mm	宽度/mm	长度/mm
成人	370～430	400～450	1800～2000
兼用	350～400	380～430	1200～1500
儿童	300～350	350～400	400～600

图 5-16 中确定坐凳的平面尺寸：长度为 1700mm，宽度为 430mm。坐凳的坐板为两块长度为 1700mm、宽度为 150mm、厚度为 100mm 的防腐杉木拼接形成，留缝 10mm，防腐杉木表面采用原木哑光漆处理；坐凳坐板两端设置支柱，支柱为整块天然浅灰色 603 号花岗岩石料，表面处理为自然面，规格为 430mm×200mm；支柱开 310mm×140mm 槽搭接防腐杉木坐板，防腐杉木坐板通过螺钉与石料支柱连接固定（图 5-16）。

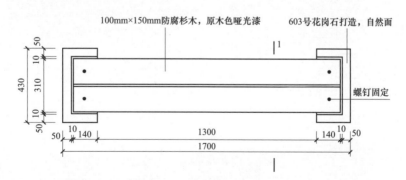

图 5-16　园椅的平面详图

（5）园椅的剖面详图设计。通常园椅的材料选择根据不同部位的功能要求来进行。园椅的支柱部分，主要起承重作用，因此通常选用强度高且耐久性好的石材和金属材料。园椅的坐板部分由于与人体接触，强度要求不高，但要求环境温度变化对其影响小，且有一定柔软性的材料，因此常选用木材、竹材、塑胶材料等。通过图 5-16 及表 5-1 确定坐凳的高度为 420mm，坐板水平，与支柱同高；坐凳支柱直接放置在广场砌块铺装上，不做基础处理；坐凳可移动，但坐凳石材支柱重，一般难移动（图 5-17）。

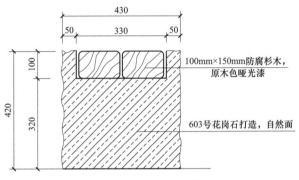

图 5-17　园椅的剖面详图

4. 某公园建筑装饰小品设计整理出图

首先对公园建筑装饰小品设计图进行整体检查与修改。通常使用设计公司标准 A3 图框，在 CAD 布局中选用合适比例将花坛和坐凳设计图各详图合理布置在标准图框内。根据图样的大小选择合适的出图比例保证打印后图纸的尺寸及文字标注和图样清楚。该设计图比例选择为：花坛平面详图为 1∶100，花坛结构剖面详图为 1∶25，休息坐凳平面详图为 1∶20，坐凳 1—1 剖面详图为 1∶10。出图打印，如图 5-18 所示。

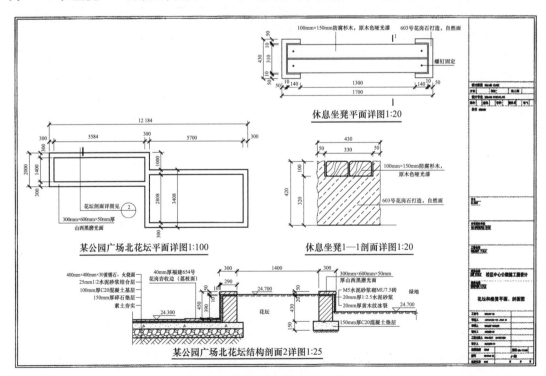

图 5-18　建筑装饰小品设计图的出图

三、园林装饰小品设计实例

1. 砌体结构花坛的材料选择与组砌

花坛的种植床通常由砌体结构围护形成。花坛的砌体结构通常是由砌筑砖、天然石材、砌块、混凝土或钢筋混凝土砌筑而成。花坛主要是以砖砌体为主。

（1）砖砌体结构材料。砌体结构是由砌块和砂浆组合而成的。砌筑用砖可分为空心砖和普通砖两种，普通砖是指孔洞率小于15%的砖，空心砖是指孔洞率不小于15%的砖。我国普通砖尺寸为240mm×115mm×53mm，如包括灰缝，其长、宽、厚之比为4：2：1，即一个砖长等于两个砖宽加灰缝（115mm×2+10mm），或等于四个砖厚加灰缝（53mm×4+9.3mm×3）。空心砖尺寸分两种：一种是符合现行模数制，如190mm×190mm×90mm，考虑灰缝，即为200mm×200mm×200mm，另一种是符合现行普通砖模数，如240mm×180mm×115mm。砌体砖规格尺寸见表5-2。

表5-2　　　　　　　　　　　　　砌体砖规格尺寸

名　　　称	长/mm	宽/mm	厚/mm
普通砖	240	115	53
空心砖	190	190	90
	240	115	90
	240	180	115

砌墙砖强度由其抗压及抗折等因素确定，共分为MU30、MU25、MU20、MU15、MU10、MU7.5六个等级。

砌墙用砂浆常用水泥砂浆、水泥石灰砂浆（混合砂浆）、石灰砂浆、黏土砂浆几种。水泥砂浆常用于砌筑有水位置的砌体（如基础）。水泥石灰砂浆由于其和易性好面被广泛用于砌筑主体。石灰砂浆及黏土砂浆由于强度小而多用砌筑荷载不大的砌体。

砌筑砂浆强度是由其抗压强度确定的，共分为M15、M10、M7.5、M5、M2.5、M1、M0.4七个等级。

由于普通砖的尺寸不符合模数要求，所以在工程实践中，常用一个砖宽加一个灰缝（115mm+10mm=125mm）为尺寸基数确定各部分尺寸。砖砌体厚度尺寸见表5-3。

表5-3　　　　　　　　　　　砖砌体厚度尺寸

砌体厚名称	1/4砖	1/2砖	3/4砖	1砖	3/2砖	2砖	5/2砖
标志尺寸/mm	60	120	180	240	370	490	620
构造尺寸/mm	53	115	178	240	365	490	615

（2）砖砌体的组砌方式。砖砌体的组砌方式是指砖在砌体内的排列方式。为了保证砌块间的有效连接，砖砌体的砌筑应遵循内外搭接、上下错缝的原则，上下错缝不小于60mm，避免出现垂直同缝。

实心砖砌体的组砌方式有一顺一丁式、多顺一丁式（三顺一丁、五顺一丁）、十字式、全顺式、两平一侧式（图5-19）。

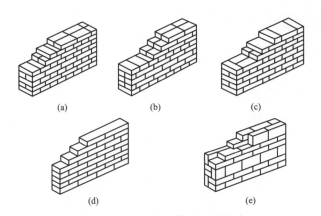

图 5-19　实心砖砌体的组砌方式

（a）一顺一丁式；（b）多顺一丁式；（c）十字式；（d）全顺式；（e）两平一侧式

1）一顺一丁式。整体性好，砌体交接处砍砖较多。

2）多顺一丁式。砌筑简便、砍砖较少，但强度比一顺一丁式要低。

3）十字式。砌筑较难，砌体整体性较好，且外形美观，常用于清水砖砌体。

4）全顺式。只适用于半砖厚砌体。

5）两平一侧式。只适用于 180mm 厚砌体。

空心砌体的组砌方式分为有眠和无眠两种。其中有眠空心砌体常见的有一斗一眠、二斗一眠、三斗一眠。无眠空心砌体及有眠空心砌体的组砌方式如图 5-20 所示。

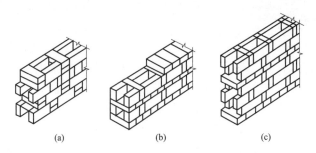

图 5-20　实心砖砌体的组砌方式

（a）无眠空斗墙；（b）一斗一眠空斗墙；（c）三斗一眠空斗墙

砌体结构的砌筑材料，除采用上述普通砖、空心砖外，还可根据实际情况采用砌块、石材等。

2. 花坛表面的装饰设计

花坛表面装饰总的原则是应与园林的风格和意境相协调。花坛的表面装饰可分为砌体材料本色装饰、装饰抹灰、贴面饰面三大类。

（1）砌体材料本色装饰。花坛砌体材料主要是砖、石块、卵石等，通过选择砖、石的颜色、质感，以及砌块的组合变化，砌体之间的勾缝的变化，形成美的外观。石材表面加工通过留自然荒包、打钻路、扁光、钉麻丁等方式可以得到不同的表面效果。

（2）贴面饰面。这是一种把块料面层（贴面材料）镶贴到基层上的装饰方法。贴面材料主要有饰面砖、天然饰面板、人造石饰面板、卵石贴面等。用于花坛饰面的饰面砖有外墙面砖，表面分为有釉和无釉两种，一般规格为 200mm×100mm×12mm、150mm×75mm×12mm、75mm×75mm×8mm、108mm×108mm×8mm 等；陶瓷锦砖，即马赛克。天然饰面板主要包括花岗岩饰面板、青石饰面板等。对天然饰面板表面加工后可分为 4 种表面形式板材，即剁斧板、机刨板、粗磨板、磨光板。人造石饰面板主要包括水磨石饰面板，是用大理石石粒、颜料、水泥、中砂等材料经过选配、制坯、养护、磨光打亮制成的。

（3）抹灰装饰。根据使用材料、施工方法和装饰效果的不同，抹灰装饰可分为水刷石、水磨石、斩假石、干粘石、喷砂、喷涂、彩色抹灰等。为使抹灰层与基层黏结牢固，防止起鼓开裂，并使抹灰表面平整，一般应分层涂抹，即底层、中层和面层。底层主要起与基层黏结的作用，中层主要起找平的作用，面层起装饰作用。装饰抹灰所用的材料主要是起色彩作用的石渣、彩砂、颜料、白水泥等。彩色石渣是由大理石、白云石等石材经破碎而成的，用于水刷石、干粘石等。花岗岩石屑主要用于斩假石面层。彩砂主要用于外墙喷涂。

四、园林园椅设计实践要求

1. 园椅的实际造型

椅面形状应考虑就座时的舒适感，应有一定曲线，椅面宜光滑、不存水。选材要考虑容易清洁、表面光滑、导热性好等。椅前方落脚的地面应置踏板，以防地面被踩踏成坑而积水，不便落座。

园椅的造型形式前面已有所述，如图 5-21 所示。

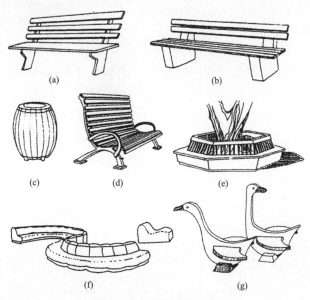

图 5-21　园椅实际造型

（a）直线型；（b）直线型；（c）曲线形；（d）混合型；
（e）多边形；（f）仿生模拟型；（g）仿生模拟型

（1）曲线型园椅，柔和丰满、流畅、和谐生动、自然得体，可取得变化多样的艺术效果。

（2）直线型园椅，制作简单、造型简洁，下部通常有向外倾斜的腿，扩大了底脚面积，给人一种稳定的平衡感。

（3）仿生模拟型园椅，模拟生物构成，运用仿生学和力学原理合理设计造型。

园椅的造型根据风格可分为古典型、现代型、异域风格型（欧式古典、民族风格等）（图5-22和图5-23）。

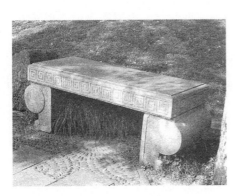

图5-22　古典造型的园椅

图5-23　现代造型的园椅

2. 常用园椅的尺寸要求

园椅的主要功能是供游人就座休息，因此要求园椅的剖面形状符合人体就座姿势，符合人体尺度，使人坐着感到自然舒适。

椅子的适用程度取决于座板与靠背的组合角度及椅子各部分的尺寸是否恰当。一般椅子的尺寸要求座板高度为350~450mm，座板水平倾角为6°~7°，椅面深度为400~600mm，靠背与座板夹角为98°~105°，靠背高度为350~650mm，座位宽度为600~700mm/人。

一般园林中常用桌子尺寸要求桌面高度为700~800mm，桌面宽度为700~800mm（四人方桌）或$D=750~800mm$（四人圆桌）（图5-24）。

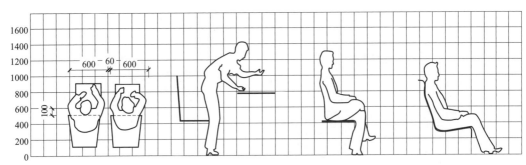

图5-24　人体活动所占空间尺度

第二节　园林建筑小品——亭的设计

一、亭的设计理论

1. 园林建筑的类型

园林一般包括四种基本要素，即土地、水体、植物与建筑，又称为造园四要素。造园就是运用筑山、理水、植物配置、建筑营造等手段，将四要素有机组合成园林整体，创造出"虽由人作，宛自天开"的园林景观。

园林建筑是园林中重要的组成部分，它既要满足建筑的使用功能要求，又要满足园林景观的造景要求，并与园林环境密切结合，与自然融成一体。

园林建筑按使用功能可分为四大类型，即游憩性建筑、服务性建筑、公用性建筑设施及管理性建筑。

（1）公用性建筑设施主要包括电话、通信、导游牌、路标、停车场、存车处、供电及照明、供水及排水设施、供气供暖设施、果皮箱、饮水台、厕所等。

（2）游憩性建筑包括科普展览建筑、文体游乐建筑、游览观光建筑、园林建筑小品四类。

1）文体游乐建筑有文体活动场地、露天剧场、游艺室、康乐厅、健美房等，如跷跷板、荡椅、浪木、转盘、秋千、滑梯、攀登架、单杠、转马、迷宫、摩天轮、旋转木马、勇敢者转盘等。

2）游览观光建筑不仅给游人提供游览休息赏景的场所，而且本身也是景点或成景的构图中心。游览观光建筑包括亭、廊、榭、舫、厅、堂、楼、阁、斋、馆、轩、花架等。

3）园林建筑小品本书前面已有所提。

4）科普展览建筑是供历史文物、文学艺术、摄影、绘画、科普、书画、金石、工艺美术、花鸟鱼虫等展览的设施。

（3）服务性建筑包括饮食业建筑、商业性建筑、住宿建筑、摄影部等类型。

1）商业性建筑是指商店或小卖部、购物中心，主要提供游客用的物品和糖果、香烟、水果、饼食、饮料、土特产、手工艺品等，同时还为游人创造一个休息、赏景之所。

2）饮食业建筑主要是指餐厅、食堂、酒吧、茶室、冷饮、小吃部等（茶室、冷饮、小吃部是为游人提供饮料、休息的场所，并为赏景、会客提供方便），是园林内一项重要的建筑类型。该建筑类型在人流集散、功能要求、服务游客、建筑形象等方面对景区有很大影响。

3）住宿建筑有招待所、宾馆。规模较大的风景区或公园多设一个或多个接待室、招待所，甚至宾馆等，主要供游客住宿、赏景。

4）摄影部主要是供应照相材料、租赁相机、展售风景照片和为游客室内外摄影，同时还可扩大宣传，起到一定的导游作用。

（4）管理性建筑设施公园管理用的建筑及设施，包括公园大门、围墙、办公室、广播站、温室荫棚等。

图5-25展示一些园林建筑实物。

(b)

(a) (c)

图 5-25 园林建筑景观

(a) 三国遗址；(b) 具有历史性的北京北海公园中的园林建筑；(c) 敦煌莫高窟

2. 亭的位置设置

亭的位置选择的基本原则是：从主要功能出发，或点景，或赏景，或休憩，应有明确的目的，再进而结合园林环境，因地制宜，选择恰当的造型，构成一幅优美的风景画面。例如，北京颐和园的知春亭，位于园林景区的起点，环境优美，有力地吸引游人至此驻足停留，成为游人必经的休息点。亭的前向，视野开阔，可纵观昆明湖辽阔水面，并尽赏万寿山全貌及佛香阁的雄姿。遥对西堤，可借园外玉泉山全景，成为赏景佳地。因此，在点景、赏景、供游人休息诸方面都达到尽善尽美的境界。

现按园林地形基址情况，分析几种主要基址的景观特点，以供选址参考。

（1）山地建亭。山地建亭视野开阔，适于登高远望。山上设亭，能突破山形的天际线，丰富山形轮廓。尤其游人行至山顶更需稍作休息，山上设亭可提供休息之所。不过，对于不同高度的山，建亭位置有所不同。

1）大山建亭：一般宜在山腰台地，或次要山脊，或崖旁峭壁之顶建亭，也可将亭建在山道坡旁，以显示局部山形地势之美，并有引导游人的作用，如庐山含鄱亭。大山建亭切忌视线受树木的遮挡。大山建亭还要考虑游人的行程能力，应有合理的休息距离。

2）小山建亭：小山高度一般在 5~7m，亭常建于山顶，以增山体的高度与体量，更能丰富山形轮廓，但一般不宜建在山形的几何中心线之顶，以忌构图上的呆板。如苏州诸园中的小山，多在山顶偏于一侧建亭（如拙政园的"雪香云蔚亭"、留园的"可亭"）。

3）中等高度山建亭：宜在山脊、山顶或山腰建亭，亭应有足够的体量，或成组设置，以取得与山形体量协调的效果，如北京景山，在山脊上建五座亭，体量适宜，体形优美，相互呼应；连成一体，与景山体量匀称、协调，更丰富了山形轮廓。

（2）平地建亭。平地建亭眺览的意义较少，更多地赋以休息、纳凉、游览之用。应尽量结合各种园林要素，如山石、树木、水池等，构成各具特色的景致。如葱郁的密林，幽雅宁静；花间石畔，绚丽灿烂；疏梅竹影，更赋诗意，都是平地建亭的佳地。更可在道路的交叉点，结合游览路线建亭，可引导游人游览及休息；绿茵草坪、小广场之中可结合小水池、喷泉、山石建亭，以供休憩。此外，可结合园林中巨石、山泉、洞穴、丘壑等各种特殊地貌建亭，可取得更为奇特的景观效果。

（3）水体建亭。水面开阔舒展，明朗，流动，有的幽深宁静，有的碧波万顷，情趣各异，为突出不同的景观效果，一般在小水面建亭宜低临水面，以细察涟漪。而大水面碧波坦荡，亭宜建在临水高台或较高的石矶上，以观远山近水，舒展胸怀，各有其妙。

一般临水建亭，有一边临水、多边临水或亭完全伸入水中，四周被水环绕等多种形式，小岛、湖心台基、岸边石矶都是临水建亭之所（图5-26）。在桥上建亭，更使水面景色锦上添花，并增加水面空间层次。

图5-26　水边建亭

3. 亭的造型特征要素

亭的造型主要取决于平面形状、屋顶的形式及体形比例三个要素。

（1）平面形状。亭的平面形状多样，包括正多边形（常见有三角形、四角形、六角形、八角形等）、曲边形（常见有圆形、扇形、梅花形、海棠形等）、不等边形（常见有长方形、梭形、十字形、曲尺形等）、半亭、双亭（有双三角形、双方形、双圆形等，一般为两个完全相同的平面连接在一起）、组亭（为两个以上亭组合，其平面各自独立但台基联成一体）、不规则形（图5-27和图5-28）。

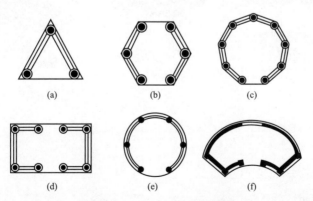

(a)　　　　　　　(b)　　　　　　　(c)

(d)　　　　　　　(e)　　　　　　　(f)

图5-27　独立形亭平面形状

（a）正边三角形；（b）正六边形；（c）正九边形；（d）矩形；（e）圆形；（f）凹扇形

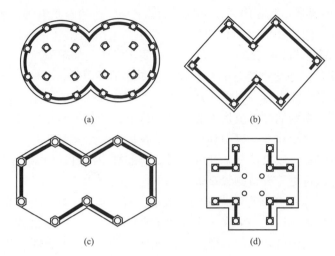

图 5-28　组合亭平面形状

（a）双环形；（b）方胜形；（c）双六角形；（d）十字形

（2）屋顶形式。

1）新形式，如平屋顶、折板屋顶、壳体顶等。

2）古典形式屋顶形式，如攒尖顶、歇山顶、盂顶、十字脊顶等。

3）依据屋檐的数量，可分为单檐顶和重檐顶。

（3）亭的体形比例。对于古典形式亭的造型，屋顶、亭身、开间三者的大小、高低在比例上有一定关系。一般单檐攒尖亭的屋顶与亭身高度大致相等。开间与柱高的比例关系为四角亭柱高：开间 =0.8：1，六角亭柱高：开间 =1.5：1，八角亭柱高：开间 =1.6：1。古典形式亭的屋面为曲面，自檐口至宝顶常有两个坡度，檐口坡度为 25°~30°，金檩屋面坡度为 40°~45°。亭的比例关系不是固定不变的，而是随有关因素（周围环境、气候、地区、习俗等）不同而变化（图 5-29）。

图 5-29　亭的造型

（a）三角亭（西湖小瀛洲开网亭）；（b）六角亭（北京中山公园）；（c）九角亭（太原纯阳宫）

二、亭的设计要点及内容

1. 亭的设计说明

对于设计图中图样不能很好说明的部分，可以用文字说明进行补充。

例如，对某镜心亭施工图设计需要说明的主要要点有：图中标高为相对标高，0.000 相对地坪标高 24.650mm。图中尺寸均为 mm，标高为 m，所有木构件（除用螺栓连接外）均采用榫头连接。亭具体定位详见总图放样。图中未标注的混凝土均为 C25，钢筋保护层厚度为：基础 40mm、梁 25mm。所有焊缝高度均为 5mm，满焊。图中未详之处参照国家有关规范规程执行。

2. 布局整理出图

如图 5-30 所示，园林建筑镜心亭施工图设计合理性和制图规范性检查与修改。

使用设计公司标准 A3 图框，在 CAD 布局中选用合适比例把镜心亭施工图各类型图样合理布置在标准图框内。根据图样的大小选择合适的出图比例保证打印后图纸的尺寸及文字标注和图样清楚。该设计图比例选择为：镜心亭顶平面图、底平面图、立面图、剖面图、亭顶结构平面图、基础平面图为 1:50，各类详图为 1:20。出图打印，如图 5-30~图 5-32 所示。

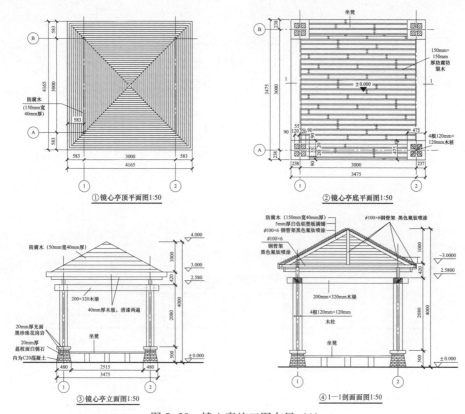

图 5-30　镜心亭施工图布局（1）

3. 公园中亭的位置设计

亭位置选择的基本原则是：从主要功能出发，或点景，或赏景，或休憩，应有明确的目的，再进而结合园林环境，因地制宜，选择恰当的造型。

前面部分讲过山地建亭因山的高度不同，建亭的位置不同，高度为 5~7m 的小山建亭，常建于山顶，以增加山体高度、体量及丰富山形轮廓。中等高度山宜在山脊、山顶或山腰建亭。大山建亭一般宜在山腰台地，或次要山脊，或崖旁峭壁之顶，或山道坡旁。水体一般临水建亭，或一边临水，或多边临水，或完全伸入水中。一般小水面建亭宜低临水面，大水面建亭宜建在临水高台，或高的石矶上。平地建亭应结合山石、树木、水池等其他景观要素在道路路口、广场建亭，以休息纳凉为主要功能。

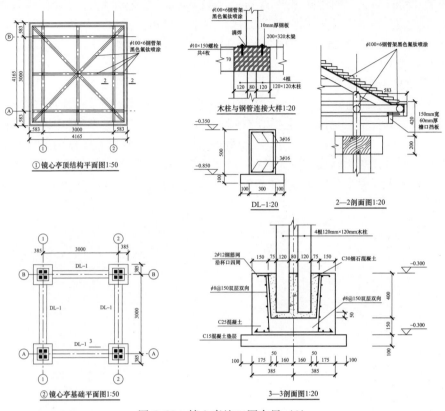

① 镜心亭顶结构平面图1:50

木柱与钢管连接大样1:20

DL-1:20

2—2剖面图1:20

② 镜心亭基础平面图1:50

3—3剖面图1:20

图 5-31　镜心亭施工图布局（2）

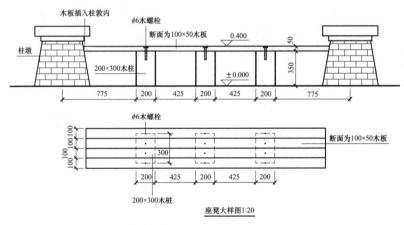

座凳大样图1:20

镜心亭设计说明

1. 图中标高为相对标高，±0.000相对地坪标高（24.650），图中尺寸均为mm，标高为m。
2. 所有木构件均采用成品室外防腐木，外刷清漆两度。图中所有木结构（除用螺栓连接外）
3. 基础混凝土垫层下为80厚碎石垫层，300厚片石压实，素土夯实。
4. 本图施工须配合水电、绿化等专业施工。
5. 亭具体定位详见总图放样。
6. 图中未详之处参照国家有关规程执行。
7. ϕ 表示HPB235级钢筋，$\underline{\phi}$ 表示HRB335级钢筋。
8. 图中未标注的混凝土均为C25。钢筋保护层厚度(mm)；基础40、梁25。
9. 取地基承载力特征值为50kPa，如现场开挖时对此特征值有疑问，请与设计单位联系。
10. 亭顶木板与钢架用4自攻螺栓连接。
11. 所有焊缝高度均为5mm，满焊。所有钢构件表面抛丸除锈，除锈等级Sa2，表面黑色氟钛喷涂。

图 5-32　镜心亭施工图布局（3）

例如，某校区中心公园内有三处建亭，如图5-33~图5-35所示。此愉心亭选择建于中部土石假山上，用以登高远眺，假山高约4m，亭宜建于山顶，起到增加山体高度、体量及丰富山形轮廓的作用，点景的亭与假山组合形成整个公园的寺面构图中心。

图5-33　愉心亭的位置

另一静心亭的位置选择在中心湖区西侧，伸入水体。亭的室内地坪距离水面1m，静心亭面临小水面，亭地势低临水面，设计距离水面高度为1m。静心亭以赏景为主，亭前视野开阔，是公园立面构图中心土石假山和景观张拉膜结构的主要观赏点。

闻乐亭位置选择在公园西侧溪涧多层跌水下部，以赏景为主，是观赏溪涧跌水景观的主要观赏点。临水而建，游人在休息驻足观景时还能听到悦耳的水声，更增加自然景致。

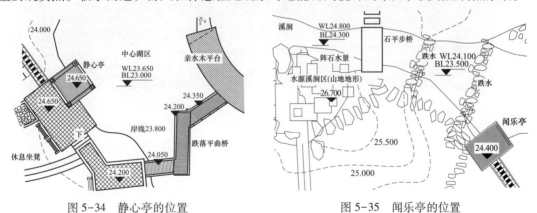

图5-34　静心亭的位置　　　　　　　　图5-35　闻乐亭的位置

4. 亭的造型设计

中国常见亭的造型参考如图5-36所示。

亭的造型主要取决于平面形状、屋顶的形式及体形比例三个要素。

该公园为自然风景园，建筑风格为中式现代简约式。以静心亭的设计为例分析，依据公园及景区的风格和特点确定亭的建筑风格为中式现代简约结构亭，单檐四坡屋顶，平面形式为正方形。屋顶与亭身比例为0.6:1，柱高:开间=0.8:1。亭身构架的下架部分以木结构为主，上架部分为钢管构架屋顶，屋面为铝塑板与防腐木组合。

图 5-36　中国亭

（a）八角亭；（b）四角水亭；（c）扬州著名的五亭桥；（d）桥亭；（e）碑亭；（f）双亭

5. 亭的基础平面设计

基础与地基两者是不同的概念。基础是建筑物的底下部分，是墙柱等上部结构在地下的延伸；基础是建筑物的一个组成部分。地基是基础以下的土层，承受由基础传来的整个建筑物的荷载；地基不是建筑物的组成部分。

基础按材料及受力特点可分为刚性基础和柔性基础。刚性基础是受刚性角限制的基础，包括砖基础、混凝土基础、毛石混凝土基础、毛石基础、灰土基础、三合土基础。柔性基础是指不受刚性角限制的基础，主要是指钢筋混凝土基础。

基础按构造方式可分为带形基础、独立基础、整片基础、桩基础等（链接实践知识：园林建筑小品基础的构造）。

分析确定静心亭采用柔性基础，即钢筋混凝土基础；为独立基础构造，同时柱基间设置钢筋混凝土地圈梁增强基础抗震能力并防止基础不均匀沉降；柱下的独立基础与钢筋混凝土地圈梁一起承托地上部分荷载；柱下的独立基础尺寸为770mm×770mm，钢筋混凝土地圈梁为300mm×500mm（图5-37）。

6. 亭的底平面设计

正多边形和圆形平面的面阔×进深尺寸一般取定为：旷大空间的控制尺寸为6m×6m～9m×9m；中型空间的控制尺寸为4m×4m～6m×6m；小型空间的控制尺寸为2m×2m～4m×4m。一般面阔为3～4m。

首先确定亭的柱网布置。例如，上文提到的静心亭平面形式为正方形，因此面阔：进深＝1：1，正方形四个顶点设置4根边长为300mm×300mm的正方形立柱，柱子立在480mm×480mm的混凝土柱墩上，柱网间距为3000mm。因此亭底正方形边长为3480mm。每

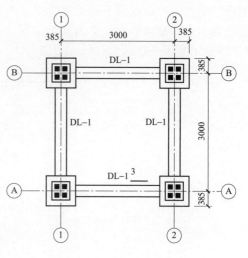

图5-37 亭的基础平面图

根立柱是由4根120mm×120mm木柱组成的，木柱间间隔60mm。

亭伸入水中，三侧临水，因此在三侧临水的柱间设置坐凳，既起到安全防护的栏杆作用，同时提供休息场所；亭另一侧连接西侧广场，作为入口；亭室内高程与室外地坪高程相同，为24.650m；亭室内地坪铺装为木铺（图5-38）。

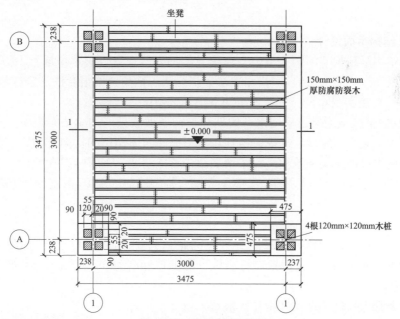

图5-38 亭的底平面图

7. 亭顶平面设计

屋顶平面图是由屋顶的上方向下作屋顶外形的水平投影而得到的平面图，用来表示屋顶的情况。上文提到的静心亭设计确定为单檐四坡屋顶，屋顶的平面形式与底平面地面台基相同，为正方形。屋面为防腐木横条层叠形成。四坡屋面坡度约为50%（约27°）。考

虑屋檐滴水，一般屋顶平面通常要比室内底地平面台基各边宽200～500mm，因此分析确定镜心亭设计屋顶平面比室内底地平面台基各边宽340mm，静心亭设计屋顶平面边长为4165mm（图5-39）。

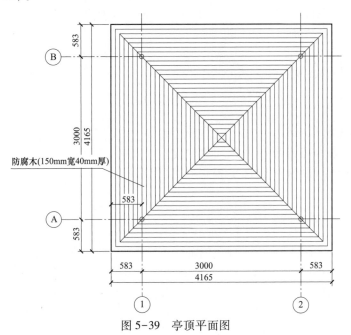

图5-39　亭顶平面图

8. 亭顶结构平面设计

传统木结构亭顶构架的做法主要有伞法（即用老戗支撑灯芯木做法）、大梁法（用一根或两根大梁支撑灯芯木做法）、搭角梁法、扒梁法、抹角扒梁组合法、杠杆法、框圈法、井字梁法等（链接实践知识：古建木结构亭顶构架做法）。

图5-40的亭屋顶构架是采用钢管构架亭，构架做法是采用伞法，类似于用斜戗及枋组成亭的屋顶构架，边缘靠柱支撑，亭顶自重形成向四周作用的横向推力，它将由檐口处一圈檐枋和柱组成的排架来承担。为了增加结构整体刚度，钢管构架在檐口位置再设置一圈直径为100mm的钢管形成一圈拉结圈梁。钢管构架屋顶选用16根直径为100mm厚度为6mm的钢管形成（图5-40）。

9. 亭立面设计

亭的尺度设计一般要求是：开间（柱网间距）为3～4m为宜，檐口标高（檐口下皮高度）一般取2.6～4.2m，重檐檐口标高以下的檐口标高为3.3～3.6m、上檐檐口标高为5.1～5.8m为宜。

亭的主要受力构件截面尺寸设计一般要求是：

（1）柱。方柱为150～200mm，圆柱为φ150～φ200，石质方柱为300～400mm。

（2）梁。戗梁：嫩戗为140mm×160mm或110mm×110mm，老戗为180mm×200mm或125mm×130mm。抹角梁为φ120～φ160，对角交叉梁为φ180。

（3）桁（檩）。桁条（檩木）直径为150～160mm@850～900或100～140mm@700～800。

（4）椽。木椽以40mm×50mm@230或50mm×65mm@250为宜。

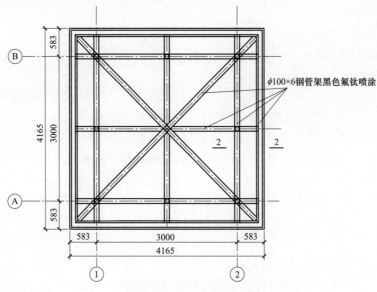

图 5-40　亭顶结构平面图

（5）枋。枋木以 70mm×70mm～280mm 或 75mm×250mm 为宜。

（6）板。平顶板为 15mm，封檐板为 20mm×200mm。

如图 5-41 所示，通过分析设计确定镜心亭总高为 4m，开间为 3m，檐口标高（檐口下皮高度）为 2.830m，柱高 2.58m，柱基部柱墩高 500mm，为梯形截面，下底宽 480mm，上底宽 350mm，上部做收口处理。丰富柱的立面效果。增加亭基部的稳重感。柱墩为 C20 混凝土现浇表面贴白锈石花岗岩板，上部收口用光面黑珍珠花岗岩饰面。柱间下部设置高度为 400mm 的坐凳。柱间上部设置 200mm×320mm 枋木（即图 5-41 所示中的木梁）增加柱的刚度。檐口部位设置两层厚度为 40mm 封檐板。增加檐口位置的层次感，同时遮挡内部复杂的屋顶构架。

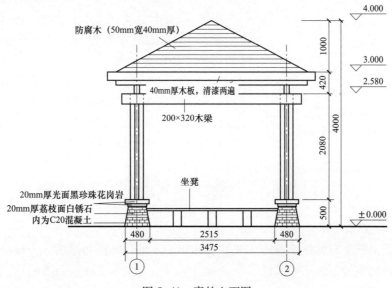

图 5-41　亭的立面图

157

10. 亭剖面设计

亭剖面图主要表示屋顶内部垂直方向的结构形式和内部构造做法。

屋顶主要由屋面面层、承重结构层、保温隔热层、顶棚等几个部分组成，有围护和承重双重作用。

古建木结构亭的屋面是在木基层上进行屋面瓦作，屋面木基层包括椽子、望板、飞椽、连檐木、瓦口等。屋面瓦作包括揾苫背、瓦面、屋脊和宝顶四部分。

现代亭的屋顶类型可分为三大类，即平屋顶、坡屋顶和曲面屋顶。平屋顶构造有两种，即柔性防水平屋顶和刚性防水平屋顶。坡屋顶的构造主要由承重结构层和屋面面层组成，亭的承重结构层主要是用木材、型钢或钢筋混凝土制作的屋架，坡屋面防水常采用构件自防水方式。坡屋顶屋面的常见形式是平瓦屋面，平瓦屋顶的构造有：有椽条有屋面板的平瓦屋面、无椽条有屋面板平瓦屋顶、冷摊瓦屋面等（链接实践知识：园林建筑屋顶设计）。

11. 亭的基础细部结构详细设计

建筑物室外设计地坪至基础底面的距离称为基础埋深。基础埋深在5m以内称为浅基础。永久建筑的基础埋深均不得浅于0.5m。

钢筋混凝土基础断面可做成梯形，最薄处高度不小于200mm；也可做成阶梯形，每踏步高度为300~500mm。基础中受力钢筋的数量应经计算确定，但直径不小于8mm，间距不大于200mm，在受力筋的上方设有分布筋，直径不小于6mm，间距不大于300mm。钢筋混凝土基础的混凝土等级不低于C15。通常情况下，钢筋混凝土基础下面设有C7.5或C10素混凝土垫层，厚度为100mm左右。有垫层时，受力钢筋保护层厚为35mm，无垫层时，钢筋保护层厚为75mm，以保护受力钢筋不受锈蚀。

基础的形式受上部结构形式影响，上部结构为柱体基础，通常做成独立式基础。用于柱下的基础可以做成台阶状或台状，也可做成杯口形或壳体结构。

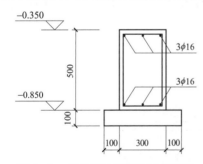

图5-42 亭的基础地圈梁结构详图

分析确定图5-42及图5-43中亭采用柱下独立式基础，独立式基础构造为杯形基础。杯形基础为C25钢筋混凝土，受力筋为 $\phi 8@150$ 双层双向布置。杯形基础埋深为0.85m，设C15混凝土垫层。垫层比杯形基础各边宽100mm。杯形基础内放置4根120mm×120mm木柱，用C30细石混凝土灌浆。基础地圈梁为矩形300mm×500mm截面，埋深0.85m，受力筋为直径为16mm的II级钢筋（图5-42和图5-43）。

通过分析，确定镜心亭为四坡屋顶，坡屋顶由钢管屋架和屋面组成，屋面采用屋面板平瓦屋面做法。即在屋架上钉厚度为5mm的屋面板（白色的铝塑板），再在屋面板上安装机制平瓦（镜心亭设计没有采用瓦件，而是用防腐木代替）（图5-44）。

12. 剖面细部详细设计

建筑详图是把建筑的细部或构、配件的形状、大小、材料和做法等，按投正投影的原理，用较大的比例绘制出来的图样。它是建筑平面图、立面图和剖面图的补充，有时建筑详图也称为大样图。

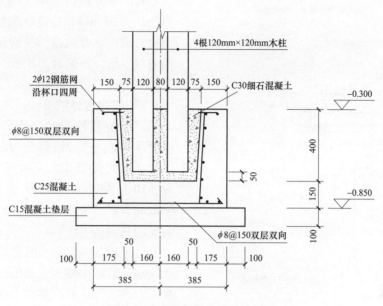

图 5-43　亭的杯形柱基结构详图

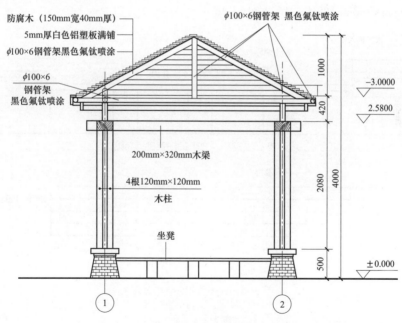

图 5-44　亭的剖面图

坡屋面的檐口细部构造常见做法主要有两种：一种是挑出檐口，要求挑出部分的坡度与屋面坡度一致；另一种是女儿墙檐口。亭挑出檐口常见构造是椽木挑檐，当屋面有椽条时，可以用椽子出挑，以支撑挑出部分的屋面。挑出部分的椽条外侧可钉封檐板。椽木挑檐的挑长一般为 300~500mm。亭挑出檐口构造做法还有屋架端部附木挑檐或挑檐木挑檐。

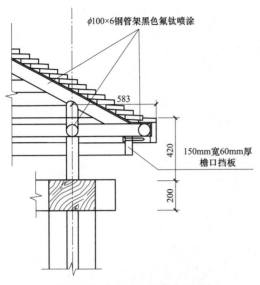

图 5-45　亭的檐口细部剖面图

我们再分析确定图 5-45 所示的亭挑檐挑长为 335mm，构造做法是钢管屋架横向挑出横向钢管挑檐，挑檐钢管支撑挑出的檐口。檐口外侧钉封檐板（即 60mm 厚的檐口挡板）（图 5-45）。

13. 亭坐凳详细设计

亭为游憩性建筑，通常在柱间下部设置靠椅或坐凳及栏杆。尺寸要求符合人体活动尺度要求，一般靠椅坐板高度为 350～450mm，椅面宽度为 400～600mm，靠背高度为 350～650mm，靠背与坐板夹角为 98°～105°。

由于图 5-46 所示的亭深入水中，三面临水，因此在临水三面的柱间设置高为 400mm 的坐凳，在提供休息场所的同时起到一定的安全防护作用。不设置靠背能为游人提供更好的观赏视线。坐凳面板宽度为 400mm，采用厚度为 50mm、宽为 100mm 的木板拼接。坐凳面板下间隔 425mm 设置 3 个 200mm×300mm×350mm 的木支墩（图 5-46）。

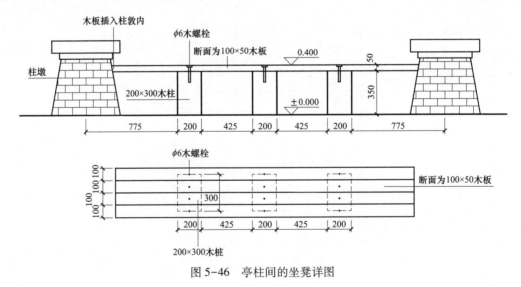

图 5-46　亭柱间的坐凳详图

14. 亭的其他细部详细设计

镜心亭的木柱与钢构架的连接是重要的一个节点，关系到亭上架部分屋顶的安装与牢固。由于平立面图等其他图的比例小不能展示清楚，因此需要绘制大比例的详细图样来说明。

构件间的连接方式如下：

（1）金属构件间的连接方式为焊接、柳接、螺栓连接等。

（2）玻璃构件的连接方式为胶接、螺栓连接等。

（3）塑料构件的连接方式为胶接、螺栓连接等。

（4）木构件间的连接方式为卯榫结构连接、螺栓连接等。

镜心亭的木柱与钢构架的连接是木构件与钢构件连接。设计确定在柱顶上设置10mm厚的有孔钢板，钢板通过螺栓与木柱连接，有孔钢板通过焊接与钢管连接（图5-47）。

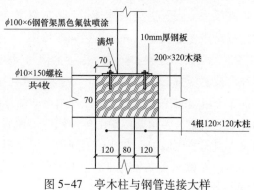

图5-47　亭木柱与钢管连接大样

三、常见园林小品亭的构造及细部的设计实践

1. 古建木结构亭的基本构造

古建木结构亭的基本构架是木构架、屋顶和坐凳栏杆等。

下面单檐亭为例介绍一下亭的基本构造。

（1）单檐亭的木构架。单檐亭木构架根据平面形状，首先设置若干根"承重柱"作为支立构件，在各根柱子的上部之间，由"檐枋"将其连接起来形成整体框架。再在柱顶上安置"花梁头"以承接檐檩，各花梁头之间填以垫板。另在各柱子之间，分别在其上下安装吊挂楣子和坐凳楣子，即可形成亭子的下架（图5-48）。

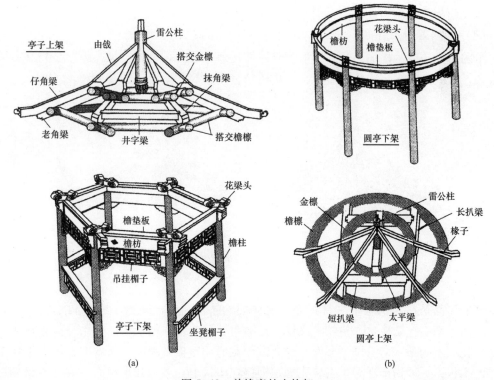

(a)　　　　　　　　　　　　　　(b)

图5-48　单檐亭的木构架

（a）六角亭木构架；（b）圆形亭木构架

花梁头上安置搭交"檐檩",形成圈梁作用,这也是屋顶结构的第一层(即底层)圈梁。在檐檩之上设置"井字扒梁或抹角梁",梁上安置柁墩用以承接搭交金檩,故一般称为"交金墩"。在交金墩上安置"搭交金檩",形成屋顶结构的第二层圈梁。规格较大的亭子还应在金檩上横置一根"太平梁",在太平梁上竖置"雷公柱"作为尖顶支撑构件。而规格较小的亭子可以省掉太平梁,雷公柱由下面所述的"由戗"支撑。在第一圈和第二圈檩木的交角处安置角梁,各角梁尾端由延伸构件"由戗"与雷公柱插接形成攒尖结构(圆形亭可不需角梁,只需将由戗撑压在金檩上即可,但一定要设太平梁),这就是亭子的上架结构。

最后在檩木上布置椽子,在椽子上铺设屋面望板、飞椽、连檐木、瓦口板等,就可进行屋面瓦作。

亭木构件的作用:亭的立柱又称为"檐柱",是整个构架的承重构件。横枋是将檐柱连接成整体框架的木构件。花梁头是搁置檐檩的承托构件。檐垫板是填补檐檩与檐枋之间空挡的遮挡板。檐檩是攒尖顶木构架中最底层的承重构件,檐檩截面一般为圆形截面。井字梁是搁置在檐檩上用来承托其上面的金檩的承托构件,一般用于四边形、六边形、八边形和圆形的亭子上。抹角梁是斜跨转角扒置在檩上的承托梁,又称"抹角扒梁",一般用于单檐四边亭和其他重檐亭上。金檩是与檐檩共同承担屋面椽子,形成屋顶形状的承托构件。金枋是对金檩起垫衬作用的枋木。太平梁是承托雷公柱保证其安全太平的横梁,一般用于宝顶构件重量比较大的亭子上。雷公柱是支撑宝顶并形成屋面攒尖的柱子。角梁是多角亭形成屋面转角的基本构件。椽子是屋面基层的承重构件,屋面基层由椽木、望板、飞椽、压飞望板等铺叠而成。

(2)亭的屋面构造。

亭的屋面一般为攒尖顶,多边形亭除屋面瓦外,只有垂脊和宝顶。圆形亭只有屋面瓦和宝顶。大式建筑多用筒板瓦屋面,小式建筑多用蝴蝶瓦屋面(图5-49)。

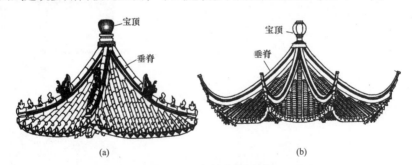

图 5-49 亭的常用屋顶
(a)筒瓦攒尖屋顶;(b)蝴蝶瓦攒尖屋顶

亭的屋面是在木基层上进行瓦作,瓦作的构造由苫背、瓦面、屋脊和宝顶四部分组成。屋面木基层包括椽木、望板、飞椽、连檐木、瓦口及闸挡板等。椽木是搁置在檩木上用来承托望板的条木,有圆形截面,也有方形截面。望板是铺钉在椽木上,用来承托屋面瓦作的木板,一般横铺在椽木上。飞椽是铺钉在望板上,多为方形截面。大小连檐是用来连接固定飞椽端头的木条,为梯形截面。瓦口木是钉在大连檐上,用来承托檐口瓦的木件。按亭屋面的用瓦做成波浪形木板条(图5-50和图5-51)。

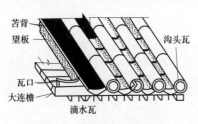

图 5-50 屋面木基层构造

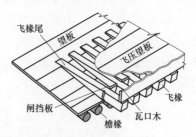

图 5-51 屋面出檐构造

亭的屋面瓦作包括苫背、铺瓦、做脊等泥瓦活。苫背是指在屋面木基层的望板上，用灰泥分别铺抹屋面隔离层、防水层、保温层等的操作过程。瓦材多为筒瓦或蝴蝶瓦等。

小式垂脊是现场用砖瓦和灰浆砌筑而成的，没有垂兽和小兽。其构造由下而上为：当沟、二层瓦条、混砖、扣脊瓦抹灰眉子。脊端做法由下而上为：沟头瓦、圭脚、瓦条、盘子、扣脊瓦作抹灰眉子（图 5-52）。

宝顶由顶珠和顶座组成，常用的顶珠形式有圆珠形、多面体形、葫芦形和仙鹤形等，顶座有砖线脚或须弥座等。

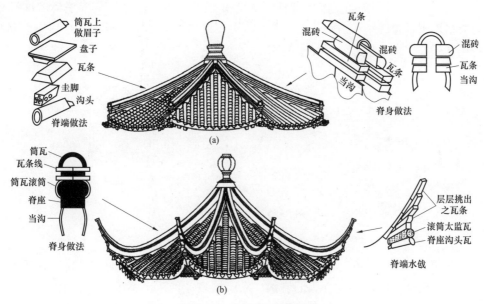

图 5-52 小式亭屋脊做法

（a）小式亭屋脊做法；（b）南方地区亭屋脊做法

2. 古建木结构亭顶构架做法

（1）杠杆法（图 5-53）。以亭之檐梁为基线，通过檐桁斗棋等向亭中心悬挑，借以支撑灯芯木。同时以斗棋之下昂后尾承托内拽枋，起类似杠杆作用使内外重量平衡。内部梁架可全部露明，以显示这一巧作。

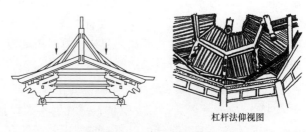

图 5-53 杠杆法屋顶构造

163

（2）抹角扒梁组合法（图5-54）。在亭柱上除设置额枋、平板枋及用斗棋挑出第一层屋檐外，在45°方向施加抹角梁，然后在其梁正中安放纵横交圈井口扒梁，层层上收，视标高需要而立童柱，上层质量通过扒梁、抹角梁而传到下层柱上。

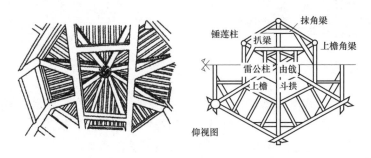

图5-54　抹角扒梁组合法屋顶构造

（3）伞法（图5-55）。模拟伞的结构模式，不用梁而用斜戗及枋组成亭的攒顶架子，边缘靠柱支撑，即由老戗支撑灯芯木（雷公柱），而亭顶自重形成了向四周作用的横向推力，它将由檐口处一圈檐梁（枋）和柱组成的排架来承担。但这种结构整体刚度毕竟较差，一般多用于亭顶较小、自重较轻的小亭、草亭或单檐攒尖亭，或则在亭顶内上部增加一圈拉结圈梁，以减小推力，增加亭的刚度。

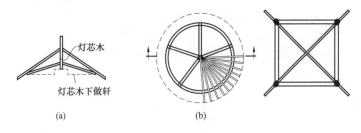

（a）　　　　　　　（b）

图5-55　伞法屋顶构架
（a）剖面图；（b）仰视平面

（4）框圈法（图5-56）。多用于上下檐不一致的重檐亭，特别当材料为钢筋混凝土时，此种法式更利于冲破传统章法的制约，大胆构思，创造出不失传统神韵的构造章法，更符合力学法则，显得更简洁些。上四角下八角重檐亭由于采用了框圈式构造，上下各一道框圈梁互用斜脊梁支撑，形成了刚度极好的框圈架，故其上的重檐可自由设计，四角八角均可，天圆地方（上檐为圆，下檐为方）亦可，构造生动。

（5）扒梁法（图5-57）。扒梁有长短之分，长扒梁两头一般搁于柱子上，而短扒梁则搭在长扒梁上。用长短扒梁叠合交替，有时再辅以必要的抹角梁即可。长扒梁过长则选材困难，也不经济，长短扒梁结合，则取长补短，圆、多角攒亭都可采用。

（6）搭角梁法（图5-58）。在亭的檐梁上首先设置抹角梁与脊（角）梁垂直，与檐梁成45°，再在其上交点处立童柱，童柱上再架设搭角梁重复交替，直至最后收到搭角梁与最外圈的檐梁平行即可，以便安装架设角梁戗脊。

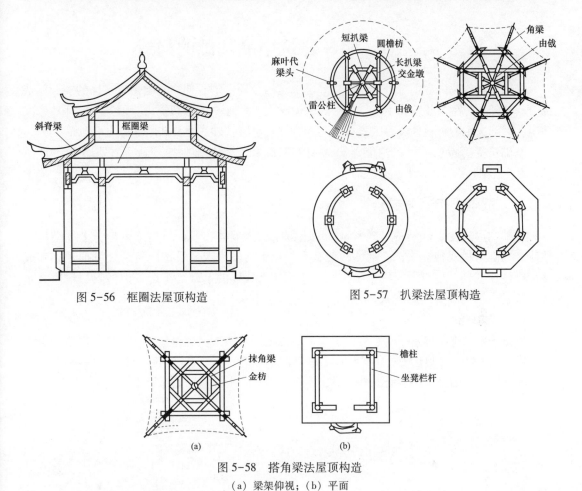

图 5-56　框圈法屋顶构造

图 5-57　扒梁法屋顶构造

图 5-58　搭角梁法屋顶构造

（a）梁架仰视；（b）平面

（7）大梁法（图 5-59）。一般亭顶构架可用对穿的一字梁，上架立灯芯木即可。较大的亭则用两根平行大梁或相交的十字梁来共同分担荷载。

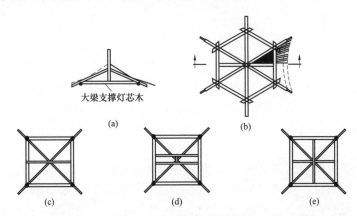

图 5-59　大梁法屋顶构造

（a）剖面图；（b）仰视平面；（c）较小的亭子可只用一根大梁来支撑灯芯木；

（d）如亭较大，可架两根大梁，平行布置；（e）十字形垂直布置方式

165

第三节　园林建筑小品基础的构造

基础是建筑物的底下部分，是墙柱等上部结构在地下的延伸。基础是建筑物的一个组成部分。基础的类型与建筑物上部结构形式、荷载大小、地基的承载能力、地基土的地质水文情况、基础选用的材料性能等因素有关，构造方式也因基础式样及选用材料的不同而不同。

基础按受力特点及材料性能可分为刚性基础和柔性基础，按构造方式可分为带形基础、独立基础、整片基础、桩基础等。

一、按基础构造形式分类

基础的形式受上部结构形式影响，如上部结构为墙体，基础可做成带形；上部结构为柱体，基础可做成独立式；上部结构荷载大、地耐力较小或地质情况复杂，可把基础连成整片成整片基础，也可做成桩基础，所以选用什么式样的基础需综合考虑材料、地质、水文、荷载、结构等方面的因素。

1. 独立基础

独立基础又称单独基础。它可用于柱下，也可用于墙下。用于柱下时基础可做成台阶状或台状，也可做成杯口形或壳体结构。若基础内不配筋，其放坡比例符合相应材料刚性角要求。墙下独立基础可以用钢筋混凝土梁、钢筋砖梁、砖拱等承托上部墙体（图5-60）。

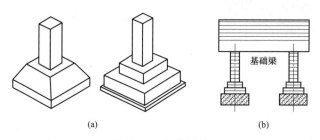

图 5-60　独立基础
（a）柱下独立基础；（b）墙下独立基础

2. 带形基础

带形基础成长条状，故也称为条形基础。它可用于墙下，也可用于柱下，如图5-61所示。当用于墙下时，可在基础内设置地圈梁，增强基础抗震能力并防止基础不均匀沉降。柱下条形基础可做成钢筋混凝土基础，它对于克服不良地基的不均匀沉降、增强基础整体性效果良好。

3. 桩基础

如建筑物上部荷载较大，地基土表层软弱土厚度大于5m，可考虑选用桩基础。桩基础种类很多，按材料可以分为钢筋混凝土桩基础、钢桩基础、地方材料（砂、石、木材等）桩基础等。按桩的断面形状可分为圆形、方形、环形、多边形、工字形等；按桩入土的方法可分为打入桩、灌注桩、振入桩、压入桩等；按桩的受力性能可分为端承桩（由桩把上部荷载传递给与之接触的下部）和摩擦桩（依靠桩身与周围土之间的摩擦力传递上部荷载）两种，如图5-62所示。工程上常见的桩基础为钢筋混凝土桩基础。

预制桩是在工厂或现场预制好，用机械打入或压入或振入土中，剥去桩顶混凝土，露出主筋，把主筋锚入二次浇捣的桩基承台内。桩的断面尺寸不小于 200mm×200mm，常用 250mm×250mm、300mm×300mm、350mm×350mm，个别情况可做得更大些。桩长与断面相适应，一般长不超过 12m；混凝土等级不低于 C30 级。

灌注桩是在需设桩基位置打孔或钻孔，向内浇捣混凝土（有时也放钢龙骨）而成。其直径一般为 300~400mm，长度不超过 12m；灌注桩所用混凝土不低于 C15 级。

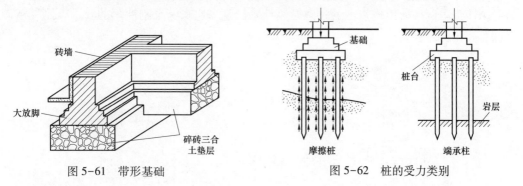

图 5-61　带形基础　　　　　图 5-62　桩的受力类别

4. 整片基础

整片基础可分为筏式和箱形两种形式。其中筏式基础又可分为板式和梁板式两种。筏式基础相当于一块倒置的现浇钢筋混凝土梁板。地基的反力通过筏基最底部的板传递给上部墙或肋梁。当建筑物上部高度、荷载均很大，基础埋深较大时，可把建筑的地下部分（底板、四壁、顶板）浇筑成一整体成箱形结构，用于充当建筑基础，称为箱形基础。箱形基础的内部空间可用作地下室，其构造形式如图 5-63 所示。

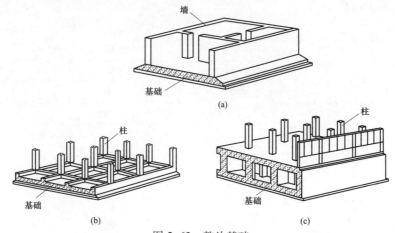

图 5-63　整片基础
（a）板式片筏基础；（b）梁板式片筏基础；（c）箱形基础

二、按材料及受力特点分

1. 刚性基础

受刚性角限制的基础称为刚性基础。刚性基础所用的材料如砖、石、混凝土等，它们的抗压强度较高，但抗拉及抗剪强度偏低。因此，用此类材料建造的基础，应保证其基底只受压，不受拉。由于受地耐力的影响，基底应比基顶墙（柱）宽些，即 $b>b_0$，如图 5-64（a）所示。地耐力越小，基底宽度 b 就越大。当 b 很大时，基底挑出部分 b_2 也很大，此时就可能出现基底部分受拉而开裂破坏的情况。

不同材料构成的基础，其传递压力的角度也不相同。刚性基础中压力分布角 α 称为刚性角，如图 5-64（b）所示。在设计中，应尽力使基础大放脚与基础材料的刚性角相一致，以确保基础底面不产生拉应力，最大限度地节约基础材料，如图 5-64（c）所示。因为受刚性角限制，所以构造上通过限制刚性基础宽高比来满足刚性角的要求。刚性基础的允许宽高比值见表 5-4。

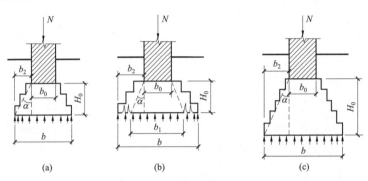

图 5-64　刚性基础受力特点

（a）基础放坡在允许值范围内，基底受压；（b）基底加宽，放坡比例不合适、基底部分受拉破坏；

（c）基础宽度加大，其深度也应相应加大，满足放坡比例

表 5-4　　　　　　　　　　　　　刚性基础台阶宽高比允许值

基础材料	质 量 要 求		台阶宽高比允许值		
			$p \leq 100$	$100 \leq p \leq 200$	$200 \leq p \leq 300$
混凝土基础	C10 级混凝土		1：1.00	1：1.00	1：1.00
	C7.5 级混凝土		1：1.00	1：1.25	1：1.50
毛石混凝土基础	C7.5~10 级混凝土		1：1.00	1：1.25	1：1.50
砖基础	砖强度不低于 MU7.5	M5 砂浆	1：1.50	1：1.50	1：1.50
		M2.5 砂浆	1：1.50	1：1.50	—
毛石基础	M2.5~M5 砂浆		1：1.25	1：1.50	—
	M1 砂浆		1：1.50	—	—
灰土基础	体积比为 3：7 或 2：8 最小干密度：粉土，1.55t/m³；粉质黏土，1.50t/m³；黏土，1.45t/m³		1：1.25	1：1.50	
三合土基础	体积比为 1：2：4~1：3：6 三合土，每层 20mm 厚，夯至 150mm		1：2.00	—	

（1）混凝土基础。混凝土基础具有坚固、耐久、耐水、刚性角大，可根据需要任意改变形状的特点，常用于地下水高、有冰冻作用的建筑物，也可与砖基础合用。混凝土基础台阶宽高比为 1：1~1：1.5，实际使用时可把基础断面做成梯形或阶梯形，如图 5-65

所示。

（2）毛石混凝土基础。在上述混凝土基础中加入粒径不超过300mm的毛石，且毛石体积不超过基础总体积的20%～30%，称为毛石混凝土基础（图5-66）。值得注意的是，毛石混凝土基础中所用毛石，其尺寸不得超过基础每个台阶宽度的1/3，基础台阶宽高比不大于1：1.0～1：1.50。所用毛石应经挑选，不得为针状或片状。

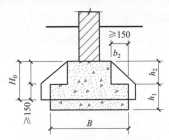

图5-65　混凝土基础构造

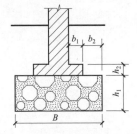

图5-66　毛石混凝土基础构造

（3）砖基础。砖基础是一般砖混建筑常选的一种基础形式。选用的砖头标号一般不低于MU7.5，基础部分砌筑用砂浆通常为水泥砂浆。基础采用台阶式逐级放大，称为大放脚。根据表5-4要求，大放脚台阶宽高比不大于1：1.50。为此，大放脚常有两种做法：一是每两皮砖外挑1/4砖，称为等间式，如图5-67（a）所示；二是每两皮砖挑1/4砖与每一皮砖挑1/4砖相间砌筑，称为间隔式，如图5-67（b）所示。砖基础砌筑前，基槽底应铺20mm厚的砂浆，最下面一个台阶的高度不小于120mm，同时砖基础的底面宽度应符合砖的模数。

（4）灰土基础。即灰土垫层，是由石灰或粉煤灰与黏土加适量的水拌和经夯实而成的。灰与土的体积比为2：8或3：7。灰土每层虚铺220mm左右，经夯实后厚度约为150mm，称为一步，三层以下建筑灰土可做二步，三层以上建筑可做三步。由于灰土基础抗冻、耐水性能差，所以只能用于地下水位较低的地区，并与其他材料基础共用，充当基础垫层。灰土基础构造方式如图5-68所示。

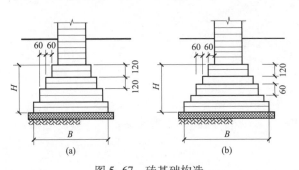

图5-67　砖基础构造
（a）等间式；（b）间隔式

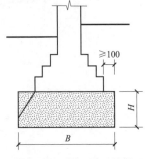

图5-68　灰土基础构造

（5）三合土基础。三合土基础是由石灰、砂、骨料（碎石或碎砖）按体积比1：3：6或1：2：4加水拌和夯实而成，每层夯实后的厚度为150mm左右，三合土基础宽不应小于600mm，高不小于300mm。三合土基础应埋于地下水位以上，其具体构造方式如图5-69所示。

（6）毛石基础。毛石基础是用未经人为加工处理的天然石块和砂浆组砌而成的。它具有强度较高、抗冻、耐水、经济等特点。毛石基础的断面形式多为阶梯形，如图 5-70 所示，并常与砖基共用，作砖基础的底层。毛石基础顶面应比上部墙柱每侧各宽出 100mm，基础宽度不宜小于 500mm。考虑到刚性角，毛石基础每一台阶高不宜小于 400mm，每个台阶出挑宽度不应大于 200mm。当基础宽度 $b \leqslant 700mm$ 时，毛石基础应做成矩形断面。值得注意的是，毛石基础所用毛石虽未经人为加工，但要挑选，所用石头不得为针状或片状，也不得是已风化的石材。

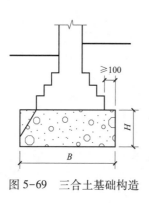

图 5-69　三合土基础构造

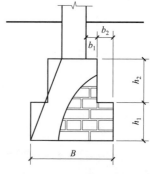

图 5-70　毛石基础构造

2. 柔性基础

鉴于刚性基础受其刚性角的限制，要想获得较大的基底宽度，相应的其基础埋深也应加大。这显然会增加材料消耗，也会影响施工工期。在混凝土基础底部配置受力钢筋，利用钢筋受拉，这样基础可以承受弯矩，也就不受刚性角的限制。所以钢筋混凝土基础又称为柔性基础。其构造示意如图 5-71 所示。

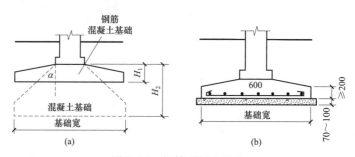

图 5-71　钢筋混凝土基础
（a）混凝土与钢筋混凝土基础的比较；（b）钢筋混凝土基础构造

第四节　园林建筑屋顶构造设计

屋顶是房屋顶部的覆盖部分。屋顶的作用主要有两点：一是围护作用，即防御自然界的风、雨、雪、霜和太阳光的辐射，并且有保温、隔热的作用；二是承重作用，即承担作用于屋面的各种恒载和活载。屋顶主要由屋面面层、承重结构层、保温（隔热）层、顶棚等几个部分组成（图 5-72）。

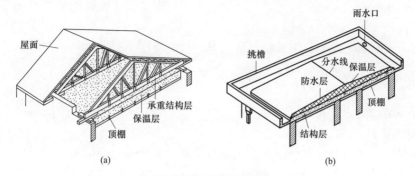

图 5-72　屋顶的组成

（a）坡屋顶的组成；（b）平屋顶的组成

由于地域不同、自然环境不同、屋面材料不同、承重结构不同，所以屋顶的类型也很多，大致可分为三大类：平屋顶（屋面坡度在 10% 以下）、坡屋顶（屋面坡度在 10% 以上）和曲面屋顶。

一、坡屋顶的承重结构

1. 屋架及支撑

当坡屋面房屋内部需要较大空间时，可把部分横向山墙取消，用屋架作为横向承重构件。坡屋面的屋架多为三角形。屋架可选用木材（Ⅰ级杉圆木）、型钢（角钢或槽钢）制作，也可角钢木混合制作（屋架中受压杆件为木材，受拉杆件为钢材），或钢筋混凝土制作。为了防止屋架的倾覆，提高屋架及屋面结构的空间稳定性，屋架间要设置支撑。屋架支撑主要有垂直剪刀撑和水平系杆等，如图 5-73 所示。

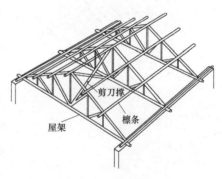

图 5-73　屋架支撑

对于四坡屋顶，当跨度较小时，在四坡屋顶的斜屋脊下设斜梁，用于搭接屋面檩条；当跨度极大时，可选用半屋架或梯形屋架，以增加斜梁的支承点。四坡屋顶的屋面结构布置方式如图 5-74 所示。

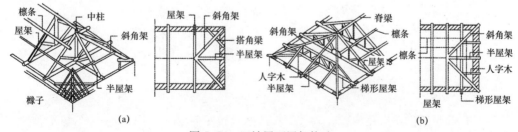

图 5-74　四坡屋面屋架构造

（a）斜架；（b）梯形屋架

2. 硬山搁檩

横墙间距较小的坡屋面建筑，可以把横墙上部砌成三角形，直接把檩条支承在三角形横墙上，叫作硬山搁檩。檩条可用木材、预应力钢筋混凝土、轻钢桁架、型钢等材料。檩条的斜距不得超过1.2m。木质檩条常选用I级杉圆木，木檩条与墙体交接段应进行防腐处理，常用方法是在山墙上垫上油毡一层，并在檩条端部涂刷沥青。

二、坡屋顶屋面

平瓦屋顶的构造方式有以下几种：

1. 冷摊瓦屋面

这是一种构造简单的瓦屋面。在檩条上钉上断面为35mm×60mm、中距为500mm的椽条，在椽条上钉挂瓦条（注意挂瓦条间距符合瓦的标志长度），在挂瓦条上直接铺瓦。由于构造简单，它只用于简易或临时建筑（图5-75）。

2. 无椽条有屋面板的平瓦屋面

在檩条上钉厚度为15~25mm的屋面板（板缝不超过20mm），平行于屋脊方向铺油毡一层，钉顺水条和挂瓦条，安装平瓦。采用这种方案，屋面板与檩条垂直布置，为受力构件，因而厚度较大，如图5-76所示。

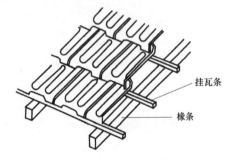

图5-75 冷摊瓦屋面构造

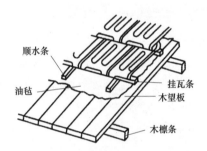

图5-76 无椽条有屋面板平瓦屋面构造

3. 有椽条有屋面板的平瓦屋面

图5-77 有椽条有屋面板平瓦屋面构造

在屋面檩条上放置椽条，椽条上稀铺或满铺厚度在8~12mm的木板（稀铺时在板面上还可铺芦席等），板面（或芦席）上方平行于屋脊方向干铺油毡一层，钉顺水条和挂瓦条，安装机平瓦（图5-77）。采用这种构造方案，屋面板受力较小，因而厚度较薄。顺水条断面为8mm×38mm，挂瓦条断面一般为20mm×20mm或20mm×25mm。椽条断面由檩条斜距来确定，檩条斜距大，椽条断面也相应增大，一般为35mm×60mm，椽条中距在500mm以内。

4. 平瓦屋面

平瓦有水泥瓦和黏土瓦两种。其外形按防水及排水要求设计制作，机平瓦的外形尺寸约为400mm×230mm，其在屋面上的有效覆盖尺寸约为330mm×200mm。按此推算每平方米屋面约需15块瓦。平瓦屋顶的主要优点是瓦本身具有防水性，不需特别设置屋面防水层，瓦块间搭接构造简单，施工方便。缺点是屋面接缝多，如不设屋面板，雨、雪易从瓦缝中飘进，造成漏水。为保证有效排水，瓦屋面坡度不得小于1:2（26°34'）。在屋脊处需盖上鞍形脊瓦，在屋面天沟下需放上镀锌铁皮，以防漏水。

5. 波形瓦屋顶

波形瓦包括水泥石棉波形瓦、钢丝网水泥瓦、玻璃钢瓦、金属钢板瓦、石棉菱苦土瓦等。根据波形瓦的波浪大小又可分为大波瓦、中波瓦和小波瓦三种。波形瓦具有重量轻、耐火性能好等优点，但易折断，强度较低。波形瓦在安装时应注意四点：第一，波形瓦的搭接开口应背着当地主导风向；第二，波形瓦搭接，上下搭接长度不小于100mm，左右搭接不小于一波半；第三，波形瓦在用瓦钉或挂瓦钩固定时，瓦钉及挂瓦钩帽下应有防水垫圈，以防瓦钉及瓦钩穿透瓦面缝隙处渗水；第四，相邻四块瓦搭接时应将斜对的下两块瓦割角，以防四块重叠使屋面翘曲不平，否则应错缝布置（图5-78）。

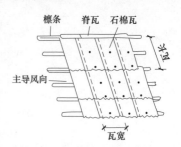

图5-78　波形瓦铺设示意

6. 小青瓦屋面

小青瓦屋面在我国传统建筑中采用较多，目前有些地方仍然采用；小青瓦断面呈弧形，尺寸及规格不统一。铺设时分别将小青瓦仰俯铺排，覆盖成垅，仰铺瓦成沟，俯铺瓦盖于仰铺瓦纵向接缝处，与仰铺瓦间搭接瓦长1/3左右；上下瓦间自搭接长在少雨地区为搭六露四，在多雨区为搭七露三。小青瓦可以直接铺设于椽条上，也可铺于望板（屋面板）。小青瓦屋面的常见构造方式如图5-79所示。

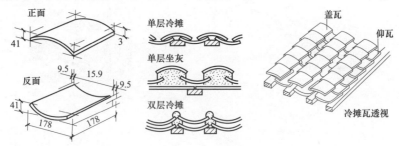

图5-79　小青瓦屋面构造

三、坡屋面的细部构造——檐口

坡屋面的檐口式样主要有两种：一是挑出檐口，要求挑出部分的坡度与屋面坡度一致；另一种是女儿墙檐口，要做好女儿墙内侧的防水，以防渗漏。

1. 砖挑檐

砖挑檐的挑长不能太大，一般不超过墙体厚度的1/2，且不大于240mm；每层砖挑长为60mm，砖可平挑出，也可把砖斜放用砖角挑出，挑檐砖上方瓦伸出50mm，如图5-80（a）所示。

2. 椽木挑檐

当屋面有椽条时，可以用椽子出挑，以支承挑出部分的屋面。挑出部分的椽条，外侧可钉封檐板，底部可钉木条并油漆。椽木挑檐的挑长一般为300～500mm，如图5-80（b）所示。

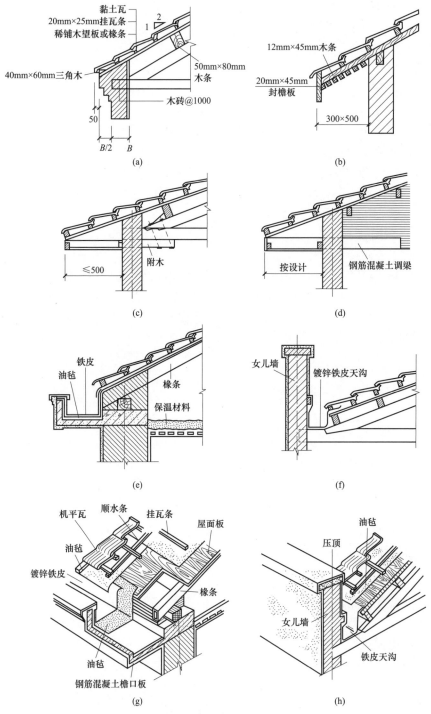

图 5-80　檐口构造

（a）砖挑檐；（b）椽条挑檐；（c）附木挑檐；（d）钢筋混凝土挑檐；（e）钢筋混凝土挑天沟；
（f）女儿墙檐口；（g）钢筋混凝土挑天沟示意图；（h）女儿墙檐口示意图

3. 屋架端部附木挑檐或挑檐木挑檐

如需要较大挑长的挑檐，可以沿屋架下弦伸出附木，支承挑出的檐口木，并在附木外侧面钉封檐板，在附木底部作檐口吊顶；这种构造檐口挑长可达 500~800mm，如图 5-80（c）所示。对于不设屋架的房屋，可以在其横向承重墙内压砌挑檐木并外挑，用挑檐木支承挑出的檐口。其他构造类似于附木挑檐，如图 5-80（d）所示。

4. 钢筋混凝土挑天沟

当屋面集水面积大，檐口高度高，降雨量大时，坡屋面的檐口可设钢筋混凝土天沟，并采用有组织排水，如图 5-80（e）所示。

5. 女儿墙檐口

有些园林建筑为了立面处理的需要，将檐墙凸出屋面形成女儿墙，为了组织排水，屋面与女儿墙间应做天沟，如图 5-80（f）所示。

第五节　园林建筑小品其他景观简介

一、堂

堂又称厅堂，厅堂是听理政务的地方，而在堂中间，有最堂堂正正之意。园林建筑，是确定风景园林设计的基础，往往是首先选定厅堂的位置，方向以面向南方为好。划分院落时，要求宽敞不拘束，连续的廊庑，曲折随地性而定。高低蜿蜒，就像岗岭起伏。在低洼处凿池塘，临水的一面筑水榭，高处堆山，居高建亭台，小院植树叠石，取景宜优雅，高埠亭阁，借景要宽敞，如图 5-81 所示。

(a)   (b)

图 5-81　厅堂

（a）临水观景楼阁；（b）厅堂内

二、楼

楼一般建在厅堂后面，也可建在半山半水的地方。在山边或是水边建楼各有妙处，山边建楼可以远眺，水边建楼可以观四时风雨，所以古典园林中有烟雨楼、观景楼的说法；此外，还有藏书楼、绣楼、雕花楼、报山楼等，如图 5-82 所示。

三、舫

舫使人想到烟波钓艇上的渔翁，是隐士的居所。舫也是逃避时间风波的去处。苏州留园有一舫，题名曰："少风波处便为家。"文人修造园林，多是向往隐士的生活，视官场为险途，所以舫的文化内涵具隐居避世的文人情怀。名园名舫，如图5-83所示。

四、游廊

游廊是现代园林中最常用的艺术手法（图5-84）。因为随高低曲折自然形式建造，往往如同蛇行连接园林的各个景点，所以称游廊。它是园林景观的导游线路，也可被视为园林的脉络。

图5-82 坐落在城墙之上的古城楼阁

(a)

(b)

图5-83 名舫

（a）石舫；（b）拙政园的画舫斋

(a)

(b)

图5-84 游廊

（a）具有北方皇家风格的雕梁画栋的贴墙长廊；（b）北京恭王府内的建筑彩画长廊

廊中可以攀缘种植紫藤、凌霄、葡萄等植物，形成绿荫覆盖的宜人游览的通道。它由梁柱构成，梁柱可以是水泥和木材或砖柱组砌成。因为植物的配置不同，这些游廊可以成为蕉廊、竹廊。以湖石芭蕉配上小榭，在曲廊的弯曲处点缀竹石，廊外植柳就形成了柳廊。因景窗的配置不同，又可分为什锦窗廊、入竹的竹廊、近水的水廊、廊中悬画的画廊等。廊与刻石的搭配充满翰墨书卷气息，形成碑廊。廊与水景的配置，会令池边曲廊如架水上，自成起伏。廊贵有栏，廊的临水一边置飞来椅，又名美人靠，极富古典韵味。

五、景墙

　　现代景观的景墙往往做浮雕或者壁画，景墙具有装饰性，配合花坛、壁泉、灯光等处理，使残墙断壁充满人的气息，也可以用各种材料形成艺术效果，包括青砖、红砖、面砖、卵石、碎石，还有水泥、彩绘云山墙、弹绘、水刷石、木材等。古典园林则是在景墙上开什锦窗，以海棠、宝瓶等形状开景窗透景、框景、借景，既可以形成优美画面，也可以加深景深层次与观景空间，显得引人入胜；花墙、花窗、月洞门，则可构成"满园春色关不住，一枝红杏出墙来"的引人入胜之景（图5-85）。江南古典园林中还有砖花墙、瓦花墙。砖花墙又称漏砖墙，有菱花式、条环式、竹节式、人字式等；瓦花墙有钱式、叠锭式、鱼鳞式等。

（a）　　　　　　　　　　　　　　　　（b）

图 5-85　景墙

（a）起伏式彩绘云墙；（b）北京颐和园花窗景墙

六、台阶

　　（1）自然台阶：以天然石材砌台阶，如山间道，有崎岖不平的感觉。

　　（2）方形台阶：台阶规整，有安全感。

　　（3）圆形台阶：台阶造型优美，可以展开成扇形，如图5-86所示。

　　（4）曲案台阶：台阶呈曲线形，变化丰富。

七、园路及铺地

　　园路宜曲，曲径可形成通幽的效果。如果再配上矶石、踏步，效果会更好。中国古典园林有以砖瓦、石片铺砌地面的传统，构成格式图案，称为"花街铺地"。堂前空庭一般均要用砖砌，园林曲径则可以用乱石铺地，形状像冰裂的样子，看起来比较雅致。河滩中的黄、白、黑卵石，黄、

圆形台阶实景与手绘效果

图 5-86　台阶

青石片及砖瓦片、瓷片均可用来铺地、铺路，其样式不胜枚举，包括：卵石与瓦混砌，如套钱、芝花、球门；砖瓦、石卵、石片混砌，如海棠、十字灯景、冰纹；砖石片或卵石混砌，如六角、套八方；以砖砌，如席纹、人字纹、间方、斗纹（图5-87）。

图 5-87　园路

（a）青砖席纹铺路；（b）青瓦和卵石构成孔雀尾纹样的铺路

风景园林中的铺地富有艺术性（图 5-88）。铺地先以水泥浆固定土，然后铺碎石层，一般步行道在 100mm 厚，小车道在 150mm 厚，用黄沙与水泥干拌成混合砂浆，铺盖约 30mm 厚，然后铺地砖。

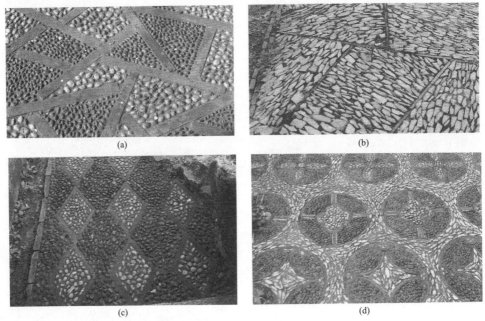

图 5-88　园林铺地

（a）三角构成框架卵石或碎石填充的路面纹样；（b）三角构成框架卵石或碎石填充的路面纹样；
（c）青砖瓦片和卵石构成的传统路面纹样；（d）青砖瓦片和卵石构成的传统路面纹样

八、栅栏

栅栏有竹篱、木栅栏和金属栅栏。栅栏可以与植物很好地融为一体，适用于校园和私家别墅花园，如图 5-89 所示。

竹篱编织成栅栏，可以固定。

木栅栏形式更为多样，可以用油漆漆成白色或者木材本色，栅栏上还可以攀缘花草。

它造价低，通风透光，很有乡间自然情趣。

金属栅栏防卫性强，可用面积大，时间耐久坚固，具有观赏和防盗的双重功能。

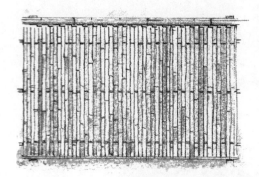

图 5-89　栅栏

九、园门

园门又称门楼，设计风格有中式门楼、西式门楼和现代风格园门。园林大门虽无方向的规定，但一般是依厅堂方向而定。现代景观设计中无园门的敞开式风格，是用设计标志性景点如石、柱等表示园门。江南园林的门形式比较多，有八角式、葫芦式、莲瓣式、贝叶式、如意式、双瓶式等，如图 5-90 所示。

(a)　　　　　　　　　　　　　　　　　(b)

图 5-90　园门
（a）入角式园门；（b）北京四合院红门

第六章

园 林 水 景 景 观 设 计

第一节 水 池 景 观 设 计

一、水池设计理论基础与内容

1. 水池的形式

水池是园林工程建设中常见的水景工程。常见的喷水池、观鱼池、水生植物种植池等都属于这种类型。这里所指的水池区别于河流、湖和池塘，水池面积相对较小，多取人工水源，因此必须设置进水、溢水和泄水的管线，有的水池还要作循环水设施。水池除池壁外，池底也必须人铺砌而且壁底紧密黏结；同时水池要求比较精致。

人工池形式多样，可由设计者根据环境现场发挥。一般而言，池的面积较小，岸线变化丰富，具有装饰性，水较浅，不能开展水上活动，以观赏为主，现代园林中的流线型抽象式水池更为活泼、生动、富于想象。池可分为自然式（图6-1）、规则式（图6-2）和混合式三种。自然式水池池岸线为自然曲线，水池常结合地形、花木种植设计成自然式，这一类型的水池在中国古典园林中最为常见，日本园林中也较普遍。规则式水池池岸线围成规则的几何图形，显得整齐大方，是现代园林建设中应用越来越多的水池类型。尤其在西方园林中，水池大多为规则的长方形或正方形；在我国现代园林中，也有很多规则式水池。规则式水池在广场及建筑前，能起到很好的装点和衬托作用。

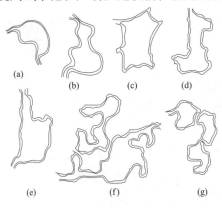

图 6-1 自然式水池

（a）肾形；（b）葫芦形；（c）兽皮形；（d）钥匙形；

（e）菜刀形；（f）指形；（g）聚合形

图 6-2 规则式水池

2. 水池的特点

规则式人工水池往往需要较大的欣赏空间，一般要有一定面积的铺装或大片草坪来陪衬，有时还要结合雕塑、喷泉共同组景。自然式人工水池装饰性强，即使是在有限的空间也能发挥得淋漓尽致，关键是要很好地组合山石、植物及其饰物，使水池融于环境之中，如天造地设般自然。

各种水景景观如图 6-3 所示。

(a)

(b)

(c)

(d)

图 6-3　水景景观图（一）

（a）某公共中心水景雕塑；（b）某公共广场前水景装饰；

（c）冰灯阶梯；（d）金海岸酒店外景观水景

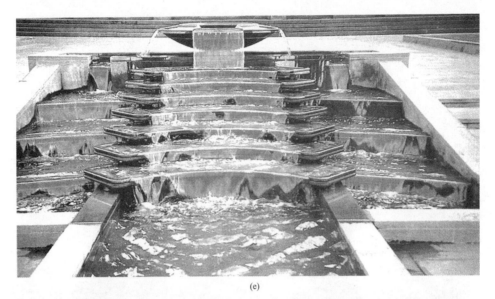

(e)

(f)

(g)

(h)

图 6-3　水景景观图（二）

（e）某广场中心阶梯水景；（f）某休闲酒店外水景；（g）某广场水景雕塑；（h）某酒店前广场音乐水景

(i)

(j)

(k)

(l)

图6-3 水景景观图（三）

（i）某住宅小区外滨河景观；（j）某休闲广场水景；

（k）某住宅小区景观园林水景；（l）某小区水景

3. 水池的设计要求

人工水池通常是园林构图中心，一般可用作广场中心、道路尽端，以及和亭、廊、花架、花坛组合形成独特的景观。水池布置要因地制宜，充分考虑园址现状，其位置应在园中最醒目的地方。大水面宜用自然式或混合式；小水面宜用规则式，尤其是庭院绿地。此外，还要注意池岸设计，做到开合有效、聚散得体。有时因造景需要，在池内养鱼，或种植花草。水生植物池根据植物生长特性配置，植物种类不宜过多，池水不宜过深，否则，应将植物种植在箱内或盆中，在池底砌砖或垒石为基座，再将种植盆箱移至基座上。

二、水池设计要点及内容

1. 水池平面设计

例如，根据中心公园总体方案，该水池位于中心公园西侧入口广场方向，在园中的位置醒目，是西侧入口的标志性景观，具有很强的装饰性和观赏性。因此水池设计要因地制宜，充分考虑园址现状，与所在环境的气氛、建筑和道路的线型特征及视线关系协调统一。

水池的平面设计，首先应明确水池在地面以上的平面位置、尺寸和形状，这是水池设计的第一步。水池的大小和形状需要根据整体布局来确定，其中水池形状设计最为关键。水池的平面轮廓要"随曲合方"，水池的大小要与园林空间及广场的面积相协调，轮廓与广场走向、建筑外轮廓取得呼应与联系。同时要考虑前景、框景和背景的因素。水池平面造型要力求简洁大方而又具有个性特点。

为了打破水池平面造型单调感，该水池平面造型采用方形系列规则式形式，由两个高低不同、大小不一的规则式方形花池和水池组合而成，相关设计尺寸如图 6-4 所示。

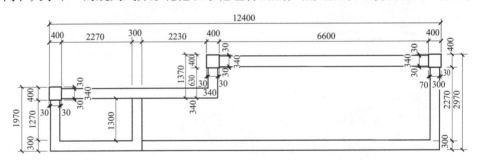

图 6-4　水景底平面图

2. 水池的剖面设计

水池的剖面图，反映水池的结构和要求。园林中的水池无论大小、深浅如何，都必须做好结构剖面设计。水池的深度不同，水对池壁的向外张力也不同。水池深度越深，对池壁的侧压力越大，池壁应越坚固。水池的防水处理也非常重要，根据水深、材料、自重及防水要求等具体情况的不同，设计时应具体对待。必须保证水池不漏水，同时还要满足景观要求。在南方地区，因为气候较温暖，水池可以不考虑防冻处理，但是在北方地区，水池设计必须考虑防冻的要求。

通过分析，确定该水池采用钢筋混凝土池壁水池，水池底结构层具体做法为基础素土夯实，上填 300mm 厚塘渣，然后进行 100mm 厚碎石找平，再浇筑 200mm 厚 C20 钢筋混凝土，随后用 JS 防水涂料刷两遍，最后满铺 50mm×50mm×10mm 蓝色西班牙釉面砖，用 20mm 厚 1∶2.5 水泥砂浆做结合层，如图 6-5 所示。

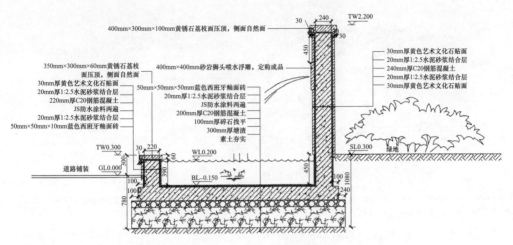

图 6-5　特色水景剖面图

3. 水池的立面设计

立面设计主要是立面图的设计，立面图要反映水池主要朝向的池壁的高度和线条变化。水池池壁顶与周围地面要有合宜的高程关系。既可高于路面，也可以持平或低于路面做成沉床水池。池壁顶可做成平顶、拱顶和挑伸、倾斜等多种形式。池壁顶部离地面的高度不宜过大，一般为 20cm 左右。考虑到方便游人坐在池边休息，可以增加到 35～45cm，立面图上还应反映喷水的立面景观。根据方案，该水池景观设计为高于路面的规则式水池，池壁顶为平顶形式，池壁顶部离地面的高度可供游人坐在池边休息，同时设计了花池、特色景墙和壁泉景观。

水池的立面设计要反映主要朝向各立面处理的高度变化和立面景观；同时水池池壁顶与周围地面要有合宜的高程关系。一般常见的景观水池深度为 0.6～0.8m，这样的做法是要保证吸水口的淹没深度，并且池底为一整体的平面，也便于池内管路设备的安装施工和维护。但 0.6～0.8m 的水深实际上存在着较大的不安全性。我们认为较为适宜的水深以 0.2～0.4m 为宜。池壁顶面应可供游人坐下休息，池壁顶面距地面高度一般为 0.30～0.45m，从亲水的角度出发，较为合适的尺度是水面距池壁顶面为 0.2m。

该水池位于西入口广场入口，道路标高为 24.00m，广场设计标高为 24.30m，为了适应地形变化和满足景观要求，水池立面采用高低错落的形式，水池高 0.3m，水深为 0.2m，花池高 0.45m，景墙高 2.40m。同时为了增加立面景观效果，摆放了多个砂岩成品花钵，在景墙立面两侧外挂铁艺装饰，景墙设计有 3 个砂岩狮头喷水浮雕，景墙采用 30mm 厚黄色艺术文化石贴面，400mm×300mm×100mm 黄锈石荔枝面压顶，形成了丰富的立面景观效果，如图 6-6 所示。

制图要点：绘制水池立面图时，立面图上应反映水池的立面景观。同时，立面图要有足够的代表性，能够反映整个水池各方向的景观。要求从池壁顶部到池底均标明各部分的材料及施工要求。立面图上还应标注出各部分标高，在标注标高时，以景观铺装面标高为 ±0.00m。

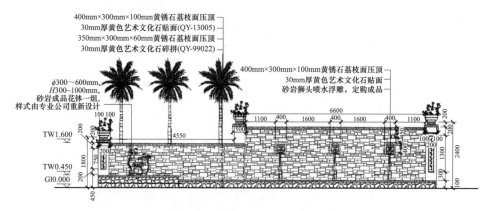

图 6-6　特色水景底立面图

4. 水池的管线安装设计

管线的布置设计可以结合水池的平面图进行，标出给水管、排水管的位置。上水闸门井平面图要标明给水管的位置及安装方式；如果是循环用水，还要标明水泵及电动机位置。上水闸门井剖面图，不仅应标出井的基础及井壁的结构材料，而且应标明水泵电机的位置及进水管的高程。下水闸门井平面图应反映泄水管、溢水管的平面位置；下水闸井剖面图应反映泄水管、溢水管的高程机井底部、壁、盖的结构和材料。

水池的给排水系统主要有直流给水系统、陆上水泵循环给水系统、潜水泵循环给水系统和盘式水景循环给水系统等四种形式。根据该水池所处环境分析，该水池采用潜水泵循环给水系统形式，设计采用 $DN40$ 的进水管接邻近给水管，水进入水池后，通过潜水泵与 $DN50$ 支管相连到达各喷头处，$DN50$ 溢水管、$DN100$ 排水管接邻近集（排）水井，其管线布置如图 6-7 所示。水泵选择 QS80-12-4，泵池平面尺寸为 1000mm×1000mm，泵池平面与剖面图如图 6-8 所示。

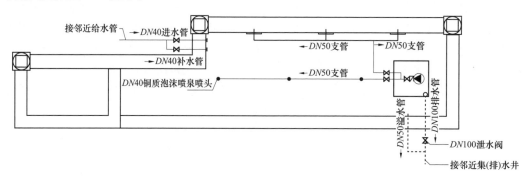

图 6-7　水池管线布置平面图

5. 整理出图

例如，某公园特色水池工程设计整体检查与修改。

使用设计公司标准 A3 图框，在 CAD 布局中选用合适比例把水池工程设计各详图合理布置在标准图框内。一般各类型平面图、立面图设计出图比例为 1∶50，各类型详图出图比例为 1∶20。出图打印，如图 6-9 所示。

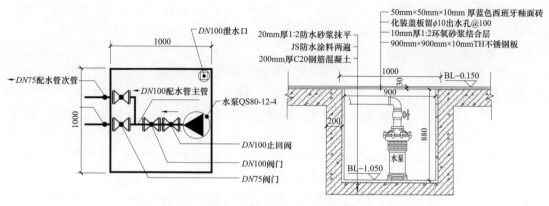

图 6-8　泵池平面与剖面图

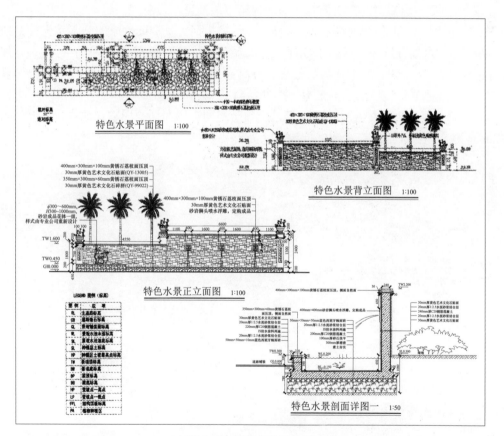

图 6-9　景观水池设计图

三、水池设计实践

水池的结构一般由基础、防水层、池底、池壁和压顶等部分组成。

1. 基础

基础是水池的承重部分，由灰土和混凝土组成。施工时先将基础底部素土夯实（密实度不小于85%）；灰土层一般厚30cm（3：7灰土）；C10混凝土垫层厚10~15cm。

2. 防水层

水池工程中，防水工程质量的好坏对水池安全使用及其寿命有直接影响，因此正确选择和合理使用防水材料是保证水池质量的关键。目前，水池防水材料种类较多。

按材料分，主要有沥青类、塑料类、橡胶类、金属类、砂浆、混凝土及有机复合材料等。

按施工方法分，有防水卷材、防水涂料、防水嵌缝油膏和防水薄膜等。水池防水材料的选用可根据具体情况确定，一般水池用普通防水材料即可。钢筋混凝土水池也可采用5层防水砂浆做法。临时性水池还可将吹塑纸、塑料布、聚苯板组合起来使用，也有很好的防水效果。

（1）油毡卷材防水层。水池外包防水，一般采用油毡卷材防水层。方法是：在池底干燥的素混凝土垫层或水泥砂浆找平层上浇热沥青，随即铺一层油毡，油毡与油毡之间搭接5cm，然后在第一层油毡上再浇沥青，随即铺第二层油毡，最后浇一道沥青即成。

（2）防水砂浆和防水油抹灰。在水池壁及底的表面，抹20mm厚的防水水泥砂浆或用水泥砂浆和防水油分层涂抹做防水处理。防水水泥砂浆的比例为水泥：砂=1：3，并加入水泥重约3%的防水剂。用上述方法处理，在砖砌体和混凝土及抹灰质量严格按操作规程施工时，一般能取得较好的防水效果，节约材料，节约工日。

（3）防水混凝土。在混凝土中加入适量的防水剂和掺和剂，用它在池底及池壁的表面抹20mm厚，能极大地提高水池的抗渗漏性。

图6-10所示为不同材料防水层水池结构做法。

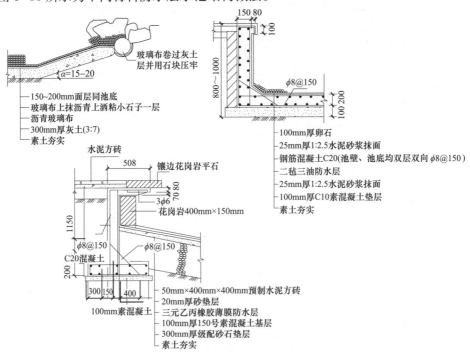

图6-10 不同材料防水层水池结构做法

3. 池底

池底直接承受水的竖向压力，要求坚固耐久。多用钢筋混凝土池底，一般厚度大于 20cm；如果水池容积大，要配双层钢筋网。施工时，每隔 20m 选择最小断面处设变形缝（伸缩缝），变形缝用止水带或沥青麻丝填充；每次施工必须由变形缝开始，不得在中间留施工缝，以防漏水，图 6-11 所示为池底做法详图。

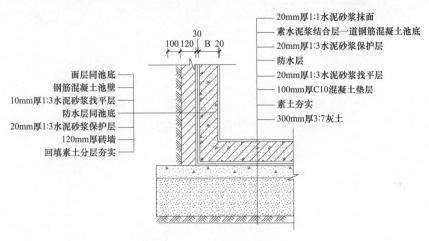

图 6-11 池底常见做法

4. 池壁

池壁是水池的竖向部分，承受池水的水平压力，水越深容积越大，压力也越大。池壁一般有砖砌池壁、块石池壁和混凝土池壁 3 种，如图 6-12 所示。壁厚视水池大小而定，砖砌池壁一般采用标准砖、M75 水泥砂浆砌筑，壁厚不小于 240mm。

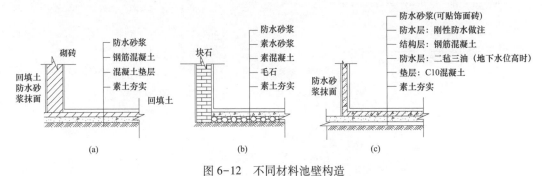

图 6-12 不同材料池壁构造
（a）砖砌水池结构；（b）块石水池结构；（c）钢筋混凝土水池结构

砖砌池壁虽然具有施工方便的优点，但红砖多孔，砌体接缝多，易渗漏，不耐风化，使用寿命短。块石池壁自然朴素，要求垒砌严密，勾缝紧密。混凝土池壁用于厚度超过 400mm 的水池，C20 混凝土现浇。钢筋混凝土池壁厚度多小于 300mm。水池池壁顶与周围地面要有合宜的高程关系。既可高于路面，也可以持平或低于路面做成沉床水池（图 6-13 和图 6-14）。

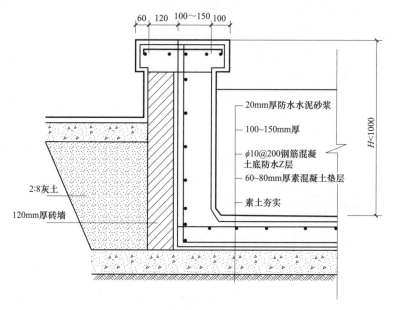

图 6-13　钢筋混凝土地下水池

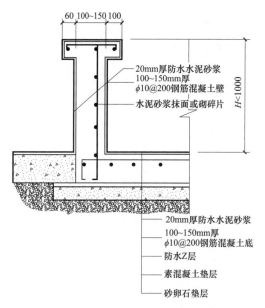

图 6-14　钢筋混凝土地上水池

5. 压顶

属于池壁最上部分，其作用为保护池壁，防止污水泥沙流入池中，同时也防止池水溅出。对于下沉式水池，压顶至少要高出地面 5～10cm，而当池壁高于地面时，压顶做法必须考虑环境条件，要与景观协调，可做成平顶、拱顶、挑伸、倾斜等多种形式。池壁顶部离地面的高度不宜过大，一般为 20cm 左右。考虑到方便游人坐在池边休息，可以增加到 35～45cm，立面图上还应反映喷水的立面景观。

6. 水池的给排水系统

（1）几种水管类型。

1）进水管。供给池中各种喷嘴喷水或水池进水的管道。

2）泄水管。把水池中的水放回闸门井，或水池需要放干水时（清污、维修等），水从泄水管中排出。

3）补充水管。为补充给水，保持池中水位，补充损失水量，如喷水过程中，水沫漂散、蒸发等，启用补充水管。

4）溢水管。保持池中的水位设计，在水池已经达到设计水位，而进水管继续使用时，多余的水由溢水管排出。

5）回水龙头。在容易冻胀的北方地区，为保护水管，水使用后，放尽水管中的存水，用回水龙头。

（2）水池的给水系统。水池的给排水系统主要有直流给水系统、陆上水泵循环给水系统、潜水泵循环给水系统和盘式水景循环给水系统等四种形式。

1）直流给水系统。直流给水系统如图6-15所示，将喷头直接与给水管网连接，喷头喷射一次后即将水排至下水道。这种系统构造简单、维护简单且造价低，但耗水量较大，运行费用较高。直流给水系统常与假山、盆景结合，可做小型喷泉、孔流、涌泉、水膜、瀑布、壁流等，适合于小庭院、室内大厅和临时场所。

2）潜水泵循环给水系统。潜水泵循环给水系统如图6-16所示，该系统设有贮水池，将成组喷头和潜水泵直接放在水池内作循环使用。这种系统具有占地小、造价低、管理容易、耗水量小、运行费用低等优点，但是水姿花型控制调节较困难。该系统适合于各种形式的中小型水景工程。

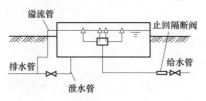

图6-15 直流给水系统平面布置图

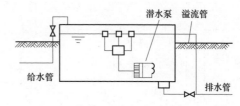

图6-16 潜水泵循环给水系统平面布置图

3）陆上水泵循环给水系统。陆上水泵循环给水系统如图6-17所示，该系统设有贮水池、循环水泵房和循环管道，喷头喷射后的水多次循环利用，具有耗水量小、运行费用低的优点。但系统较复杂，占地较多，管材用量较大，造价较高，维护管理麻烦。

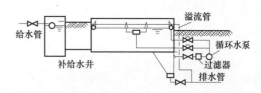

图6-17 陆上水泵循环给水系统平面布置图

此种系统适合于各种规模和形式的水景工程，一般用于较开阔的场所。

4）盘式水景循环给水系统。如图6-18所示，该系统设有集水盘、集水井和水泵房。盘内铺砌踏石构成甬路。喷头设在石隙间，适当隐蔽。人们可在喷泉间穿行，满足人们的亲水感、增添欢乐气氛。该系统不设贮水池，给水均循环利用，耗水量少，运行费用低，但存在循环水已被污染、维护管理较麻烦的缺点。

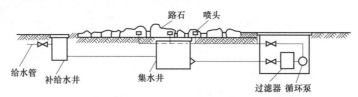

图6-18 盘式水景循环给水系统平面布置图

（3）排水系统。为维持水池水位和进行表面排污，保持水面清洁，水池应有溢流口。常用的溢流形式有堰口式、漏斗式、管口式和联通管式等。大型水池宜设多个溢流口，均匀布置在水池中间或周边。溢流口的设置不能影响美观，并要便于清除积污和疏通管道，为防止漂浮物堵塞管道，溢流口要设置格栅，格栅间隙应不大于管径的1/4。

四、水池工程设计实例

以下以北京某经济植物园水池设计为范例。

图 6-19 为该园东部轴线尽端的一个水池。园之东部地形居高，建筑有轴线处理，对称排列。由于地势高而很难储留天然水，因而作人工水池种植一些水生植物作为尽端造景处理。水池由东面接上水管，通过三个喷泉落入池中。鉴于所栽培的水生植物所要求水深不同，而且入冬后要移入温室，所以采用不同高度的防锈铁盆架放置种植盆以适应不同水深的要求。这样就简化了设不同高程种植池的结构，只要池底保持泄水坡度就行了。池水通过溢水或与泄水合流后引入园西面作为人工跌水水源之一，无须作循环水处理。

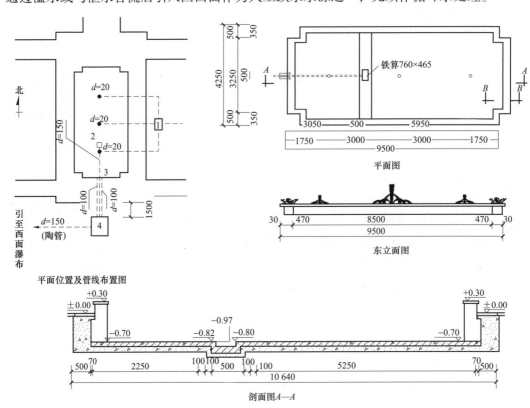

图 6-19　北京某经济植物园水池平、立、剖面图
1—上水闸门井；2—泄水口；3—溢水口；4—下水闸门井

第二节　喷　泉　设　计

一、喷泉设计理论基础与内容

1. 喷泉位置设计

喷泉是园林理水造景的重要形式之一。它能够把池中平静的水面与喷水的动态美结合起来形成多姿多彩的景观。现代化喷泉，不仅有优美的水造型，而且和绚丽的灯光、悦耳

的音乐一起，能够创造出更加动人的景观效果。喷泉常应用于城市广场、公共建筑庭院、园林广场，或作为园林的小品广泛应用于室内外空间。

喷泉的布置，首先要考虑喷泉对环境的要求。在选择喷泉位置，布置喷水池周围的环境时，首先要考虑喷泉的主题、形式，要与环境相协调，把喷泉和环境统一考虑，用环境渲染和烘托喷泉，以达到装饰环境，或借助喷泉的艺术联想创造意境的目的。

在一般情况下，喷泉的位置多设于建筑、广场的轴线焦点或端点处，也可以根据环境特点做一些喷泉小景，自由地装饰室内外的空间（见表6-1）。喷泉宜安装在避风的环境中以保持水型。

表6-1　　　　　　　　　　　　喷泉对环境的要求

喷泉环境	参考的喷泉设计
开朗空间（如广场、车站前、公园入口、轴线交叉中心）	宜用规则式水池，水池宜人，喷水要高，水姿丰富，适当照明，铺装宜宽、规整，并配盆花
半围合空间（如街道转角、多幢建筑物前）	多用长方形或流线型水池，喷水柱宜细，组合简洁，草坪烘托
特殊空间（如旅馆、饭店、展览会场、写字楼等）	水池圆形、长方形或流线型，水量宜大，喷水形式优美多彩，层次丰富，照明华丽，铺装精巧，常配雕塑
喧闹空间（如商厦、游乐中心、影剧院等）	流线型水池，线型优美，喷水多姿多彩，水型丰富，音、色、姿结合，简洁明快，山石背景，雕塑衬托
幽静空间（如花园小水面、古典园林中、浪漫茶座等）	自然式水池，山石点缀，铺装细巧，喷水朴素，充分利用水声，强调意境
庭院空间（如建筑中、后庭）	装饰性水池，圆形、半月形、流线型，喷水自由，可与雕塑、花台结合，池内养观赏鱼，水姿简洁，山石树花相间

喷泉景观的分类和适用场所见表6-2。

表6-2　　　　　　　　　　　　喷泉景观的分类和适用场所

名称	主　要　特　点	适　用　场　所
壁泉	由墙壁、石壁或玻璃板上喷出，顺流而下形成水帘和多股水流	广场、居住区入口、景观墙、挡土墙、庭院等
涌泉	水由下向上涌出，呈水柱状，高度为60~80cm，可独立设置，也可组成图案	广场、居住区入口、庭院、假山、水池等
间歇泉	模拟自然界的地质现象，每隔一定时间喷出水柱或汽柱	溪流、小径、泳池边、假山等
旱地泉	将喷泉管道和喷头下沉到地面以下，喷水时水流回落到广场硬质铺装上，沿地面坡度排出，广场平常可作为休闲广场	广场、居住区入口等

名称	主 要 特 点	适 用 场 所
跳泉	射流非常光滑稳定，可以准确落在受水孔中、在计算机控制下，生成可变化长度和跳跃时间的水流	庭院、园路边、休闲场所等
跳球喷泉	射流呈光滑的水球，水球大小和间歇时间可控制	庭院、园路边、休闲场所等
雾化喷泉	由多组微孔喷管组成，水流通过微孔喷出，看似雾状，多呈柱形和球形	庭院、广场、休闲场所等
喷水盆	外观呈盆状，下有支柱，可分多级，出水系统简单，多为独立设置	庭院、园路边、休闲场所等
小口喷泉	从雕塑器具（罐、盆）或动物（鱼、龙）口中出水，形象有趣	广场、群雕、庭院等
组合喷泉	具有一定规模，喷水形式多样，有层次、有气势，喷射高度高	广场、居住区、入口等

2. 喷泉供水形式

喷泉的水源应为无色、无味、无有害杂质的清洁水。喷泉供水水源多为人工水源，有条件的地方也可利用天然水源。喷泉用水的给排水方式，简单分为以下几种：

对于流量在 2~3L/s 以内的小型喷泉，可直接由城市自来水供水，使用过后的水排入城市雨水管网，如图 6-20（a）所示。

为保证喷水具有稳定的高度和射程，给水需经过特设的水泵房加压，喷出后的水仍排入城市雨水管网，如图 6-20（b）所示。

为了保证喷水具有必要的、稳定的压力和节约用水，对于大型喷泉，一般采用循环供水。循环供水的方式可以设水泵房，如图 6-20（c）所示；也可以将潜水泵直接放在喷水池或水体内低处，循环供水，如图 6-20（d）所示。

在有条件的地方，可以利用高位的天然水源供水，用毕排除。

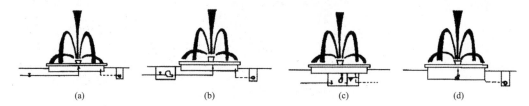

(a)	(b)	(c)	(d)

图 6-20　喷泉位置图

（a）小型喷泉供水；（b）水型加压供水；
（c）设水泵房循环供水；（d）用潜水泵循环供水

3. 喷泉水姿的基本形式

喷泉的喷水形式是指水型的外观形态，既指单个喷头的喷水样式，也指喷头组合后的喷水形式，如雪松形、牵牛花形、蒲公英形、水幕形、编织形等。各种喷泉水型可以单独使用，也可以是几种喷水型相互结合，共同构成美丽的图案。

表 6-3 为常见喷泉水姿的基本形式。随着喷泉设计的日益创新、新材料的广泛应用、施工技术的不断进步，环境对喷泉的装饰性要求越来越高，喷泉水型必将不断丰富和发展。

表 6-3 　　　　　　　　　　　喷泉水姿的基本形式

序号	名称	喷　泉　水　型	序号	名称	喷　泉　水　型
1	屋顶形		12	牵牛花形	
2	喇叭形		13	半球形	
3	圆弧形		14	蒲公英形	
4	蘑菇形		15	单射形	
5	吸力形		16	水幕形	
6	旋转形		17	拱顶形	
7	喷雾形		18	向心形	
8	洒水形		19	圆柱形	
9	扇形		20	向外编织形	
10	孔雀形		21	向内编织形	
11	多层花形		22	篱笆形	

4. 喷泉水泵选型

喷泉用水泵以离心泵、潜水泵最为普遍。单级悬臂式离心泵特点是依靠泵内的叶轮旋转所产生的离心力将水吸入并压出，它结构简单，使用方便，扬程选择范围大，应用广泛，常有 IS 型、DB 型。潜水泵使用方便，安装简单，不需要建造泵房，主要型号有 QY型、QD 型、B 型等。

（1）水泵性能。水泵选择要做到"双满足"，即流量满足、扬程满足。为此，先要了解水泵的性能，再结合喷泉水力计算结果，最后确定泵型。

1）水泵型号，按流量、扬程、尺寸等给水泵编的型号。

2）水泵扬程，指水泵的总扬水高度，包括扬水高度和允许吸上真空的高度。

3）水泵流量，指水泵在单位时间内的出水量，单位用 m^3/h 或 L/s（1L/s=3600L/h=

$3.6m^3/h = 3.6t/h$)。

4）允许吸上真空的高度，是防止水泵在运行时产生气蚀现象，通过试验而确定的吸水安全高度，其中已留有30cm的安全距。该指标表明水泵的吸水能力，是水泵安装高度的依据。

（2）泵型的选择。通过流量和扬程两个主要因子选择水泵，方法是：

1）确定扬程，按喷泉水力计算总扬程确定。

2）确定流量，按喷泉水力计算总流量确定。

3）选择水泵，水泵的选择应依据所确定的总流量、总扬程，查水泵性能表即可选定。如喷泉需用两个或两个以上水泵提水时（注：水泵并联，流量增加，压力不变；水泵串联，流量不变，压力增大），用总流量除水泵数求出每台水泵流量，再利用水泵性能表选泵。查表时，若遇到两种水泵都适用，应优先选择功率小、效率高、叶轮小、重量轻的型号。

5. 喷泉管道布置及控制

（1）喷泉管道设计。喷泉管网主要由输水管、配水管、补给水管、溢水管和泄水管等组成（图6-21和图6-22），其布置要点简述如下：

1）喷泉管道要根据实际情况布置。装饰性小型喷泉，其管道可直接埋入土中，或用山石、矮灌木遮盖。大型喷泉分为主管和次管，主管要敷设在通行人的地沟中，为了便于维修应设检查井；次管直接置于水池内。管网布置应排列有序，整体美观。

2）环行管道最好采用十字形供水，组合式配水管宜用水箱供水，其目的是要获得稳定等高喷流。

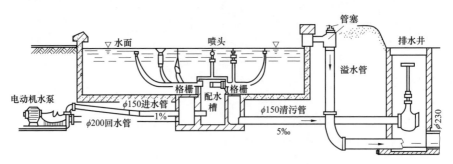

图6-21 人工喷泉系统组成示意图

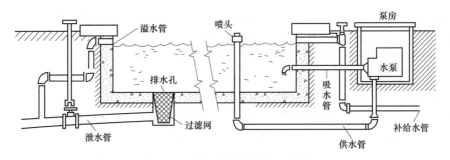

图6-22 喷水池管线系统示意图

3）喷泉所有的管线都要具有不小于 2% 的坡度，便于停止使用时将水排空；所有管道均要进行防腐处理；管道接头要严密，安装必须牢固。

4）泄水口要设于池底最低处，用于检修和定期换水时的排水。管径为 100mm 或 150mm，也可以按计算确定，安装单向阀门，和公园水体和城市排水管网连接。

5）补给水管的作用是启动前的注水及弥补池水蒸发和喷射的损耗，以保证水池正常水位。补给水管与城市供水管相连，并安装阀门控制。

6）为了保持喷水池正常水位，水池要设溢水口。溢水口面积应是进水口面积的 2 倍，要在其外侧配备拦污栅，但不得安装阀门。溢水管要有 3% 的顺坡，直接与泄水管连接。

7）连接喷头的水管不能有急剧变化，要求连接管至少有 20 倍其管径的长度。如果不能满足时，需安装整流器。

8）管道安装完毕后，应认真检查并进行水压试验，保证管道安全，一切正常后再安装喷头。为了便于水型的调整，每个喷头都应安装阀门控制。

（2）喷泉的控制方式。

1）音响控制。声控喷泉是用声音来控制喷泉喷水形变化的一种自控泉。它一般由以下几部分组成：

a. 执行机构：通常使用电磁阀。

b. 声—电转换、放大装置：通常是由电子线路或数字电路、计算机等组成。

c. 动力，即水泵。

d. 其他设备：主要有管路、过滤器、喷头等。

声控喷泉的原理是将声音信号转变为电信号，经放大及其他一些处理，推动继电器或电子式开关，再去控制设在水路上的电磁阀启闭，从而达到控制喷头水流动的通断。这样随着声音的变化人们可以看到喷水大小、高低和形态的变化。声控喷泉要能把人们的听觉和视觉结合起来，使喷泉喷射的水花随着音乐优美的变化的旋律而翩翩起舞，因此也被誉为"音乐喷泉"或"会跳舞的喷泉"。这种喷泉形式很多。

2）继电器控制。通常利用时间继电器按照设计的时间程序控制水泵、电磁阀、彩色灯等的启闭，从而实现可以自动变换的喷水姿。

3）手阀控制。这是最常见和最简单的控制方式，在喷泉的供水管上安装手控调节阀，用来调节各管道中水的压力和流量，形成固定的喷水姿。

6. 喷泉的水力计算

（1）喷头流量计算。喷头是把具有一定压力的水喷射到空中形成各种造型的水花的水管部件，是喷泉的一个组成部分。故其类型、结构、外观都要与喷泉的造景要求相一致。喷嘴的质量和主要喷水口的光滑程度，是达到设计效果的保证。一般选用青铜或黄铜制品，现在用于喷泉的喷头种类繁多，但选择喷头必须全面考虑。既要符合造景要求，又要结合水泵加压，要考虑选择多大的电动机和水泵，才能与喷泉、喷头相匹配。而根据喷头的总流量来初选，再以最高射流、最远射流需要的压力来调整后确定，各喷头的流量也是喷泉设计成败的关键。单个喷头的流量计算有两种方法：方法一是根据厂家产品性能表上的数据获得；方法二是利用公式计算。

喷头流量计算公式如下：

$$q = \varepsilon \Phi f \sqrt{2gH} \times 10^{-3}$$

或

$$q = \mu f \sqrt{2gH} \times 10^{-3}$$

式中　q——流量，L/s；

　　　ε——断面收缩系数，与喷嘴形式有关；

　　　μ——流量系数，与喷嘴形式有关（见表6-4）；

　　　Φ——流速系数，与喷嘴形式有关；

　　　f——喷嘴断面积，mm^2；

　　　g——重力加速度，m/s^2；

　　　H——喷头入口水压，mH_2O [1]。

表6-4　　　　　　　　　　　　　　喷嘴的水力特性

孔和喷嘴的类型	略图	流量系数 μ	备　注
薄壁孔（圆形或方形）		0.62	在水头大于1m时，μ减至0.60~0.61；在直径大于30mm和水头大于1m时，$\mu=0.61$，在小直径及小水头时，采用下列μ值：$d=1mm$，$\mu=0.64$；$d=20mm$，$\mu=0.63$；$d=30mm$，$\mu=0.62$
勃恩谢列孔		0.6~0.64	
勃恩谢列孔		0.62	
文德利长喷嘴		0.82	
文德利短喷嘴		0.61	
端部深入水池内的保尔德喷嘴		0.71 0.53	$L=(3~4)d$ $L=2d$
圆锥形渐缩喷嘴	$a=5°$ $a=13°$ $a=45°$	0.92 0.875	$L=2d$ $L\leqslant 3d$
圆锥形扩张喷嘴		0.48	
水防喷嘴		0.98~1.0	

注　表内备注中 L 表示相邻喷嘴间的距离，单位为 mm。

1) 总流量计算。喷泉的总流量，即为同时工作的所有管段流量之和的最大值。

2) 各管道流量计算。某管道的流量，即为该管段上同时工作的所有喷头流量之和的最大值。

(2) 管径计算。管径计算公式如下：

$$D = \sqrt{\frac{4Q}{\pi \nu}}$$

---

[1]　$1mH_2O = 10kPa$。

式中　D——管径，m；

　　　Q——总流量，m^2/s；

　　　π——圆周率，3.14；

　　　ν——流速（一般取 0.5~0.6m/s）。

（3）扬程计算。扬程计算公式如下：

$$总扬程=实际扬程+水头损失扬程$$

$$实际扬程=压水高度+吸水高度$$

注：压水高度是指由水泵中线至喷水最高点的垂直高度；吸水高度是指水泵所能吸水的高度，也叫允许吸上真空高度（泵牌上有注明），是水泵的主要技术参数。

水头损失扬程是实际扬程与损失系数乘积。由于水头损失计算较为复杂，实际中可粗略取实际扬程的 10%~30% 作为水头损失扬程。

7. 常用喷头类型

喷头是喷泉的一个主要组成部分。它的作用是把具有一定压力的水，经过喷嘴的造型，喷射到空中形成各种造型的水花。因此，喷头的形式、结构、制造的质量和外观等，对整个喷泉的艺术效果产生重要的影响。

喷头因受水流（有时甚至是高速水流）的摩擦，一般多用耐磨性好、不易锈蚀，又具有一定强度的黄铜或青铜制成。为了节约铜材料，近年来也使用铸造尼龙（聚乙丙酰胺）制造喷头，这种喷头具有耐磨、自润滑性好、加工容易、轻便（它的重量只有铜的 1/7）、成本低等优点，但目前存在着易老化、使用寿命短、零件尺寸不易严格控制等问题，因此主要用于低压喷头。

喷头出水口的内壁及其边缘的光洁度，对喷头的射程及喷水形式有较大的影响。因此，设计时应根据各种喷嘴的不同要求或同一喷头的不同部位，选择不同的光洁度。目前国内外经常使用的喷头式样很多，可以归纳为以下几种类型，见表6-5。

表 6-5　　　　　　　　　　　常 用 喷 头 的 种 类

名称	特　　点	喷 头 形 式
单射流喷头	单射流喷头是压力水喷出的最基本形式，也是喷泉中应用最广的一种喷头。它不仅可以单独使用，也可以组合使用，能形成多种样式的喷水形	
喷雾喷头	这种喷头的内部，装有一个螺旋状导流板，使水具有圆周运动，水喷出后形成细细的水流弥漫的雾状水滴	

名称	特　　点	喷　头　形　式
环形喷头	环形喷头的出水口为环状断面，即外实中空，使水形成集中而不分散的环状水柱，它以雄伟、粗犷的气势跃出水面，给人们带来一种向上激进的气氛	
旋转喷头	旋转喷头是利用压力水由喷嘴喷出时的反作用力或用其他动力带动回转器转动，使喷嘴不断地旋转运动，从而丰富了喷水的造型，喷出的水花或欢快旋转，或飘逸荡漾，形成各种扭曲线形，婀娜多姿	
扇形喷头	这种喷头的外形很像扁扁的鸭嘴。它能喷出扇形的水膜或像孔雀开屏一样形成美丽的水花	
变形喷头	种类很多，它们的共同特点是在出水口的前面，有一个可以调节的形状各异的反射器，使射流通过反射器，起到使水花造型的作用，从而形成各式各样的、均匀的水膜，如牵牛花形、半球形等	半球形喷头及喷水形 牵牛花形喷头及喷水形
多孔喷头	这种喷头可以由多个单射流喷嘴组成一个大喷头，也可以由平面、曲面或半球形的带有很多细小的孔眼的壳体构成喷头，它们能呈现造型各异的盛开的水花	
吸力喷头	这种喷头是利用压力水喷出时，在喷嘴的喷口处附近形成负压区。由于压力差的作用，它能把空气和水吸入喷嘴外的套筒内，与喷嘴内喷出的水混合后一并喷出，形成白色不透明的水柱。它能充分地反射阳光，因此光彩艳丽；夜晚如有彩色灯光照明则更为光彩夺目。吸力喷头又可分为吸水喷头、加气喷头和吸水加气喷头	

200

名称	特　　点	喷　头　形　式
蒲公英形喷头	这种喷头是在圆球形壳体上，装有很多同心放射状喷管，并在每个管头上装一个半球形变形喷头。因此它能喷出像蒲公英一样美丽的球形或半球形水花。它可以单独使用，也可以几个喷头高低错落地布置，显得格外新颖，典雅	
组合式喷头	由两种或两种以上形体各异的喷嘴，根据水花造型的需要，组合成一个大喷头，它能够喷射出极其美妙壮观的图案	

常用喷头的技术参数见表6-6。

表 6-6　　　　　　　　　　　　常用喷头的技术参数

序号	品名	规格	技　术　参　数				水面立管高度/cm	接管
			工作压力/MPa	喷水量/（m²/h）	喷射高度/m	覆盖直径/m		
1	可调直流喷头	G1/2″	0.05~0.15	0.7~1.6	3.0~7.0		+2	外丝
2		G3/4″	0.05~0.15	1.2~3.0	3.5~8.5		+2	外丝
3		G1″	0.05~0.15	3.0~5.5	4.0~11.0		+2	外丝
4	半球喷头	G″	0.01~0.03	1.5~3.0	0.2	0.7~1.0	+15	外丝
5		G11/2″	0.01~0.03	2.5~4.5	0.2	0.9~1.2	+20	外丝
6		G2″	0.01~0.03	3.0~6.0	0.2	1.0~14.0	+25	外丝
7	牵牛花喷头	G1″	0.01~0.03	1.5~3.0	0.5~0.8	0.5~0.7	+10	外丝
8		G11/2″	0.01~0.03	2.5~4.5	0.7~1.0	0.7~0.9	+10	外丝
9		G2″	0.01~0.03	3.0~6.0	0.9~1.2	0.9~1.1	+10	外丝
10	树冰型喷头	G1″	0.10~0.20	4.0~8.0	4.0~6.0	1.0~2.0	−10	内丝
11		G11/2″	0.15~0.30	6.0~14.0	6.0~8.0	1.5~2.5	−15	内丝
12		G2″	0.20~0.40	10.0~20.0	5.0~10.0	2.0~3.0	−20	内丝
13	鼓泡喷头	G1″	0.15~0.25	3.0~5.0	0.5~1.5	0.4~0.6	−20	内丝
14		G11/2″	0.20~0.30	8.0~10.0	1.0~2.0	0.6~0.8	−25	内丝
15	加气鼓泡喷头	G11/2″	0.20~0.30	8.0~10.0	1.0~2.0	0.6~0.8	−25	外丝
16		G2″	0.30~0.40	10.0~20.0	1.2~2.5	0.8~1.2	−25	外丝
17	加气喷头	G2″	1.1~0.25	6.0~8.0	2.0~4.0	0.8~1.1	−25	外丝
18	花柱喷头	G1″	0.05~0.10	4.0~6.0	1.5~3.0	2.0~4.0	+2	内丝
19		G11/2″	0.05~0.10	6.0~10.0	2.0~4.0	4.0~6.0	+2	内丝
20		G2″	0.05~0.10	10.0~14.0	3.0~5.0	6.0~8.0	+2	内丝

序号	品名	规格	技术 参 数				水面立管高度/cm	接管
			工作压力/MPa	喷水量/(m²/h)	喷射高度/m	覆盖直径/m		
21	旋转喷头	G1″	0.03~0.05	2.5~3.5	1.5~2.5	1.5~2.5	+2	内丝
22		G1/2″	0.03~0.05	3.0~5.0	2.0~4.0	2.0~3.0	+2	外丝
23	摇摆喷头	G1/2″	0.05~0.15	0.7~1.6	3.0~7.0			外丝
24		G3/4″	0.05~0.15	1.2~3.0	3.5~8.5			外丝
25	水下接线器	6头						
26		8头						

二、喷泉设计要点及内容

以某景观喷泉为例。

1. 喷泉造型设计

喷泉常应用于城市广场、公共建筑庭院、园林广场，或作为园林的小品广泛应用于室内外空间。设计时要根据喷泉所处位置不同，选择不同形式的喷泉类型。喷泉的布置有规则式和自然式两种形式，它们在平面布置和立面造型上各有特点。规则式布置的喷泉通常按一定的几何形状排列，有圆形、方形、弧线形、直线形等形式，显得整齐、庄重、统一感强。而自然式布置的喷泉则可根据需要疏密相间、错落有致地进行搭配，显得轻松、活泼、自由多变。

在喷泉设计中喷泉的造型设计很重要，喷泉的喷水形式决定喷泉的造型。喷泉的喷水形式是指水型的外观形态，既指单个喷头的喷水样式，也指喷头组合后的喷水形式，如雪松形、牵牛花形、蒲公英形、水幕形、编织形等。喷泉的造型设计往往不是采用单一的水形来造景，而是利用多种水形和多种喷射方式进行组合，创造多姿多彩、变化万千的立面景观。

喷泉的立面造型与其平面布置相对应。规则式水池的立面以对称形式的构图为主，而且最高的水柱一般都位于中心，两侧的水柱与中心的水柱相呼应。而自然式水池的立面造型是在不对称中追求均衡，高低错落的水柱巧妙搭配，构成活泼的画面。

根据公园总体方案和总平面图，该喷泉位于公园人工湖水面中心，是南入口的对景，周围视野开阔，有很好的观赏视距和观赏点。因此，此次喷泉设计平面造型采用规则式圆形布局以适应不同角度观赏的需求，喷泉平面布置如图 6-23 所示。为了增加观赏性，喷泉

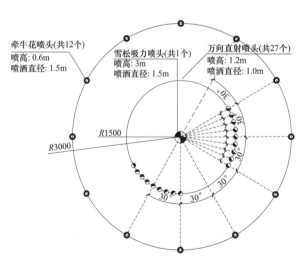

图 6-23 喷泉平面布置图

水姿主要选择造型独特的牵牛花形、雪松形和直射形等形式。牵牛花形喷水高度控制在0.6m，万向直射形水形喷高1.2m，中心雪松形喷高3m，形成高低错落变化丰富的立面造型。

2. 喷泉管道布置设计

喷泉管网主要由输水管、配水管、补给水管、溢水管和泄水管等组成，喷水池采用管道给排水，管道是工业产品，有一定的规格和尺寸。在安装时加以连接组成管路，其连接方式将因管道的材料和系统而不同。常用的管道连接方式有四种，喷水池给排水管路中，给水管一般采用螺纹连接，排水管大多采用承插接。

小型喷泉的管道和大型喷泉的非主要管道可埋入地下或放在水池中。大型喷泉的管道如果多且复杂，应将主要管道铺设在人可以进入的管沟中，以方便检修。管道布置的形式要依喷头对水压的要求而定，如果各喷头水压相近，采用环形布置为好；如果各喷头需要的水压相差较大，采用树枝形布置为好。为了控制喷射的高度，一般每个喷头前均应装设阀门，以控制其水量和水压，也可根据具体情况在某一组喷头前装一个阀门来集中控制。

3. 选择合适的水泵

喷泉系统中，每一个喷头均需有足够的流量和水压才能保证其喷出合适的水流形态。喷泉水力计算就是要保证水泵能提供给每一个喷头合适的水量和水压，同时保证连接水泵和喷头之间的管道有合适的管径（链接理论知识：喷泉的水力计算）。

喷泉设计中必须先确定与之相关的流量、管径、扬程等水力因子，进而选择相配套的水泵。喷泉用水泵以离心泵、潜水泵最为普遍。离心泵特点是依靠泵内的叶轮旋转所产生的离心力将水吸入并压出，它结构简单，使用方便，扬程选择范围大，但不能安装在水中，要安装在干燥处；潜水泵使用方便，安装简单，不需要建造泵房，可以直接安装在水中。水泵的选择应依据所确定的总流量、总扬程查水泵性能表来选定。查表时，若遇到两种水泵都适用，应优先选择功率小、效率高、叶轮小、重量轻的型号。

因为此次设计喷头个数多，喷泉流量也较大，因此选择离心式水泵，水泵独立安装在人工湖岸边。

根据喷泉的平面布局和所选择的喷头的类型，该喷泉管道采用环形布置形式，离心式水泵布置在水池岸边，如图6-24所示。喷泉给水管管径为80mm，回水管、补充水管管径均为100mm，溢水管、泄水管管径均为150mm。在水池岸边分别设置上下闸门井，离心水泵放置在上闸门井内，上水闸门井尺寸为2500mm×2000mm；下水闸门井尺寸为2000mm×1500mm，下水闸门井与泄水管、溢水管相连，其局部安装详图如图6-25所示，管线、喷泉、水泵等具体的安装设计需由喷泉专业设计制作人员来操作完成。

4. 喷泉池底结构设计

人工水池与天然湖池的区别：一是采用各种材料修建池壁和池底，并有较高的防水要求；二是采用管道给排水，要修建闸门井、检查井、排放口和地下泵站等附属设备。常见的喷水池结构有两种：一类是砖、石池壁水池，池壁用砖墙砌筑，池底采用素混凝土或钢筋混凝土；另一类是钢筋混凝土水池，池底和池壁都采用钢筋混凝土结构。喷水池的防水做法多是在池底上表面和池壁内外墙面抹20mm厚防水砂浆。北方水池还有防冻要求，可以在池壁外侧回填时采用排水性能较好的轻骨料如矿渣、焦渣

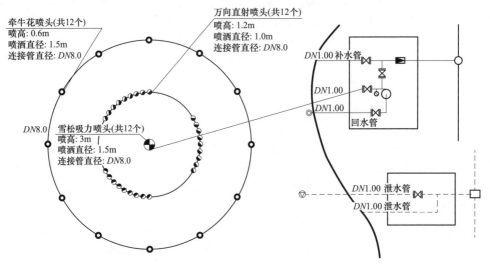

图 6-24　喷泉管线布置图

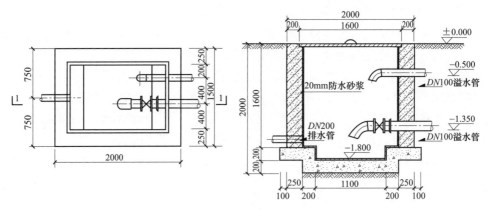

图 6-25　下水闸门井安装详图

或级配砂石等。如果是在天然湖池，水体底部有几种不同的做法，当原有土层防漏性较好时，可直接将原土夯实作底；当湖底土层有渗漏时，可在湖底加 0.18～0.20mm 厚的聚乙烯薄膜等防水层；当水面不大时，可采用厚 80～120mm 的混凝土池底，防漏性好，每隔 25～50m 做伸缩缝，在地基不匀或是水池中有雕塑、假山、喷泉等时，可在池底混凝土中配钢筋，一般配 $\phi 8$～$\phi 12@200$ 钢筋。

此次喷泉设计与一般的人工喷水池形式不同，是在人工湖的基础上设置喷泉，该喷泉池底采用钢筋混凝土铺底做法，其具体做法如图 6-26 所示。

5. 确定喷泉供水形式

喷泉供水水源多为人工水源，有条件的地方也可利用天然水源。喷泉用水的给排水方式，前面第二节喷泉供水形式已有介绍，不再详述。

在此次喷泉工程设计中，因为喷泉位置设计在人工湖中，所以喷泉供水直接选用人工湖水水源循环供水。

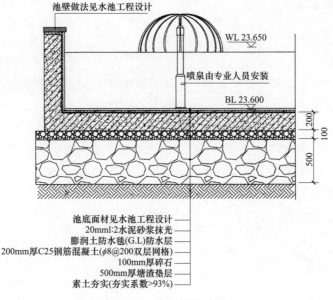

图 6-26　湖底做法详图

6. 选择合适的喷头

喷头是喷泉的一个主要组成部分。它的作用是把具有一定压力的水，经过喷嘴的造型，喷射到空中形成各种造型的水花。

前面已有讲述喷头类型介绍，这里不再详述。

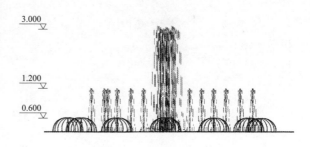

图 6-27　喷泉立面设计参考

根据喷泉造型设计要求，此次喷泉设计主要选择了 3 大类型的喷头，中心喷头采用 1 个 40mm 雪松吸力喷头，喷高 3m，喷洒直径 1.5m；周围是 27 个 20mm 万向直射喷头，喷高 1.2m，喷洒直径 1.0m；最外面是均匀布置的 12 个牵牛花形水膜喷头，喷高 0.6m，喷洒直径 1.5m，如图 6-27 所示。

7. 灯光照明设计

喷泉照明与一般照明不同，一般照明是要在夜间创造一个明亮的环境，而喷泉照明则是要突出喷泉水花的各种风姿。因此，它要求有比周围环境更高的亮度，而被照明的物体又是一种无色透明的水，这就要利用灯具的各种不同的光分布和构图，形成特有的艺术效果，形成开朗、明快的气氛，供人们观赏。

喷泉一般可用水下彩灯和水上射灯两种方式照明。水下彩灯是一种可以放入水中的密封灯具，有红、黄、蓝、绿等颜色。水下彩灯一般装在水面以下 5~10cm 处，光线透过水面投射到喷泉水柱上，使水柱晶莹剔透，同时还可照射出水面的波纹。如果采用多种颜色的彩灯照射，可使水柱呈现出缤纷的色彩。

水上射灯一般放在岸上隐蔽处，将不同颜色的光线投射到水柱上，对于高大的水柱采用这种方式照明效果较好。

此次喷泉灯光照明设计主要采用水下照明形式，将灯具布置在水面下 5~10cm 处的喷嘴附近。

8. 调整修改

喷泉工程设计是个比较复杂的系统，一般要由专业的喷泉制作公司设计完成。设计中有些因素难以全面考虑，所以设计完后要对喷泉进行试验、调整，只有经过调整，甚至是经过局部的修改校正，才能达到预期效果。

使用设计公司标准 A3 图框，在 CAD 布局中选用合适比例把喷泉工程设计各详图合理布置在标准图框内。该喷泉工程平面图、立面图设计出图比例为 1∶50，各类型详图出图比例为 1∶25。出图打印，如图 6-28 所示。

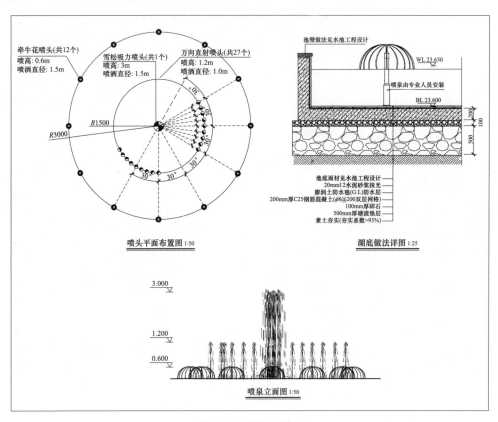

图 6-28　喷泉设计图

第三节　驳岸和护坡设计

一、驳岸和护坡理论

1. 驳岸的类型

驳岸是一面临水的挡土墙，是支持陆地和防止岸壁坍塌的水工构筑物，能保证水体岸坡不受冲刷；同时还可强化岸线的景观层次。因此，驳岸工程设计必须在实用、经济的前提下注意外形的美观，并使之与周围景色相协调。驳岸与水线形成的连续景观线是否能与环境相协调，不但取决于驳岸与水面间的高差关系，还取决于驳岸的类型及用材的选择。驳岸可以按结构、材料和造景进行分类。分类方式有不同，类型也多样。

（1）按材料分类有竹驳岸、木驳岸、浆砌和干砌块石驳岸、混凝土扶壁式驳岸和木桩沉排（褥）驳岸。

（2）按造景分类有自然式、人工式和两者相结合的驳岸类型。

（3）按结构形式分类有重力式驳岸、后倾式驳岸、插板式驳岸、板桩式驳岸和混合式驳岸。

2. 护坡的类型

湖岸落差较小，坡度不大，土壤疏松等，如不采用驳岸直墙而用斜坡则需用各种材料护坡。护坡主要是防止滑坡现象，减少地面水和风浪的冲刷，以保证湖岸斜坡的稳定。

护坡在园林工程中得到广泛应用，原因在于水体的自然缓坡能产生自然、亲水的效果。护坡方法的选择应依据坡岸用途、构景透视效果、水岸地质状况和水流冲刷程度而定。目前常见的方法有草皮护坡、灌木护坡、铺石护坡和编柳抛石护坡等。

（1）铺石护坡。当坡岸较陡、风浪较大或因造景需要时，可采用铺砌石块护坡，如图 6-29 所示。铺石护坡施工容易，抗冲刷力强，经久耐用，护岸效果好，还能因地造景，灵活随意，是园林常见的护坡形式。铺砌石块护坡通常有以下几种形式：

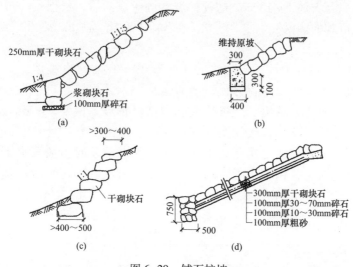

图 6-29　铺石护坡

1）双层铺石护坡。当水深大于 2m 时，护坡要用双层铺石。如上层 30cm，下层可用 20~30cm，砾石垫层厚 10cm。坡角要用厚大的石块做挡板，防止铺石下滑。挡板的厚度应为铺石最厚处的 1.33 倍，宽 0.3~1.5m，护坡石料要求吸水率低（不超过 1%）、密度大（大于 $2t/m^2$）和较强的抗冻性，如石灰岩、砂岩、花岗石等岩石，以块径 18~25cm、长宽比1：2的长方形石料最佳。铺石护坡的坡面应根据水位和土壤状况确定，一般常水位以下部分坡面的坡度小于1：4，常水位以上部分采用1：1.5~1：5。

2）有倒滤垫层的单层铺石护坡。在流速不大的情况下，块石可砌在砂层或砾石层上，否则要以碎石层做倒滤的垫层。如单层铺石厚度为20~30cm，垫层厚度可采用15~25cm。

3）结构简单的单层块石护坡。在不冻土地区园林中的浅水缓坡岸，如果风浪较大，可做结构简单的单层块石护坡，有时还可用条石或块石砌。坡脚支撑也可用简单的单层块石护坡，有时还可用条石或块石干砌。坡脚支撑也可简单一些。

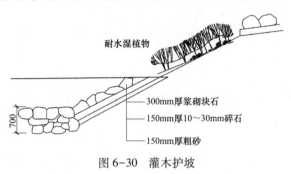

图6-30　灌木护坡

（2）灌木护坡。灌木护坡较适于大水面平缓的驳岸。由于灌木有韧性，根系盘结，不怕水淹，能削弱风浪冲击力，减少地表冲刷，因而护岸效果较好。护坡灌木要具备速生、根系发达、耐水湿、株矮常绿等特点，若因景观需要，强化天际线变化，可适量植草和乔木，如图6-30所示。

（3）编柳抛石护坡。在柳树、水曲柳较多的地区，采用新截取的柳条编成十字交叉形的网格，编柳空格内抛填厚20~40cm厚的块石，块石下设10~20cm厚的砾石层以利于排水和减少土壤流失。柳格平面尺寸为0.3m×0.3m或1m×1m，厚度为30~50cm。同时，编柳时可将粗柳杆截成1.2m左右的柳橛，用铁钎开深为50~80cm的孔洞，间距40~50cm打入土中，并高出土坡面5~15cm。这种护坡，柳树成活后，根抱石，石压根，很坚固，而且水边可形成可观的柳树带，非常漂亮，在我国的东北、华北、西北等地的自然风景区应用较多。

（4）草皮护坡。草皮护坡适于坡度在1：5~1：20的湖岸缓坡。护坡草种要求耐水湿，根系发达，生长快，生存力强，如假俭草、狗牙根等。护坡做法按坡面具体条件而定，如果原坡面有杂草生长，可直接利用杂草护坡，但要求美观。也有直接在坡面上播草种，加盖塑料薄膜，或如图6-31所示，先在正方砖上种草，然后用竹签四角固定作护坡。最为常见的是块状或带状种草护坡，铺草时沿坡面自下而上成网状铺草，用木方条分隔固定，稍加压踩。若要增加景观层次、丰富地貌、加强透视感，可在草地散置山石，配以花灌木。

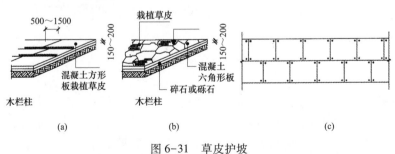

图6-31　草皮护坡

（a）方形板；（b）六角形板；（c）用竹签固定草砖

二、驳岸和护坡设计要点及内容

下面以某景观驳岸和护坡设计为例：

1. 各驳岸和护坡类型设计

在驳岸工程设计中关键是要先确定合适的驳岸类型。在确定驳岸类型的设计中，首先要根据水系周围原有地形特点和景观的需要，来确定各驳岸类型。在该公园总体设计方案中水系周围设计的主要景点有：源水休闲广场、跌水景观、溪涧、阵石水景、卵石浅滩、亲水台阶、亲水木平台、土石假山、缓坡草坪、各类型园桥等。由于景点设计不同，湖岸落差和坡度大小不同，对各段驳岸类型有不同的设计要求。

根据水系周围竖向设计图、常水位和湖底标高及所处地形条件递次确定了 20 个断面位置，两个相邻断面点之间为一个区间，这样可将全园水系划分为 20 个区间，这 20 个区间又根据原有地形条件、竖向设计标高和土质情况概况为 5 种不同类型的驳岸形式，区间划分如图 6-32 所示。

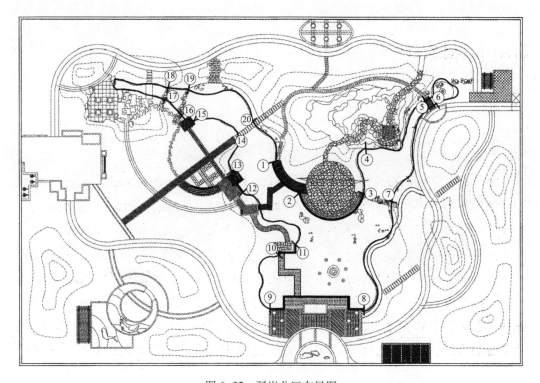

图 6-32　驳岸分区布局图

2. 确定各类型驳岸的断面设计

驳岸的横断面图是反映其材料、结构和尺寸的设计图。驳岸的基本结构从下到上依次为：基础、墙体、压顶。基础是驳岸承重部分，通过它将上部重量传给地基。因此，驳岸基础要求坚固。驳岸多以打桩或柴排沉褥作为加强基础的措施。选坚实的大块石料为砌块，也有采用断面加宽的灰土层作基础，将驳岸筑于其上。

驳岸最好直接建在坚实的土层或岩基上。如果地基疲软，须作基础处理。近年来中国南方园林构筑驳岸，多用加宽基础的方法以减少或免除地基处理工程。墙体处于基础与压顶之间，承受压力最大，包括垂直压力、水的水平压力及墙后土壤侧压力。因此墙体应具有一定的厚度，墙体高度要以最高水位和水面浪高来确定。压顶为驳岸最上部分，其作用是增强驳岸稳定，美化水岸线，阻止墙后土壤流失。压顶材料要与周边环境协调。

驳岸常用条石、块石混凝土、混凝土或钢筋混凝土作基础；用浆砌条石、浆砌块石勾缝、砖砌抹防水砂浆、钢筋混凝土及用堆砌山石作墙体；用条石、山石、混凝土块料及植被作盖顶。在盛产竹、木材的地方也有用竹、木、圆条和竹片、木板经防腐处理后作竹木桩驳岸。

驳岸每隔一定长度要有伸缩缝。其构造和填缝材料的选用应力求经济耐用，施工方便。寒冷地区驳岸背水面需作防冻胀处理。方法有：填充级配砂石、焦渣等多孔隙易滤水的材料；砌筑结构尺寸大的砌体，夯填灰土等坚实、耐压、不透水的材料。

此次驳岸设计主要采用五种不同断面形式，如图 6-33 所示。驳岸 A、B、C 为垂直式驳岸，基础和墙体做法基本相同，均采用桩基础形式，用直径 150mm 松木桩打入硬土层，墙体均采用浆砌块石或毛石砌筑而成，下面分别有 200mm 厚 C25 钢筋混凝土和 200mm 厚碎石垫层。压顶材料则根据水系周围环境协调统一。驳岸 D 采用卵石缓坡驳岸类型，驳岸 E 则采用柳木桩和草坪缓坡式混合驳岸。各区间压顶材料则依据区间所在环境选择不同类型的材料，具体材料见表 6-7。

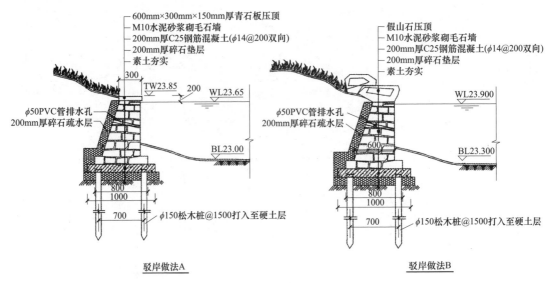

图 6-33　不同类型驳岸断面设计图

3. 各区间驳岸的高度设计

岸顶的高程应比最高水位高出一段距离，以保证水体不致因风浪冲涌而涌入岸边陆地面，因此，高出多少应根据当地风浪的实际情况而定，一般高出 25～100cm。水面大、风大、空间开阔的地方可高出 50～100cm；反之则小一些。从造景的角度讲，深潭和浅水面的要求也不一样，深潭边的驳岸要求高一些，显出假山石的外形之美；而水清浅的地方，驳岸要低一些，以便水体回落后露一些滩涂与之相协调。一般湖面驳岸贴近水面为好，游人可亲近水面，并显得水面丰盈饱满。在地下水位高、水面大、岸边地形平坦的情况下，对于游人量少的次要地带可以考虑短时间被最高水位淹没，以降低由于大面积垫土或加高驳岸的造价。

根据水系周围景观布局图和竖向设计图及所处地形条件不同，驳岸的高度设计主要参考水位线、湖底标高及水系周围景点标高来确定，各区间具体驳岸高度见表6-7。

表6-7　　　　　　　　　　　　驳岸高度与断面采用类型表

区间	水位标高/m	湖底标高/m	周围景点标高/m	高度/m	类型	压顶材料
1—2	23.650	23.000	24.350	0.85	C	防腐木
2—3	23.650	23.000	23.900	0.85	A	与亲水台阶材料相同
3—4	23.900	23.300	24.000	0.85	E	柳木桩
4—5	23.900	23.300	27.200	0.85	B	假山石
5—6	23.900	23.300	24.000	0.80	D	天然卵石
6—7	23.900	23.300	24.000	0.85	E	柳木桩，适当点缀水生植物
7—8	23.650	23.000	23.800	0.85	E	柳木桩，适当点缀水生植物
8—9	23.650	23.000	23.850	0.85	A	与平台铺装材料相同
9—10	23.650	23.000	24.000	0.85	E	柳木桩，适当点缀水生植物
10—11	23.650	23.000	24.300	0.85	A	与铺装材料相同
11—12	23.650	23.000	23.800	0.80	E	柳木桩，适当点缀水生植物
12—13	23.650	23.000	24.650	0.85	A	与铺装材料相同
13—14	23.650	23.000	23.800	0.85	E	柳木桩，适当点缀水生植物
14—15	23.900	23.300	24.000	0.80	E	柳木桩，适当点缀水生植物
15—16	23.900	23.300	24.400	0.85	A	与铺装材料相同
16—17	24.100	23.500	25.000	0.80	D	天然湖石散置
17—18	24.800	24.300	25.000	0.80	D	天然湖石散置
18—19	24.100	23.500	25.000	0.80	D	天然湖石散置
19—20	23.900	23.300	24.000	0.80	D	天然卵石
20—1	23.650	23.000	24.000	0.80	D	天然卵石

4. 整理出图

例如，使用设计公司标准 A3 图框，在 CAD 布局中选用合适比例把各驳岸详图合理布置在标准图框内。一般出图比例为 1∶20 或 1∶15。出图打印，如图6-34所示。

三、常见驳岸工程设计实践

1. 北京动物园的驳岸

图6-35(a)所示为北京动物园虎皮石驳岸。这也是在现代北京园林中运用较广泛的驳岸类型。北京的紫竹院公园、陶然亭公园多采用这种驳岸类型。其特点是在驳岸的背水面铺了宽约50cm的级配砂石带。因为级配砂石间多空隙，排水良好，即使有所积水，冰冻后有空隙容纳冻后膨胀力。这便可以减少冻土对驳岸的破坏。湖底以下的基础用块石浇灌混凝土，使驳岸地基的整体性加强而不易产生不均匀沉陷。这种块石近郊可采。基础以上浆砌块石勾缝。水面以上形成虎皮石外观也很朴素大方。

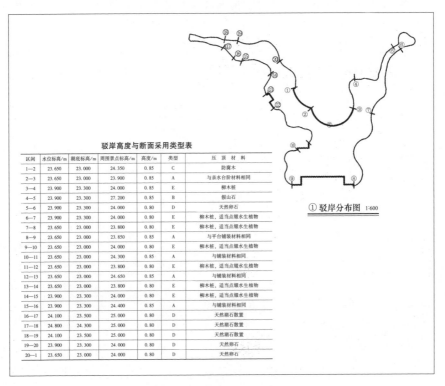

驳岸高度与断面采用类型表

区间	水位标高/m	湖底标高/m	周围景点标高/m	高度/m	类型	压顶材料
1—2	23.650	23.000	24.350	0.85	C	防腐木
2—3	23.650	23.000	23.900	0.85	A	与亲水台阶材料相同
3—4	23.900	23.300	24.000	0.85	E	柳木桩
4—5	23.900	23.300	27.200	0.85	B	假山石
5—6	23.900	23.300	24.000	0.80	D	天然卵石
6—7	23.900	23.300	24.000	0.80	E	柳木桩，适当点缀水生植物
7—8	23.650	23.000	23.800	0.80	E	柳木桩，适当点缀水生植物
8—9	23.650	23.000	23.850	0.85	A	与平台铺装材料相同
9—10	23.650	23.000	24.000	0.80	E	柳木桩，适当点缀水生植物
10—11	23.650	23.000	24.300	0.85	A	与铺装材料相同
11—12	23.650	23.000	23.800	0.80	E	柳木桩，适当点缀水生植物
12—13	23.650	23.000	24.650	0.85	A	与铺装材料相同
13—14	23.650	23.000	23.800	0.80	E	柳木桩，适当点缀水生植物
14—15	23.900	23.300	24.000	0.80	E	柳木桩，适当点缀水生植物
15—16	23.900	23.300	24.400	0.85	A	与铺装材料相同
16—17	24.100	23.500	25.000	0.80	D	天然湖石散置
17—18	24.800	24.300	25.000	0.80	D	天然湖石散置
18—19	24.100	23.500	25.000	0.80	D	天然湖石散置
19—20	23.900	23.300	24.000	0.80	D	天然卵石
20—1	23.650	23.000	24.000	0.80	D	天然卵石

① 驳岸分布图 1:600

图 6-34　驳岸工程设计图

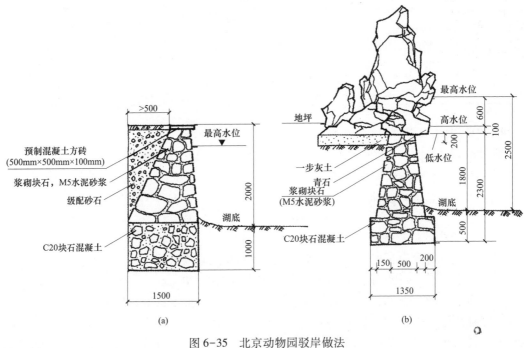

(a)　　　　　　　　　　　(b)

图 6-35　北京动物园驳岸做法

岸顶甩预制混凝土块压顶，向水面挑出 5cm 较美观。预制混凝七方砖顶面高出高水位 30~40cm。这也适合动物园水面窄、挡风的土山多、风浪不大的实际情况。

驳岸并不是绝对与水平面垂直，可有 1：10 的倾斜。每间隔 15m 设以适应因气温变化造成的热胀冷缩。伸缩缝用涂有防腐剂的木板条嵌入，上表略低于虎皮石墙面。缝上以水泥砂浆勾缝就不显了。虎皮石缝宽度以 2~3cm 为宜。

石缝有凹缝、平缝和凸缝等不同做法。图 6-35(b) 所示为北京动物园山石驳岸，采用北京近郊产的青石。低水位以下用浆砌块石，造价较低而也实用。

2. 园林的浆砌块石驳岸

图 6-36 为浆砌块石驳岸的模式剖面。结构尺度显然比北京动物园的小些，无须防止冻胀破坏，而外观又显得比较轻巧。由此也可看出南北方不同的气候、环境和人文条件所形成的不同地方特色。北方的造型要稳重一些。例如，某驳岸采用附近所产的一种紫红色块石作水工挡土墙面，也是虎皮石做法。但墙顶和压顶石都比较轻巧，一般为 30cm 左右。也有不设压顶石为边的，但观感略差。如果要求高一些，可在压顶石下埋钢筋以增加整体性，下面采用碎砖、碎石和碎混凝土块等。

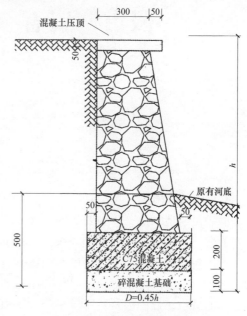

图 6-36　园林的浆砌块石驳岸

第七章

假山、置石、塑石景观设计

第一节　假山景观设计

一、假山设计理论基础及内容

1. 假山的类型

假山是以造景游览为主要目的，充分结合其他多方面的功能，以土、石为材料，自然山水为蓝本并加以艺术提炼和夸张，用人工再造的山水景物的统称。

假山包括假山和石景，其中假山体量较大，形体集中，可观可游，使人有置身于自然山林之感；石景主要以观赏为主，结合一些功能方面作用（如山石器设、山石花坛等），体量小而分散。假山因材料不同可分为土山、石山和土石相间的山三种类型。

（1）石山是指全部用山石堆叠而成的假山。因为其材料是山石，故很多时候体量要比土山小。石山本身可大可小，在园林中应用极为广泛，中国传统山水园林中的假山多指此类。

（2）土山是指不用山石而全部用土堆成的假山。土山利于植物生长，能形成自然山林的景象，极富野趣，所以在现代城市绿化中有较多的应用。

（3）土石山是指用土和山石两种材料堆叠而成的假山，分为土包石山和石包土山两种。其中土包石山是以土为主要材料，以石为辅助材料堆叠而成的假山，此类假山以堆土为主，只在山脚或山的局部适当用石，以固定土壤，并形成优美的山体轮廓。石包土山是以石为主，外石内土的小型假山，此类假山先以叠石为山的骨架，然而再覆土，土上再植树种草。

园林山石实景如图7-1所示。

2. 假山设计的原则

（1）寓情于石，情景交融。所谓"片山有致，寸石生情"，堆叠假山应讲究立意。中国自然山水园的外观是力求自然的，但其内在的意境又完全受人的意识支配。

常见的创造意境的方法有：首先，中国园林中的山石堆叠常采用各种象形手法，如"十二生肖""五老峰"等；其次，可以利用题咏等文字的内容让人产生丰富的联想，如"濠濮间想""武陵春色"等；最后，还可以利用特殊的寓意来表达意境，如"一池三山""仙山琼阁"等寓为神仙境界的意境，艮岳仿杭州凤凰山寓为名山大川等。

扬州个园四季假山是寓四时景色方面别出心裁的佳作。其春山是序幕，于花台的翠竹中置石笋以象征"雨后春笋"；夏山选用灰白色太湖石作积云式叠山，并结合河池、夏荫来体现夏景。秋山是高潮，选用富于秋色的黄石堆叠假山以象征"重九登高"的俗情；冬山是尾声，选用宣石为山，山后种植台中植蜡梅，宣石有如白雪覆盖石面，皑皑耀目，加以墙面上风洞的呼啸效果冬意更浓。冬山和春山仅一墙之隔，墙上开漏窗，自冬山可窥春山，有"冬去春来"之意。

图 7-1　山石实景图（一）

图 7-1　山石实景图（二）

（2）主次分明，重点突出。假山布局要做到主次分明，重点突出。主峰、次峰、配峰常以不对称三角形构图，主、次、配之高度比为3：2：1。主山、主峰的高度和体量应比次山和次峰的高度和体量大1/4以上，要充分突出主山、主峰的主体地位，做到主次分明。

（3）远观山势，近看石质。"远观势，近观质"也是山水画理。既强调了布局和结构的合理性，又重视细部处理。"势"指山水的形势，亦即山水的轮廓、组合与所体现的动势和性格特征。就一座山而言，其山体可分为山麓、山腰和山头三部分，这是山势的一般规律。石可壁立，当然也可以从山麓就立峭壁，也是山势延伸。

山的组合包括"一收复一放，山势渐开而势转。一起又一伏，山欲动而势长""山之陡面斜，莫为两翼""山外有山，虽断而不断""作山先求人路，出水预定来源。择水通桥，取境设路"等多方面的理论。具有合理的布局和结构外，还必须注意假山细部的处理，注意峰、洞、壑、纹等之变化，这就是"近看质"的内容，与石质和石性有关。

湖石类属石灰岩，因降水中有碳酸的成分，对湖石可溶于酸的石质产生溶蚀作用使石面产生凹面。由凹成"涡"，"涡"向纵长发展成为"纹"，"纹"深成"隙"，"隙"冲宽了成"沟"，"涡"向深度溶蚀成"环"，"环"被溶透而成"洞"，"洞"与"环"的断裂面便形成锐利的曲形锋面。于是，大小沟纹交织，层层环洞相套，就形成了湖石外观圆润柔曲、玲珑剔透、涡洞相套、皱纹疏密的特点。黄石作为一种细砂岩是方解型节理，由于对成岩过程的影响和风化的破坏，它的崩落是沿节理面而分解，形成大小不等、凹凸成层和不规则的多面体。

石块各方向的石面平如刀削斧劈，面和面的交线又形成锋芒毕露的棱角线和称锋面。于是外观方正刚直、浑厚沉实、层次丰富、轮廓分明。总的来说，石材不同，其纹理质地也不相同，在堆叠假山时，要注意石质，分出石材的竖纹、横纹、斜纹等主要纹理的变化，使假山的石质统一、纹理流畅。

（4）山有三远，步移景异。堆叠假山，虽石无定形，但山有定法，所谓法，就是指山的脉络气势。成功的假山通常是以天然山水为蓝本，再参以画理，外师造化，中法心源，才营造出源于自然而高于自然的优秀假山作品。在园林中堆叠假山，由于受占地面积和空间的限制，在假山的总体布局和造型设计上常借鉴绘画中的"三远"原理，以在咫尺之内，表现千里之致。

"三远"（宋代画家郭熙《林泉高致》）是指："山有三远：自山下而仰山巅，谓之高远；自山前而窥山后，谓之深远；自近山而望远山，谓之平远……"假山设计是否成功，"三远"变化通常是衡量的重要标准（图7-2）。

1）平远。"自近山而望远山，谓之平远"，即山外有山，根据透视原理来表现平冈山岳、错落蜿蜒的山体景观。深远山水所注重的是山景的纵深和层次，而平远山水追求的是逶迤连绵、起伏多变的低山丘陵效果，给人

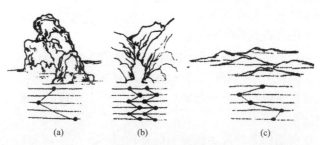

图7-2 山的三远
（a）高远；（b）深远；（c）平远

217

以千里江山不尽、万顷碧波荡漾之感，具有清逸、秀丽、舒朗的特点。正如张涟所主张的"群峰造天，不如平冈小坂，陵阜陂陁，缀之以石"。

苏州拙政园远香堂北与之隔水相望的主景假山（即两座以土石结合的岛山），正是这一假山造型的典型之作；其模仿的是沉积砂岩（黄石）的自然露头岩石的层状结构，突出于水面，构成了平远山水的意境。在假山设计时，为了表现平远，要考虑配山与主山遥相呼应，形成山外有山的景观，同时应注意配山不应设置在主山的正前方或正后方，配山体量也应小。在园林假山设计中，"三远"都是在一定的空间中，从一定的视线角度去考虑的，它注重的是视距与被观赏物（假山）之间的体量和比例关系。有时同一座假山，如果从不同的视距和视线角度去观赏，就会有不同的审美感受。

2）深远。"自山前而窥山后，谓之深远"，即山后有山，表现山势连绵，或两山并峙、犬牙交错的山体景观，具有层次丰富、景色幽深的特点。如果说高远注重的是立面设计，那么深远要表现的则为平面设计中的纵向推进。

在自然界中，诸如由于河流的下切作用等，所形成的深山峡谷地貌，给人以深远险峻之美。园林假山中所设计的谷、峡、深涧等就是对这类自然景观的摹写。

假山设计时，注意山麓由近到远，交错出现，有近、中、远的变化，同时注意山麓形式的变化。要求在游览路线上能给人山体层层深厚的观感。这就需要统一考虑山体的组合和游览路线开辟两个方面。

3）高远。"自山下而仰山巅，谓之高远"，即山上有山，根据透视原理，采用仰视的手法，而创作的峭壁千仞、雄伟险峻的山体景观。如苏州耦园的东园黄石假山，用悬崖高峰与临池深渊，构成典型的高远山水的组景关系；在布局上，采用西高东低，西部临池处叠成悬崖峭壁，并用低水位、小池面的水体作衬托，以达到在小空间中，有如置身高山深渊前的意境联想；再加上采用浑厚苍老的竖置黄石，仿效石英砂质岩的竖向节理，运用中国画中的斧劈皴法进行堆叠，显得挺拔刚坚，并富有自然风化的美感意趣。

假山的"高远"可以通过以下三种方法体现出来：

a. 缩小视距：假山虽然从体量上来看较小，但若是处理好观赏点与假山的关系，也可使人觉得假山高耸、雄伟。即观赏视距与山体高度控制在1∶3内，也就是供游人观赏的点到假山的距离控制在假山高度的1/3以内，可以形成仰视效果，产生高远感。

b. 绝对高度：通过增加假山自身的绝对高度，形成雄伟、高耸的感觉。这是体现高远最直接的方法，在用地面积较大的公园、广场上常见此类假山。

c. 相对高度：除了增加假山的绝对高度来体现高远外，假山还可以通过其他较低的景物来衬托，如降低背景围墙、建筑等的高度来衬托假山，或是通过较低的配山衬托主山，使主山显得高耸、挺拔。

（5）相地合宜，造山得体。在园林中建造假山，必须根据环境条件考虑假山的布置位置及体量大小。假山适合布置在园林中的许多位置，如可以布置于公园入口，开门见山，形成景观焦点；可以布置于水边，形成山水相依的景观；可以布置于庭院内或窗外，成为局部空间的主景。

假山体量的大小取决于所处环境，若所处环境较为开阔，如广场上、较宽的水边等，则所营造假山应体量突出；如果假山所处环境较为狭窄，如面积较小的建筑中庭中营造假山，则应体量较小。

二、假山设计要点及内容

1. 完成假山工程设计说明的撰写

假山设计说明主要包括假山设计立意，假山所用石材，山体结构构造等。山体上有附属景物如亭子、山石蹬道也应做一说明。

设计说明：该假山为土石相间堆叠而成，其东、南两侧濒临水体，设计成悬崖峭壁状；假山西、北两侧坡度较为平缓，是土、石相间而堆叠。假山顶部有一亭子，有两条登山小道从西与北两个方向通向该亭。假山内部结构为砖石填充结构，节约成本的同时也较为牢固。假山最高峰高约 6m，绝对标高 30.00m，次峰高度约为 4.5m，绝对高度 28.50m。整座假山气势雄伟，景观优美。

2. 完成假山工程设计平面图

（1）确定假山的长与宽。假山平面图设计的第一步，是确定其大致的长与宽。根据中心公园设计方案，来确定假山的长度与宽度，应注意要尽量保持一致。

确定假山的长度与宽度之后，就需要大致地构出假山轮廓线。同样，假山的轮廓线需要在中心游园设计方案的基础上进行，其大致走向尽量保持一致。

假山的平面轮廓线，应当设计为回转自如的曲线形状，要尽量避免成为直线。假山平面形状要随弯就势，宽窄变化有如自然；而不要成为圆形、卵形、椭圆形、矩形等规则的几何形状。如若平面被设计成这个形状，则整个山丘就会是圆丘、梯台形，很不自然。

设计中，要随时由假山轮廓线所围合成的假山基底平面形状及地面面积大小的变化情况。因为基底面积越大，则假山工程量就越大，假山的造价也相应会增大。所以，一定要控制好山脚线的位置和走向，使假山只占用有限的地面面积，从而造出雄伟气势。假山平面轮廓线还要考虑假山立面的稳定性和美观性。假山平面形状的设计，要注意山体结构的稳定性。当山体形状为一条直线形式，山体稳定性最差，若山体较高，则可能因风压过大或其他人为原因倒塌，成为安全隐患；而这种平面形状也必然导致山体如一堵墙，缺少山的特征。当山的平面是转折的条状或是向前后伸出山体余脉的形状时，山体能获得最好的稳定性，并且使山体立面有凹有凸，有深有浅，显得山体深厚，山的意味更加显著。

设计结论：假山的轮廓线为回环自如的曲线。

（2）确定主峰、次峰及主要陪衬峰的布置位置。设计分析一般的园林假山都由主山（主峰）、客山（次峰）、陪衬山（陪衬峰）组成。在进行假山平面形状设计的同时，要考虑主山（主峰）、客山（次峰）、陪衬山（陪衬峰）的布置位置，在布局上要做到主次分明，脉络清晰，结构完整。

主峰设计位于假山西南侧，亭子西侧；次峰位于假山东北侧，陪衬峰围绕主峰和次峰进行配置，如图 7-3 所示。

（3）确定假山高度。确定假山的高度，其实就是确定假山上各山峰的高度。在确定假山主峰、次峰和主要的陪衬峰位置后，应确定假山的控制高度，即确定主峰、次峰及主要陪衬峰的高度。假山主峰的体量应比次峰大 1/4 以上，以突出主体地位，做到主次分明。

假山各部分的高度，应该根据中心公园竖向设计图中的一些数据来进行确定。这些数据包括假山顶部亭子的地面标高、山石蹬道转折处休息平台的标高、山石围合处地面的标高等，每一部分假山的高度都需要根据这些数据来大致确定。

主峰的设计高度为 6m（从水体岸边看），次峰为 4.5m，陪衬峰从 0.5～4.2m 不等。主峰比次峰高 1/4，如图 7-3 所示。

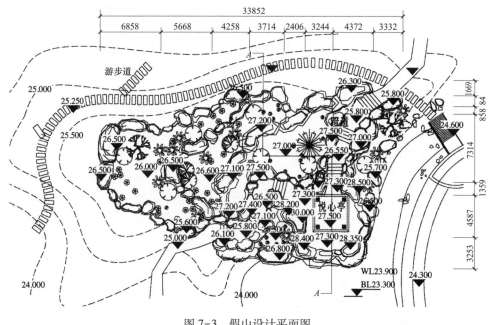

图 7-3　假山设计平面图

3. 假山立面图设计

在假山立面图设计时，要注意一些弊病。首先，假山立面不能设计成对称居中的形式：即中间是主峰，而主峰两边的山峰对称设置成笔架山的形式，或主峰两边的坡度完全一样，这种情况需要避免。一般情况下，主峰不应位于正中间，应稍偏一点，主峰两侧的山峰在高度和位置上不宜对称设置，两侧的坡度应有缓有急。其次，要注意避免重心不稳，假山整体上应避免重心不稳，构成假山的山峰也应避免重心不稳，不宜偏向一侧呈倾倒状。此外，还应避免杂乱无章、纹理不顺等。

在立面外轮廓初步确定之后，对照平面图，根据设想的前后层次关系绘出前后位置不同的各处小山头、陡坡或悬崖的轮廓线。

另外也要绘出皴纹线来表明山石表面的凹凸、皱折、纹理形状。皴纹线的线形，要根据山石材料表面的天然皱折纹理的特征绘出。

最后，要增添配景。在假山立面适当位置添画植物，注意植物的尺度不能太大，只能选择一些体形较小、枝叶细致的植物才能衬托出假山的气势；此外，还应将假山顶上的亭子的立面绘出。

在本次设计中，因为假山较大，所以设计有两个立面，即假山正（东）立面和假山侧（西）立面，如图 7-4 和图 7-5 所示。从正立面图看，假山顶上有亭，亭所在的位置为假山重心所在，假山的主峰位于亭左侧，假山次峰位于亭右侧。假山左侧坡度较缓，右侧坡度较陡。从假山侧（西）立面看，假山主峰位于亭子所在位置，假山左侧为悬崖峭壁，右侧坡度较缓。

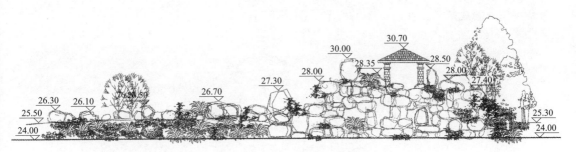

图 7-4　假山设计正立面图

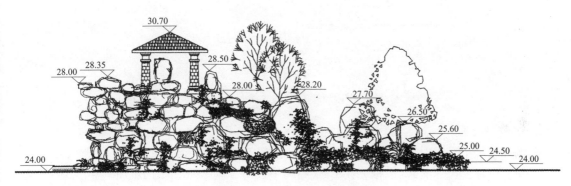

图 7-5　假山设计侧立面图

4. 完成假山工程设计剖面图

假山剖面图应根据平面图和立面图进行绘制，主要是表达假山的基础及山体内部的构造和材料。假山剖面图水平尺寸的控制主要依据假山的平面图，竖向标高的控制主要依据假山立面图。

假山基础的设计要根据假山类型和假山工程规模而定。人造土山和低矮的石山一般不需要基础，山体直接在地面上堆砌。高度在 3m 以上的石山，就要考虑设置适宜的基础了。一般来说，高大、沉重的大型石山，需选用混凝土基础或块石浆砌基础，高度和重量适中的石山，可用灰土基础或桩基础。

假山山体内部的结构形式主要有四种，即环透结构、层叠结构、竖立结构和填充结构。其中的填充结构是指在假山内部用土、砖石或混凝土等材料进行填充，既不影响假山的外貌，又节约造价。一般的土山、带土石山和个别的石山，或者在假山的某一局部山体中，都可以采用填充结构形式。

该假山体量较大，由土、石堆叠而成，因此各部分之间的结构形式也不一样。亭底下部分若以山石堆叠，则造价太高，若以土堆叠，则不稳定，应此用砖石填充结构。

假山临水一侧的山石深入水中，所以要求基础较为稳固、耐水湿，设计其基础用500mm 厚 C20 混凝土基础。混凝土基础从下至上的构造层次及其材料做法依次如下：最底层是素土地基，应夯实；素土夯实层之上，可做一个砂石垫层，厚 30～70mm，垫层上面即为 500mm 厚混凝土基础层。

假山西侧为土石相间堆叠而成，为台地型，由标高 26.000m、26.600m 和 27.000m 三个平台依次堆叠而上，每一层台地边缘堆自然山石，起到山石护坡的作用，在自然山石下面做一挡土墙式基础，使山石较为稳定（图7-6）。

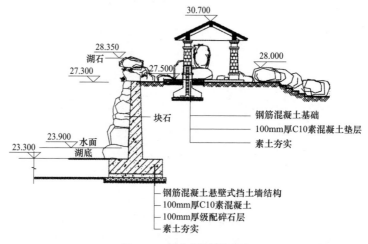

图7-6 假山设计剖面图

5. 整理出图

例如景观中心假山施工图设计合理性和制图规范性检查与修改如下。

使用设计公司标准 A3 图框，在 CAD 布局中选用合适比例把假山施工图各类型图样合理布置在标准图框内。根据图样的大小选择合适的出图比例保证打印后图纸的尺寸及文字标注和图样清楚。出图打印，如图7-7所示。

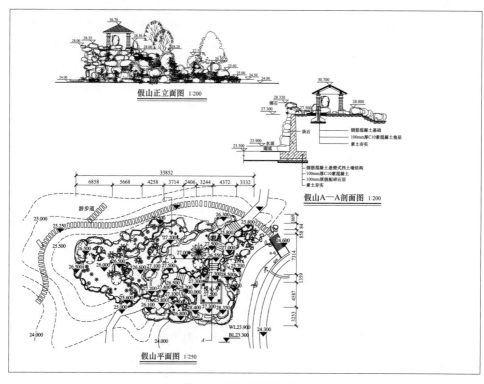

图7-7 假山设计图出图

三、常见假山平立面及结构设计实践

1. 假山的平面设计

（1）确定立意。在设计开始之前，首先应确定假山所选用石材，其次确定假山大致的长度和宽度，确定假山基本的造型方向。

（2）假山平面轮廓设计。假山平面形状设计，实际上是对由山脚线所围合成的一块地面形状的设计。山脚线就是山体的平面轮廓线，因此假山平面设计也是对山脚线的线形、位置、方向的设计。山脚轮廓线形设计，在造山实践中被叫作"布脚"。所谓"布脚"就是假山平面形状设计。

1）假山平面轮廓线要考虑假山立面的稳定性和美观性。假山平面形状的设计，要注意山体结构的稳定性。当山体形状成一条直线形式，山体稳定性最差，若山体较高，则可能因风压过大或其他人为原因倒塌，成为安全隐患；而这种平面形状也必然导致山体如一堵墙，缺少山的特征。当山的平面是转折的条状或是向前后伸出山体余脉的形状时，山体能获得最好的稳定性，并且使山体立面有凹有凸，有深有浅，显得山体深厚，山的意味更加显著。

2）要注意假山山脚线的曲线半径。山脚线凸出和凹进程度的大小，根据山脚的材料而定。土山山脚曲线的凹凸程度应小一些，而石山山脚曲线的凹凸程度则可比较大。

从曲线的弯曲程度来考虑，土山山脚曲线的半径一般不要小于 2m，石山山脚曲线的半径则不受限制，可以小到几十厘米。在确定山脚曲线半径时还应考虑山脚坡度的大小，在陡坡处，山脚曲线半径可适当小一些；而在坡度平缓处，曲线半径则要大一些。

3）假山平面轮廓线应呈回转自如的曲线形状。假山的平面轮廓线即山脚线，应当设计为回转自如的曲线形状，要尽量避免成为直线。曲线向外凸，假山的山脚也随之向外突出。

向外凸出较远时就形成山体的一条余脉。山脚线曲线向里凹进，就可能形成一个回弯或山坞；如果凹进很深，则一般会形成一条山槽。

（3）假山主山（主峰）、客山（次峰）、陪衬山（陪衬峰）平面布局设计。除了孤峰式造型的假山以外，一般的园林假山都由主山（主峰）、客山（次峰）、陪衬山（陪衬峰）组成。在进行假山平面形状设计的同时，要考虑主山（主峰）、客山（次峰）、陪衬山（陪衬峰）的布置位置，在布局上要做到主次分明，脉络清晰，结构完整。

1）主峰的位置一定要在假山山系结构核心的位置上。主峰位置不宜在山系的正中，而应当偏于一侧，以避免平面布局呈现对称状态。主峰的体量应比次峰大 1/4 以上，以突出主体地位，做到主次分明。

2）主峰必须有客峰、陪衬峰的相伴。客峰的体量仅次于主峰，具有辅助主峰构成山景基本结构骨架的重要作用。客峰一般布置在主峰的左、右、左前、左后、右前、右后等几个位置上，一般不能布置在主峰的正前方和正后方。

3）陪衬峰比主峰和客峰的体量小很多，不会对主、客峰构成遮挡关系，反而能够增加山景的前后风景层次，很好地陪衬、烘托主、客峰，因此其布置位置可以十分灵活，几乎没有限制。

主、客、陪三种山体结构部分相互的关系应协调。要以主峰作为结构核心，充分突出

主峰；而客峰则要根据主峰的布局状态来布置，要与主峰紧密结合，共同构成假山的基本结构；陪衬峰应围绕主峰和客峰布置，可以起到进一步完善假山山系结构的作用。在确定假山主峰、客峰、陪衬峰位置后，应确定假山的控制高度，即确定主峰、客峰及主要陪衬峰的高度。

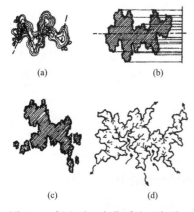

图 7-8　假山平面变化手法（部分）

（a）转折；（b）错落；（c）断续；（d）延伸

（4）假山平面的设计手法。假山平面必须根据所处场地的立地条件来进行变化，以便使假山能够与环境充分地协调，也使假山更加有若自然。在假山设计中，平面设计的变化手法主要有以下几种（图 7-8）：

1）断续。假山的平面形状还可以采用断续的方式来加强变化。在保证假山主体部分是一大块连续的、完整的平面图形前提下，假山前后左右的边缘部分都可以有一些大小不等的小块山体与主体部分断开。根据断开方式、断开程度的不同和景物之间相互连续的紧密程度不同，就能够产生假山平面形状上的许多变化。

2）错落。山脚凸出点、山体余脉部分的位置，采取相互间不规则的错开处理，使山脚的凹凸变化显得很自由，破除了整齐的因素。在假山平面的多个方面进行错落处理，如前后错落、左右错落、深浅错落、线段长短错落、曲直错落等，就能为假山的形状带来丰富的变化效果。

3）转折。假山的山脚线、山体余脉，甚至整个假山平面形状，都可以采取转折的方式造成山势的回转、凹凸和深浅变化，这是假山平面设计最常用的方法。

4）环抱。将假山山脚线向山内凹进，或者使两条假山余脉向前延伸，都可以形成环抱之势。通过山势的环抱，能够使假山局部造成若干半闭合的独立空间，形成比较幽静的山地环境。而环抱的深浅、宽窄及平面形状，都有很多变化，又可使不同地点的环抱空间具有不同的景观特色，从而风格丰富山景的形象。

5）平衡。假山平面的变化，最终应归结到山体各部分相对平衡的状态上。无论假山平面怎样的千变万化，最后都要统一在自然山体形成的客观规律上，这就是多样统一的形式规律。平衡的要求，就是要在假山平面的各种变化因素之间加强联系，使之保持协调。

假山平面布脚的方法如果能有针对性地合理运用，一定能为假山平面设计带来成功，为山体的立面造型奠定良好的基础。

6）延伸。在山脚向外延伸和山沟向山内部延伸的处理中，延伸距离的长短、延伸部分的宽窄和形状曲直，以及相对两山以山脚相互穿插的情况等，都有许多变化。这些变化一方面使山内山外的山形更为复杂，另一方面也使得山景层次、景深更具有多样性。

另外，山体一侧或山后余脉向树林延伸，能够在无形中给人以山景深邃、山脉延绵的印象。山的余脉向水体中延伸可以暗示山体扎根很深。山脚被土地掩埋，则是山体向地下延伸。这些延伸方式都使假山平面产生变化。

（5）假山平面图绘制。

假山平面图的绘制主要有以下几方面需要注意：

1）图纸内容。应绘出假山区的基本地形，包括等高线、山石陡坎、山路与蹬道、水体等。如区内有保留的建筑、构筑物、树木等地物，也要绘出。然后再绘出假山的平面轮廓线，绘出山洞、悬崖、巨石、石峰等的可见轮廓及配植的假山植物。

2）图纸比例。根据假山规模大小，可选用 1:200、1:100、1:50、1:20。

3）尺寸标注。在绘制平面图时，许多地方都不好标注，或者为了施工方便而不能标注详尽的、准确的尺寸。所以，假山平面图上就主要是标注一些特征点的控制性尺寸，如假山平面的凸出点、凹陷点、转折点的尺寸和假山总宽度、总厚度、主要局部的宽度和厚度等等。也可以直接在平面图上打方格网确定假山的尺寸和山峰位置，方格网一般采用 1m×1m，也可以采用 2m×2m 或 0.5m×0.5m。

4）线型要求。等高线、植物比例、道路、水位线、山石皱纹线等用细实线绘制。假山山体平面轮廓线（即山脚线）用粗实线，或用间断开裂式粗线绘出，悬崖、绝壁的平面投影外轮廓线若超出了山脚线，其超出部分用粗的或中粗的虚线绘出。建筑物平面轮廓用粗实线绘制。假山平面图形内，悬崖、山石、山洞等可见轮廓的绘制则用标准实线。平面图中的其他轮廓线也用标准实线绘制。

5）高程标注。在假山平面图上应同时标明假山的竖向变化情况，其方法是：土山部分的竖向变化，用等高线来表示；石山部分的竖向高程变化，则可用高程箭头法来标出。高程箭头主要标注山顶中心点、大石顶面中心点、平台中心点、山肩最高点、谷底中心点等特征点的高程，这些高程也是控制性的。假山下有水池的，要注出水面、水底、岸边的标高。

2. 假山的立面设计

假山的立面设计，主要解决假山的基本造型问题。在大规模的假山设计中，要首先进行假山平面的设计，在完成平面设计的基础上再进行立面设计。但在一些小型假山的设计中，也有先设计立面，再根据立面设计平面的。

（1）假山立面设计方法。在假山的立面设计中，一般把假山的主立面和一个重要的侧立面设计出来即可。而背面及其他立面则在施工中根据设计立面的形状现场确定。大规模的假山，也有需要设计出多个立面的，则应根据具体情况灵活掌握。

一般来说，主立面和重要立面一定，背立面和其他立面也就相应地大概确定了，有变化也是局部的，不影响总体造型。设计假山立面的主要方法和步骤如下所述（图7-9）：

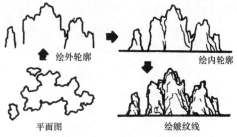

图 7-9 假山立面设计步骤

1）勾出假山立面轮廓线。假山立面轮廓线可以分为外轮廓线和内轮廓线。

a. 勾出外轮廓线。根据假山平面图，在预定的山高和宽度的制约下，绘出假山立面轮廓图。轮廓线的形状要考虑预定的假山石材的轮廓特征。如采用黄石、青石等石材造山，立面轮廓线应比较挺拔，并有所顿折，给人以坚硬的感觉；而采用湖石造山，立面轮廓线就应圆润流畅，给人以柔和、玲珑的感受。

假山轮廓线与石材轮廓线能保持一致，就能方便假山施工，而且造出的假山更能够与图纸上的设计形象吻合。在设计中，为了使假山立面形象更加生动自然，要适当突出山体外轮廓线较大幅度的起伏曲折变化。起伏度大，假山立面形象变化也大，就可打破平淡感。当然，起伏程度还是应适当，过分起伏可能给人矫揉造作的感觉。

b. 勾出内轮廓线。在立面外轮廓初步确定之后，对照平面图，根据设想的前后层次关系绘出前后位置不同的各处小山头、陡坡或悬崖的轮廓线，这可以称为内轮廓线，是在外轮廓线基础上完成的。

为了表达假山立面的形状变化和前后层次距离感，画内轮廓线应从外轮廓线的一些凹陷点和转折点落笔。

假山立面轮廓线构图完成后，还要进行不断推敲，反复修改，直到所设计假山立面在高度、形状、结构等各方面都满意为止，立面轮廓图才可以确定下来。

2）构出假山立面皴纹。在立面的各处轮廓线都确定后，要绘出皴纹线来表明山石表面的凹凸、皱折、纹理形状、皴纹线的线形，要根据山石材料表面的天然皱折纹理的特征绘出；也可参考国画山水画皴纹法绘制，如湖石假山可用披麻皴、解索皴、荷叶皴、卷云皴等，黄石假山可用折带皴、斧劈皴等。这些皴法在一般的国画山水画技法书籍中均可找到。

3）增添配景。在假山立面适当位置，添画植物。植物的形象应根据所选植物的固有形状来画，可以用简画法，表现出基本的形态特征和大小尺寸即可。绘有植物的位置，在假山施工时要预留出能够填土的种植槽孔。如果假山上还设计有观景平台、山路、亭廊等配景，只要是立面上可见的，就要按比例绘制到立面图中。

4）完成设计。以上步骤完成后，假山立面设计就基本形成了。还要将立面图与平面图相互对照，检查其形状上的对应关系。如有不能对应的，要修改平面图或立面图，使两者互相对应。最后，根据修改后定稿的图形，标注控制尺寸和特征点的高程，假山设计立面设计就基本完成了。

（2）假山立面设计图绘制。绘制假山立面图的方法和标准，如能套用现行《建筑制图标准》（GB/T 50104—2010），就要按照该标准进行绘制。没有标准可套用的，则可按照通行的习惯绘制方法绘出。

1）图纸内容。要绘出假山立面所有可见部分的轮廓形状、表面皴纹，并绘制出植物等配景的立面图形。

2）图纸比例。假山立面图比例，应与假山平面设计图保持一致。

3）尺寸标注。假山立面图上，须标注横向的控制尺寸，如主要山体部分的宽度和假山总宽度等，应与假山设计平面图保持一致；在竖向方面，则用标高来标注主要山头、峰顶、谷底、洞底、洞顶等的相对高程。

4）线形要求。绘制假山立面图形一般可用白描画法。假山外轮廓线用粗实线绘制，假山内轮廓线用中粗实线绘出，皴纹线用细实线绘出。绘制植物立面也用细实线。为了表达假山石的材料质感或阴影效果，也可在阴影处用点描或线描方法绘制，将假山立面图绘制成素描图，则立体感更强。但采用点描或线描的地方不能影响尺寸标注或施工说明的注写。

3. 假山的结构设计

（1）假山基础设计。假山基础的设计要根据假山类型和假山工程规模而定。人造土山和低矮的石山一般不需要基础，山体直接在地面上堆砌。高度在 3m 以上的石山就要考虑设置适宜的基础了。一般来说，高大、沉重的大型石山，需选用混凝土基础或块石浆砌基础，高度和重量适中的石山，可用灰土基础或桩基础，如图 7-10 所示。

1）灰土基础设计。这种基础的材料主要是用石灰和素土按 3∶7 的比例混合而成。灰土每铺一层厚度为 30cm，夯实到 15cmm，则称为一步灰土。设计灰土基础时，要根据假山高度体量大小来确定采用几步灰土。一般高度在 2m 以下的假山，其灰土基础可设计为一步素土加两步灰土。2m 以下的假山，则可按一步素土加一步灰土设计。

2）混凝土基础设计。混凝土基础从下至上的构造层次及其材料做法依次如下：最底层是素土地基，应夯实；素土夯实层之上，可做一个砂石垫层，厚 30 ~ 70mm，垫层上面即为混凝土基础层。混凝土层的厚度及强度，

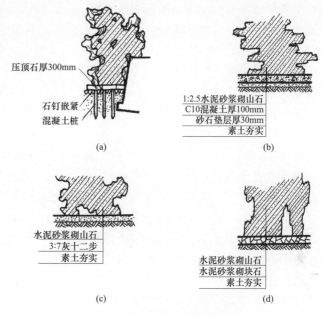

图 7-10　假山基础结构类型

（a）桩基础；（b）混凝土基础；
（c）灰土基础；（d）浆砌块石基础

在陆地上可设计为 100~200mm，用 C15 混凝土，或按 1∶2∶4~1∶2∶6 的比例，用水泥、砂和卵石配成混凝土。在水下，混凝土层的厚度则应设计为 500mm 左右，强度等级应采用 C20。在施工中，如遇坚实的地基，则可挖素土槽浇注混凝土基础。

3）浆砌块石基础设计。设计这种假山基础，可用 1∶2.5 或 1∶3 水泥砂浆砌一层块石，厚度 300~500mm；水下砌筑所用水泥砂浆的比例则应为 1∶2。块石基础层下可铺 30mm 厚粗砂作找平层，地基应作夯实处理。

4）桩基设计。古代多用直径为 10~15cm，长为 1~2m 的杉木桩或柏木桩做桩基，木桩下端为尖头状。现代假山的基础已基本不用木桩桩基，只在地基土质松软时偶尔有采用混凝土桩基的。做混凝土桩基，先要设计并预制混凝土桩，其下端仍应为尖头状。直径可比木桩基大一些，长度可与木桩基相似，打桩方式也可参照木桩基。

除了上述四种假山基础之外，在假山不太高、山体重量不大的情况下，还可以将基础设计为简易的灰桩基础或石钉夯土基础。

（2）假山山体结构设计。从外部能够看到的假山山体结构，是在假山立面造型设计中就已经解决了的，这里所讲的山体结构，是指假山山体内部的结构。山体内部的结构形式主要有四种：环透结构、层叠结构、竖立结构和填充结构。

1）填充式结构。一般的土山、带土石山和个别的石山，或者在假山的某一局部山体中，都可以采用这种结构形式。这种假山的山体内部是由泥土、废砖石或混凝土材料所填充起来的，因此其结构上的最大特点就是填充的做法。

按填充材料及其功用的不同，可以将填充式假山结构分为以下三种情况：

a. 混凝土填充结构。有时需要砌筑的假山山峰又高又陡，在山峰内部填充泥土或碎砖石都不能保证结构的牢固，山峰容易倒塌。在这种情况下，就应该用混凝土来填充，使混凝土作为主心骨，从内部将山峰凝固成一个整体。混凝土是采用水泥、砂、石按 1：2：4~1：2：6 的比例搅拌配制而成，主要是作为假山基础材料及山峰内部的填充材料。

混凝土填充时，先用山石将山峰砌筑成一个高 70~120cm（要高低错落）、平面形状不规则的山石筒体，然后用 C15 混凝土浇筑筒中至筒的最低口处。待基本凝固时，再砌筑第二层山石筒体，并按相同的方法浇注混凝土，如此操作，直至峰顶为止，就能够砌筑起高高的山峰。

b. 砖石填充结构。以无用的碎砖、石块、灰块和建筑渣土作为填充材料，填埋在石山的内部或者土山的底部，既可增大假山的体积，又处理了园林工程中的建筑垃圾，一举两得，这种方式在一般的假山工程中都可以应用。

c. 填土结构。山体全由泥土堆填构成；或者，在用山石砌筑的假山壁后或假山穴坑中用泥土填实，都属于填土结构。假山采取这种结构形式，既能够造出陡峭的悬崖绝壁，又可少用山石材料，降低假山造价，而且还能保证假山有足够大的规模，也十分有利于假山上的植物配置。

图 7-11　竖立式假山

2）竖立式结构。这种结构形式可以造成假山挺拔、雄伟、高大的艺术形象。山石全都采用立式砌叠，山体内外的沟槽及山体表面的主导皱纹线，都是从下至上竖立着的，因此整个山势呈向上伸展的状态（图 7-11）。根据山体结构的不同竖立状态，这种结构形式又分直立结构与斜立结构两种。

a. 斜立结构。构成假山的大部分山石，都采取斜立状态；山体的主导皱纹线也是斜立的，山石与地平面的夹角在 45°以上，并在 90°以下。这个夹角一定不能小于 45°，不然就会成了斜卧状态而不是斜立状态。

b. 直立结构。即山石全部采取直立状态砌叠，山体表面的沟槽及主要皱纹线都相互平行并保持直立。采取这种结构的假山要注意山体在高度方向上的起伏变化和在平面上的前后错落变化。

假山主体部分的倾斜方向和倾斜程度应是整个假山的基本倾斜方向和倾斜程度。山体陪衬部分则可以分为 1~3 组，分别采用不同的倾斜方向和倾斜程度，与主山形成相互交错的斜立状态，这样能够增加变化，使假山造型更加具有动态。

采用竖立式结构的假山石材，一般多是条状或长片状的山石，矮而短的山石不能多用。这是因为，长条形的山石更易于砌出竖直的线条。但长条形山石在用水泥砂浆黏合成悬垂状时，要全靠水泥的黏结力来承受其重量。因此，对石材质地就有了新的要求。一般要求石材质地粗糙或石面小孔密布，这样的石材用水泥砂浆作黏合材料时的附着力很强，容易将山石黏合牢固。

3）层叠式结构。假山结构若采用层叠式，则假山立面的形象就具有丰富的层次感，一层层山石叠砌为山体，山形朝横向伸展，或是敦实厚重，或是轻盈飞动，容易获得多种生动的艺术效果。在叠山方式上，层叠式假山可分为两种：

a. 斜面层叠。即在堆叠山石时，山石倾斜叠砌成斜卧状、斜升状；石的纵轴与水平线形成一定夹角，角度在10°~30°，最大不超过45°。

b. 水平层叠。即在堆叠山石时，每一块山石都采用水平状态叠砌，假山立面的主导线条都是水平线，山石向水平方向伸展。

层叠式假山石材一般可用片状的山石，片状山石最适于做层叠的山体，其山形常有"云山千叠"般的飞动感。体形厚重的块状、墩状自然山石，也可用于层叠式假山。而由这类山石做成的假山，则山体充实，孔洞较少，具有浑厚、凝重、坚实的景观效果。

4）环透式结构。采用环透结构的假山，其山体孔洞密布，穿眼嵌空，显得玲珑剔透。这种造型与其造山所用石材和造山手法密切相关。环透式假山的石材多为太湖石和石灰岩风化形成的怪石，这些山石的天然形状就是千疮百孔、玲珑剔透，石面多孔洞与穴窝，孔洞形状多为通透的不规则圆形，穴窝则有锅底状或不规则形状。

山石的表面皱纹多环纹和曲线，石形显得婉转柔和。在叠山手法上，为了突出太湖石类的环透特征，一般多采用拱、斗、卡、安、搭、连、飘、扭曲、做眼等手法。这些手法能够很方便地做出假山的孔隙、洞眼、穴窝和环纹、曲线及通透形象来。透漏型假山一般采用环透式结构来构造山体。

（3）假山山洞结构设计。大中型假山一般都会设计山洞，山洞使假山幽深莫测，对于创造山景的幽静和深远境界有十分重要的作用。山洞本身也有景可观，能够引起游人极大的游览兴趣。在假山山洞的设计中，还可以使假山洞产生更多的变化，从而更加丰富它的景观内容。

1）假山山洞的形式。不同的山洞类型具有不同的洞内造型和洞内游览效果。根据洞道的构成特点，可以将山洞分为以下几种类型：

a. 平洞与爬山洞。平洞是洞底道路基本为平路的山洞，一般在平坦地面修筑的假山山洞多为平洞。爬山洞则是洞内道路有上坡和下坡，并且坡度较陡的山洞，在自然山坡上建造的假山山洞多为爬山洞，在平地上建造的假山也有做爬山洞的，但工程量比较大。

b. 单层洞与多层洞。在单层洞内，洞道没有分作上下两层的情况；在多层洞内，洞道则从下至上分作两层以上，即洞上有洞，下层洞与上层洞之间由石梯相连。

c. 单口洞。即只有一个洞口的洞室。这种洞室可设计在假山的陡壁下，作为承担某种实用功能的石室。石室内若有一汪清泉，则景观效果更佳。

d. 单洞与复洞。单洞是只有一条洞道和两个洞口的假山洞；复洞是有两条并行洞道，或者还有岔洞和两个以上洞口的山洞，即洞旁有洞。小型假山一般仅做单洞，大型假山则可设计为复洞，或者设计为单、复洞相互接续的，时分时合的形式。

e. 通天洞。指一般假山洞内上下相通的竖向山洞。这种洞可以作为采光洞或透气洞，但其洞道更宽大，并设有沿着洞壁盘旋而上的石梯，主要供游人攀登游览，或者供人们从上向下观赏幽深的洞底。在上面的洞口周围和洞壁上的石梯边缘，一定要设置栏杆，以保证游览安全。

f. 采光洞和换气洞。这是假山山洞内附属的两种小洞，主要是用来采光和通气的。前者设在光线黯弱洞段的洞壁上，一定要做成透光的洞。后者多设在石室、断头岔洞的后部或设在较长洞道的中段，不一定需要透光。

g. 旱洞与水洞。洞内无水的假山洞为旱洞，洞内有泉池、溪流的山洞为水洞。有的假山洞在洞顶、洞壁有滴水或漫流细水的，也属于水洞。

2）假山洞口设计。在布置假山洞时，首先应使洞口的位置相互错开，由洞外观洞内，似乎洞中有洞。洞口布置最忌造成山洞直通透亮和从山前一直看到山后。洞口要宽大，不要成"鼠洞蚁穴"状。洞口以内的洞顶与洞壁要有高低和宽窄变化，以显出丰富的层次，这样从洞外向洞内看时，就会有深不可测的观感。

洞口的外形要有变化，特别是黄石做的洞口，其形状容易显得方正呆板，不太自然，要注意使洞口形状多一点圆弧线条的变化。但也要注意，不能使洞口过于圆整，否则又违反了黄石的石性，所以，洞口的形状既要不违反所用石种的石性特征，又要使其具有生动自然的变化性。

a. 假山洞内景观设计。山洞做出来后，要使游人有可游可居的感觉，如扬州个园黄石秋山的主山洞，洞内有采光的窗洞，光线很充足，并设有石桌、石凳、石床、石枕，布置如居室一般，这就给人以亲切的居家感觉。因此，为了提高山洞的观赏性，洞内不妨设置一些趣味小品，如石灯、石观音、滴漏、泉眼、溪涧等等。

b. 假山洞道布置。假山山洞的洞道布置在平面上要有曲折变化，其曲折程度应比一般的园林小路大许多。假山洞道最忌讳被设计成笔直如交通隧道式，而要设计成回环转折、弯弯曲曲的形状。同时，洞道的宽窄也不能如一般园路那样规则一致，要做到宽窄相济，开合变化。洞顶也不得太矮，其高度应在保持一个合适的平均高度的前提下，作高低变化。对山洞洞内景观的处理，要注意营造适宜的观赏环境。

总之，山洞造型变化十分丰富，在设计中，应因地制宜，根据具体的环境地形条件，做出创造性的处理。

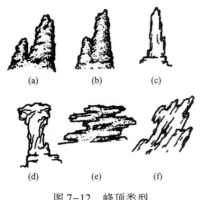

图 7-12 峰顶类型
（a）分峰式；（b）合峰式；（c）剑立式；
（d）斧立式；（e）流云式；（f）斜立式

（4）假山山顶结构设计。假山山顶是假山上最突出、最能集中视线的部位。山顶设计的成功与否，直接关系到整个假山的艺术形象，因此，假山设计时，对山顶部分的合理设计非常必要。根据假山山顶造型中常见的形象特征，可将假山山顶的基本造型概括为峰顶、峦顶、崖顶和平山顶等四个类型。

1）峰顶设计。常见的假山山峰收顶形式有分峰式、合峰式、剑立式、斧立式、流云式和斜立式六种结构造型（图 7-12）。

a. 斜立式峰顶。斜立式峰顶指假山峰顶的峰石呈斜立状，势如奔趋，具有明显的倾向性和动态感。这种峰顶形式最适宜山体结构也采用斜立式的假山。

b. 斧立式峰顶。斧立式峰顶指的是假山上用来收顶的峰石呈斧状直立。峰石要求上大下小。这种峰顶既有险峻之态，又有安稳之意，静中有动，动中有静。

c. 剑立式峰顶。剑立式峰顶指假山山峰顶部用一块直立的峰石进行收顶，上小下大，挺拔雄伟，这种收峰适宜用条形大石采取直立状态来构成，也可用几块较小的长形山石直立着横向拼合构成。

d. 合峰式峰顶。当峰体平面面积比较大，但采用分峰法收顶容易削弱山峰雄伟的特点时，就适合采用合峰式收顶。合峰式峰顶实际上是两个以上的峰顶合并为一个大峰顶，次峰、小峰的顶部融合在主峰的边坡中，成为主峰的肩部。在收顶时，要避免主峰的左右肩部成为一样高、一样宽的对称形状，主峰左右肩的高度要有合理的变化。

e. 分峰式峰顶。所谓分峰，就是在一座山体上用两个以上的峰头收顶。当假山山峰砌筑到预定高度时，如峰体平面面积仍然比较大，就要考虑采用分峰方式收结峰顶。在处理分峰时，要注意峰头应有高低和大小的变化，并且一定要突出主峰。

f. 流云式峰顶。流云式峰顶指假山峰顶横向延伸，若层云横飞，这种收顶形式就是流云式。流云式峰顶只用在层叠式结构的假山上。

2）峦顶设计。峦顶是指假山山顶设计成山峦形状的顶部，如低山丘陵景象。在环透式结构的假山上，也用含有许多洞眼的湖石堆叠成峦形山顶。这种峦顶的观赏性较差，在假山中的个别小山山顶偶尔可以采用，一般不在主峰和比较重要的客峰上设计这种峦顶。

3）崖顶设计。假山山顶也可设计成山崖形式，山崖是山体陡峭的边缘部分，其形象与山的其他部分都不相同。山崖既可以作为重要的山景部分，又可以作为登高望远的观景点。

崖顶可以分为平坡式崖顶、斜坡式崖顶、悬垂式崖顶、悬挑式崖顶等几种（图7-13）。平坡式崖顶，崖壁直立，崖顶主要由平伏的片状山石在中部作压顶石，而以矮型的直立山石围在崖边，使整个山崖呈平顶状；斜坡式崖顶，崖壁陡立，崖顶在山体堆砌过程中顺势收结为斜坡状，山崖顶面可以是平整的斜坡，也可以是崎岖不平的斜坡；悬垂式崖顶，崖顶石向前悬出并有所下垂，致使崖壁下部向里凹进，为保证结构稳定，在做悬崖时应做到"前悬后压"，即在悬挑山石的后端砌筑重石施加重压，使崖顶在力学上保持平衡；悬挑式崖顶，崖顶全部以层层出挑方式构成，其结构方式和山体一样，都采用层叠式结构，以这种方式收顶的山崖，也可叫作悬崖，要前悬后压，使悬崖的后部坚实稳定。

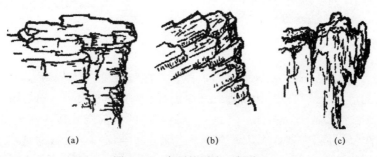

(a)　　　　　　　　(b)　　　　　　　　(c)

图7-13　崖顶的形式（部分）

（a）平坡式崖顶；（b）斜坡式崖顶；（c）悬垂式崖顶

4）平山顶设计。在假山景观中，平顶的假山也较为常见。庭园假山之下如做有盖梁式山洞的，其洞顶之上就多是平顶。就是在现代园林中，为了使假山具有可游、可憩的特点，有时也还要做一些平顶式的假山。

第二节 园林置石设计

一、置石设计的基本理论

1. 石景山石材料的类型与选择

（1）黄蜡石。黄蜡石产于我国南方各地，颜色常有灰白、浅黄、深黄色，有蜡状光泽，圆润光滑。石形多为有涡状凹陷的各种块状，角处抹圆。黄蜡石常与植物配合组成庭园小景。

（2）千层石。千层石产于江、浙、皖一带，属沉积岩。有层状节理，变化自然多姿，沉积岩中有多种类型、色彩（图7-14）。

（3）黄石。黄石是一种带橙黄颜色的细砂石，苏州、常州、镇江等地皆有所产，以常熟虞山最为著名。其石形体拙重顽夯，棱角分明，节理面近乎垂直，雄浑沉实，具有强烈的光影效果，是堆叠大型假山与石景最常用的石材之一。扬州个园的黄石假山（秋山）如图7-15所示。

图7-14 千层石假山

图7-15 扬州个园黄石假山

（4）斧劈石。斧劈石是一种沉积岩，有浅灰、深灰、黑、土黄等色，产于江苏常州一带。具竖线条的丝状、条状、片状纹理，又称剑石，外形挺拔有力，但易风化剥落。

（5）湖石。湖石多处于水中或山中，是经过溶蚀的石灰岩。其"性坚而润，有嵌空、穿眼、宛转、险怪之势"。湖石线条浑圆流畅，洞穴透空灵巧。湖石的这些形态特征，使得它特别适于用作特置的单峰石和环透式假山。在不同的地方和不同的环境中生成的湖石，其形状、颜色和质地都有差别。

1）房山石。产于北京房山，也称为北太湖石。新开采的房山石呈红色、橘红色或更淡一些的土黄色，日久转灰黑色。石形也像太湖石一样具有涡、穴、沟、环、洞的变化，但多密集的小孔洞而少大洞，外观比较沉实、浑厚。北京颐和园的青芝岫如图7-16所示。

2）太湖石。因原产于太湖一带而得名，灰白色，质重、坚硬，稍有脆性。石形玲珑，漏、透特征显著，轮廓柔和圆润，自然形成沟、缝、穴、洞，如苏州留园冠云峰（图7-17）、上海豫园玉玲珑等。

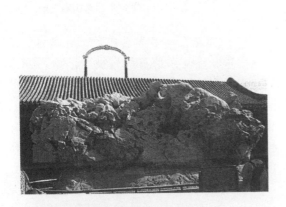

图7-16　颐和园青芝岫

图7-17　苏州留园冠云峰

3）宣石。产于安徽宁国市。宣石又称雪石，内含石英，迎光则闪闪发亮，其色白如积雪覆于灰色石上，有特殊的观赏效果。扬州个园的冬山就是采用宣石掇成。宣石石质坚硬，石面常有明显棱角，皴纹细腻且多变化，线条较直。

4）灵璧石。原产安徽省灵璧县，质脆，叩之有声。石面有坳坎，石形千变万化，色有深灰、白、红等。这种山石可掇石景小品，更多的情况下作为盆景石玩。

5）英石。常见于岭南园林，产于广东英德市。有白英、灰英和黑英三种。灰英居多，白英和黑英较为稀少，以黑如墨、白如脂者为贵。英石是石灰岩碎块被雨水淋溶和埋在土中被地下水溶蚀所生成的，质坚而脆，石形轮廓多转角，石面形状有巢状、绉状等，绉状中又分大绉和小绉，以玲珑精巧者为佳。英石体形较小，多为盆玩，用英石做假山石景较少（图7-18）。

（6）石笋石。石笋石又称白果石、虎皮石、剑石，产于浙江省常山县一带。青灰色的细砂岩中沉积了一些白色的砾石，犹如银杏所产的白果嵌在石中。大多呈条柱状，如竹笋，色淡灰绿、土红，带有眼窠状凹陷。常配置于竹林中，表现"雨后春笋"的景观，如扬州个园春山（图7-19）。

图 7-18　英石皱云峰（杭州）

图 7-19　扬州个园春山石笋石

图 7-20　钟乳石假山

（7）钟乳石。多为乳白色、乳黄色、土黄色，质重、坚硬，是石灰岩被水溶解后又在山洞、崖下沉淀生成的一种石灰华。主要出产于我国南方和西南地区，地下水丰富的石灰岩地区都有钟乳石产出。钟乳石常见的形状有石钟乳、石幔、石柱、石笋等，形状千奇百怪、丰富多变（图 7-20）。

（8）青石。青石产于北京西郊洪山，是一种青灰色的细砂岩，质地纯净而少杂质，由于是沉积而成的岩石，石内有一些水平层理，水平层的间隔一般较小，所以形体多呈片状，有"青云片"之称。在北京园林假山石景中常见。

（9）大卵石。又名河卵石、石蛋等，产于河床之中，有多种岩石类型，如花岗岩、砂岩、流纹岩等；石材颜色也有多种，如灰色、白色、黄色、绿色、蓝色等。石形浑圆，一般不用于堆叠假山，而是作为石景或石桌、石凳等与水体、植物等要素相结合进行造景。

（10）其他石品。

1）松皮石。一种暗土红的石质中杂有石灰岩的交织细片的石材，外观像松树皮。

2）木化石。地质历史时期的树木经历地质变迁，最后埋藏在地层中，经历地下水的化学交换、填充作用，这些化学物质结晶沉积在树木的木质部分，将树木的原始结构保留下来，于是就形成木化石。木化石古老质朴，常作特置或对置。

我国山石品种极为丰富，在进行石景设计或假山堆叠时，首先要因地制宜地选用石材，在体现园林的地方特色的同时也降低园林造价；其次要了解了不同石材的质地与外形特色，在设计过程中选择最适合景观特色的石材。

2. 石景置石的设计形式

石景又称为置石，主要表现山石的个体美或局部的组合，常以石材或仿石材布置成自然露岩景观，可结合挡土墙、护坡和种植床或器设等实用功能，来点缀园林空间。

置石的形式有特置、对置、散置和作为器设小品等形式。

（1）散置。又称散点，即"攒三聚五"（三三五五聚在一起）、散漫理之的做法。常布置于内庭、廊间、散点于山坡上作为护坡、草坪中、水中、园路旁边或与其他景物结合造景（图7-21）。其布局要点在于：有聚有散，有断有续，主次分明；高低曲折，顾盼呼应，疏密有致，层次丰富，散而有物，寸石生情（图7-22）。这类石景因表现的是群体美，所以在选择石材时对石材的要求比特置要低一些，可以选用较为平常的石材。

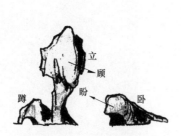

图7-21　散置布局要点

图7-22　散置

（2）特置。又称孤置，特置山石大多由单块山石布置成为独立的石景。常作园林入口的障景和对景，或置于视线集中的廊间、天井中间、漏窗后面、水边、路口或园路转折处，作为局部空间的构景中心；也可以和壁山、花台、岛屿、驳岸等结合。

特置山石选材时，多选用体量巨大、造型奇特和质地、色彩特殊的石材。特置山石可置于整形的基座上，也可置于自然山石上。特置山石在工程结构方面要求稳定和耐久，设置时保持重心的平衡。著名的特置石景有苏州留园冠云峰、瑞云峰，上海豫园玉玲珑，杭州曲院风荷绉云峰及北京颐和园的青芝岫等。

（3）对置。把山石沿某一轴线或在门庭、路口、桥头、道路和建筑物入口两侧作对应的布置称为对置。对置由于布局比较规整，给人严肃的感觉，常在规则式园林或入口处采用。对置并非对称布置，作为对置的山石在数量、体量及形态上无须对等，只求在构图上的均衡和在形态上的呼应。

（4）器设小品。为了增添园林的自然风光，常以石材作石屏风、石栏、石桌、石几、石凳、石床等，既具有很高的实用价值，又可结合造景，使园林空间富有山林野趣，充满自然气息（图7-23）。

图7-23　器设小品

3. 石景置石的方法

（1）散兵石的布置。散兵石的布置也是散置的一种布置形式，散兵石与子母石最大的不同是：子母石的石块相互之间的距离较小，"母石"地位突出，整体感觉强烈，而散兵石的石块之间距离较远，石块有大有小，但没有体量特别突出、占主导地位的石块。

散兵石在布置时，应疏密有致，石块与石块间仍然应按不等边三角形进行处理。在地面布置散兵石时，一般应采取浅埋或半埋的方式安置山石。山石布置好后，应当像是地下岩石、岩层的自然露头，而不要像临时放在地面上似的。散兵石还可附属于其他景物进行布置，如半埋于树下、草丛中、路边、水边等。

（2）单峰石的布置。单峰石的布置主要是特置形式石景的布置，包括石材的选择、石材的拼合、基座的设置等内容。

单峰石在选材时应选择姿态奇特、体形高大的石材，常选择形态瘦、透、漏、皱的太湖石（图7-24），也选择形体高大、气势突出的其他的一些石材如黄石等。

当所选用的山石不够高大，或石材的某一局部有重大缺陷时，就需要用同种的山石进行拼合，使其成为足够高大的单峰石。在山石拼合时，为了石景景观效果，一般只对底部的山石进行拼合，顶部的山石须是一整块。在石材拼合接口处，尽量选择接口较为吻合的石材，并且要注意接缝的严密性和掩饰缝口，使拼合体完全为一个整体。

图7-24　单峰石景观

单峰石有两种设置方法：一是设置在规则式的基座上，二是设置在自然的山石基座上。规则式基座可以是砖石等材料砌筑而成的规则形状，常见的是采用须弥座的形式。单峰石直接放在须弥座上刹垫稳当，或者将石底浅埋于须弥座的台面上。

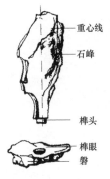

图7-25　单峰石设置方式

基座也可以采用墩状座石做成，座石半埋或全埋于地表，我国传统的做法是用石榫头稳定，即将单峰石的底部凿成榫头状，基座顶面凿出榫眼，榫头长度在十几厘米到二十几厘米，根据石块体量而定，但榫头尽量用较大直径，周围留3cm左右石边即可，基磐上的榫眼比石榫直径略大、深度略深，插入榫头后灌入粘合材料，要求山石的重心线和榫头中心线在一条线上（图7-25）。若单峰石为斜立姿态，为防止倾倒，应将座石偏于一方的部位凿出深槽，槽的后端向后凹进，以便卡住峰石底部；再将峰石底部凿成与座石深槽相适应的形状，峰石嵌入座石后便可固定。

（3）子母石的布置。子母布置是散置的一种布置形式，这种石景布置表现的是多块山石自然分布的景观。子母石的石块数量最好为单数，要"攒三聚五"地进行布置。选用石材应有大有小，形状各不相同，有天然的风化面，其中"母石"体量应明显大于"子石"体量，占主导地位。

子母石布置时应使主石即"母石"地位突出，其中"母石"布置在中间，子石围绕在周围。山石在平面布置时应按不等边三角形法则处理，即任何三块山石在平面布置上都要排成不等边三角形，要有聚有散、疏密有致。在立面布置时，山石要有高有低、高低错落，最高的无疑是"母石"。"母石"应有一定的姿态造型，采用卧、仰、斜、伏、蹲等姿态均可，要在单个石块的静势中体现全体石块所有的生动性。"子石"的形状一般不再造型，只是以现成的自然山石布置在"母石"的周围，其方向性、倾向性应与"母石"密切相关、相互呼应。在子母石的布置中，应注意"子石"与"母石"之间的相互呼应。相互呼应的子母石石块之间"形断气连"，虽然是聚散布置，但彼此之间有一种内在联系使其成为一个整体。呼应的方法常用的是使"子石"倾向"母石"，体现一种明显的奔趋性，这样就在子母石之间建立了呼应关系［图7-26（a）］。

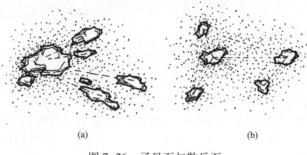

(a)　　　　　　　　　　　(b)

图7-26　子母石与散兵石

（a）子母石；（b）散兵石

二、园林置石设计要点及内容

以某景观置石设计为例介绍：

1. 完成石景设计平面图

该石景位于小广场中，从中心游园设计方案中来看，该石景的平面形状已经大致确定，在做石景工程设计时，必须在此基础上进行，部分地方可以做微调，但应不影响总体效果，在平面图上主要要解决石块的平面形状、尺寸、石块间的距离、石块的标高等问题。

石景在平面布置时，任何三块山石在平面布置上都要排成不等边三角形，要遵循有聚有散，疏密有致，有断有续，主次分明；高低错落，顾盼呼应，层次丰富，散而有物，寸石生情的原则。

从石景的标高看，九块喷水整石的标高分别为26.850、26.700、26.600、26.550、26.550、26.500、26.500、26.300m和26.100m，充分体现了高低错落的原则；从石块的形状和体量来看，喷水整石为不同尺寸的方形，其尺度分别从1518mm×1700mm到830mm×860mm不等，体现了主次分明、层次丰富的设计思想；从平面布局来看，喷水整石的间距从355mm到2315mm不等，并且有几块石块有部分的重叠，体现了有聚有散、有断有续的设计原则（图7-27）。

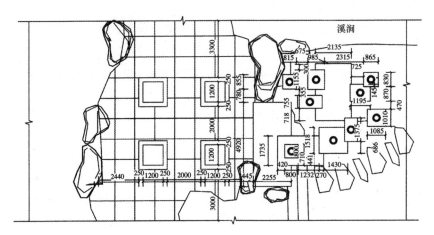

图 7-27　石景高程设计

2. 完成石景设计剖面图

剖面图主要是根据平面图、立面图已定的控制标高和尺寸进行绘制，剖面图应从剖切线所在位置进行绘制，即 A—A 剖面，并标注剖到部分的材料及构造。

剖切线剖到的部分有铺筑地、花坛等，铺地的表面材料为 300mm×300mm×30mm 荔枝面的黄锈石，其结构层次及材料如图 7-28 所示；花坛壁压顶的材料为 425mm×250mm×50mm 荔枝面的黄锈石，花坛壁侧面上部为青石板，下部为 200～300mm×30mm 千叶长条状青灰色文化石，其具体的结构层次及材料如图 7-28 所示；喷水整石为自然面的芝麻白花岗岩；铺地边缘的自然形状石材为河卵石（图 7-28）。

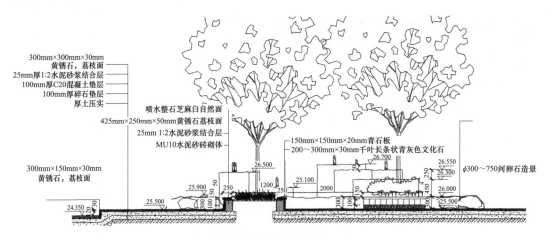

图 7-28　石景剖面图

3. 完成石景设计立面图

立面图须在已完成的平面图基础上进行，要根据平面图的尺寸和标高进行绘制。石景在立面布置时，山石要有高有低、高低错落，有宽有窄、宽窄结合，顾盼呼应。

立面图主要要表达的是景物在高程上的变化，在立面图的绘制过程中，若是发现平面图上的高程控制不太理想，如高低变化不够大，或高差太大，某石块太高或太低，都要及时对平面图进行调整；若是发现石块的立面在宽度上的变化过于单一，如每块石块的宽度都极为接近，或石块的立面在宽度上过于悬殊，如有些石块太宽，有些则太窄等，也要对平面进行相应的调整，力求设计出最美的立面。

与平面图相对应，画出石景立面中可见的石块的轮廓线，其高程分别为 26.850、26.700、26.600、26.550、26.550、26.500m 和 26.300m，体现了高低错落的原则（图 7-29）。

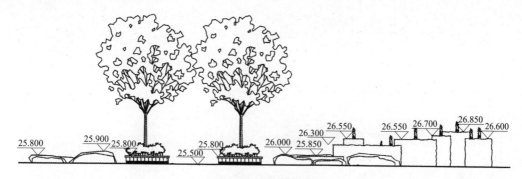

图 7-29 石景立面图

4. 完成石景设计大样图

当部分景物在总平面图和立面图中无法表达清楚时，可采用索引符号引出，在大样图中将这部分的景物绘制清楚。大样图可以包括平面图、立面图、剖面图等。

在该石景设计平面图及立面图中，因无法对喷水整石的内部结构等表达清楚，故在平面图上用索引符号引出，通过绘制喷水整石的大样图来清楚地表达出其平面、立面和内部结构。

该整石的平面是一个正方形，外沿 800mm×800mm，内沿 700mm×700mm，内沿比外沿高出 100mm，整石正中心有一小孔，有喷泉管道通入到小孔处，整石的材料是自然面的芝麻白花岗岩（图 7-30）。

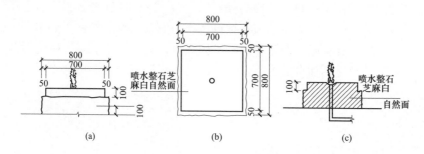

图 7-30 喷水整石大样图

（a）喷水整石立面图 1：20；（b）喷水整石立面图 1：20；（c）喷水整石立面图 1：20

5. 整理出图

以某景观阵石石景施工图设计合理性和制图规范性检查与修改为例介绍。

使用设计公司标准 A3 图框，在 CAD 布局中选用合适比例把石景施工图各类型图样合理布置在标准图框内。根据图样的大小选择合适的出图比例，保证打印后图纸的尺寸及文字标注和图样清楚。出图打印，如图 7-31 所示。

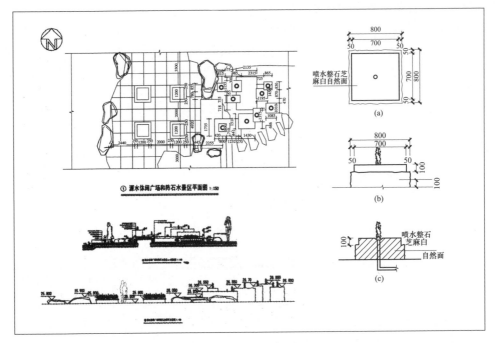

图 7-31　石景设计图出图

第三节　园林塑石设计

一、塑石设计理论

塑山是指采用混凝土、玻璃钢、有机树脂等现代材料和石灰、砖、水泥等非石材料经人工塑造而成的假山（图 7-32）。塑山与塑石（图 7-33）可省采石、运石之工，造型不受石材限制，体量可大可小，适用于山石材料短缺的地方和施工条件受到限制或结构承重条件限制的地方。塑山具有施工期短和见效快的优点，缺点在于混凝土硬化后表面有细小的裂纹，表面皱纹的变化不如自然山石丰富，而且使用期不如石材长。

图 7-32　塑山

图 7-33　塑石

塑山早在岭南园林中就有较多的应用，这是因为当地原来多以英德石为山，但英德石很少有大块料的，所以也就改用水泥材料来人工塑造山石。做人造山石时，一般以铁条或钢筋为骨架做成山石模胚与骨架。然后再用小块的英德石贴面，所塑造成的山石也比较逼真。如今，因为塑山（或塑石）具有施工方便、造型随意、材料易得、成本较低等多方面的优点，所以在城市绿地中随处可见，成为一种创造山石景观的重要手段。

二、园林塑石设计要点及内容

下面以某景观塑石设计为例：

1. 塑石设计说明

塑石设计说明的撰写内容主要包括塑石景观的立意、位置、内部的构造和材料等。

该塑石景观位于中心公园南部主入的入口广场上，以三块塑石组成，为一组子母石，布置疏密有致，顾盼呼应，高低错落，母石的高度为4.3m，子石的高度分别为2m和1m。塑石采用钢筋网结构，用角钢搭设骨架，外包一层钢筋网，在此基础上抹水泥砂浆加玻璃纤维，并在表面塑石。塑石上题刻"宁静致远"四字，使景观更富有意境，引起人们的联想，并暗示园内景观的引人入胜。

2. 塑石平面设计

塑石是一组子母石时，子母石在布置时，应使主石即"母石"地位突出，其中"母石"布置在中间，子石围绕在周围。山石在平面布置时应按不等边三角形法则处理，即任何三块山石在平面布置上都要排成不等边三角形，要有聚有散、疏密有致。

在子母石的布置中，应注意"子石"与"母石"之间的相互呼应。

母石体量最大，在左侧，两块子石围绕在母石旁边，其趋势趋向于母石，与母石相互呼应，子母石之间"形断气连"，是一个有机整体；三块石之间的距离各不相同，构成一个不等边三角形，有聚有散、疏密有致，如图7-34所示。

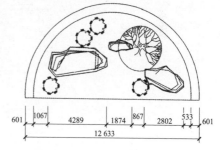

图 7-34 塑石景观平面图

3. 塑石立面设计

塑石景观在立面布置时，要有高有低、高低错落。最高的无疑是"母石"，"母石"应有一定的姿态造型，采用卧、仰、斜、伏、蹲等姿态均可，要在单个石块的静势中体现全体石块所有的生动性。"子石"的形状一般不再造型，只是以现成的自然山石布置在"母石"的周围，其方向性、倾向性应与"母石"密切相关、相互呼应。

最高的是母石，高 2.5m，标高 26.700m，子石的高度分别 1.5m、1m，标高分别是 25.700m、25.200m，两块子石都倾向于母石，在立面上呈现出高低错落、顾盼呼应的态势，如图7-35所示。

4. 塑石结构设计

塑石景观剖面图设计，主要是解决塑石的内部构造和材料的问题。塑石的构造有钢筋骨架结构和砖石填充结构两种结构。钢结构的塑石自重较轻，造型灵活，砖石填充物结构的塑石自重较重，造价较低。该塑石最高的石块高度为 4.3m，高度较高，且石形较为挺拔，因此其内部结构选择空心的钢骨架塑石结构。

该塑石以角钢为骨架，在外面覆一层钢筋网，在钢筋网的基础上用 50mm 厚水泥砂浆加玻璃纤维分层抹灰，在表面塑出石形（图 7-36）。

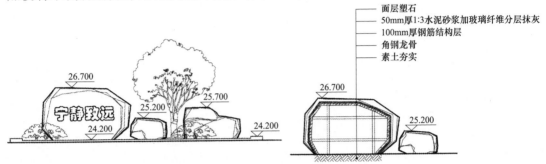

图 7-35　塑石景观立面图　　　　　　　　图 7-36　塑石景观剖面图

5. 整理出图

某南入口广场塑石景观施工图设计合理性和制图规范性检查与修改。

使用设计公司标准 A3 图框，在 CAD 布局中选用合适比例把假山施工图各类型图样合理布置在标准图框内。根据图样的大小选择合适的出图比例保证打印后图纸的尺寸及文字标注和图样清楚。出图打印，如图 7-37 所示。

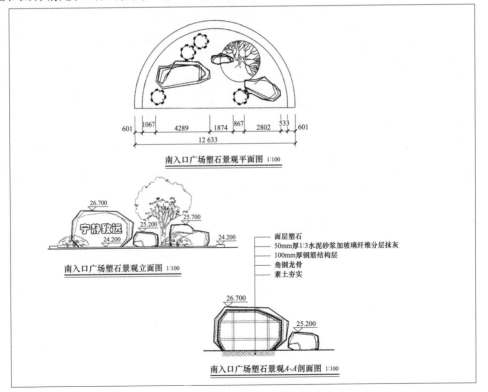

图 7-37　塑石景观施工图出图

第八章

园 林 园 路 景 观 设 计

第 一 节 园 路 设 计 理 论

一、园路的等级

园路依照重要性和级别，可分以下三类：

（1）小路。即游览小道或散步小道，其宽度一般仅供1人漫步或可供2~3人并肩散步。小路的布置很灵活，平地、坡地、山地、水边、草坪上、花坛群中、屋顶花园等处，都可以铺筑小路。

（2）主园路。在风景区中又叫主干道，是贯穿风景区内所有游览区或串联公园内所有景区的，起骨干主导作用的园路，多呈环形布置。主园路常作为导游线，对游人的游园活动进行有序的组织和引导；同时，它也要满足少量园务运输车辆通行的要求。

（3）次园路。又称支路、游览道或游览大道，是宽度仅次于主园路的，联系各重要景点或风景地带的重要园路。次园路有一定的导游性，主要供游人游览观景用，一般不设计为能够通行汽车的道路。

公园、风景区道路级别与宽度根据公园、风景区面积不同取值不同（见表8-1和表8-2）。

表8-1 公园道路级别与宽度参考值

公园道路级别	公园陆地面积/hm²			
	<2	2~10	10~50	>50
主园路/m	2.0~3.5	2.5~4.5	3.5~5.0	5.0~7.0
次园路/m	1.2~2.0	2.0~3.5	2.0~3.5	3.5~5.0
小路/m	0.9~1.2	0.9~2.0	1.2~2.0	1.2~3.0

表8-2 风景区道路级别与宽度参考值

风景区道路级别	风景区面积/hm²		
	100~1000	1000~5000	>5000
主干道/m	7~14	7~18	7~21
次干道/m	7~11	7~14	7~18
游览道/m	3~5	4~6	5~7
小道/m	0.9~2.0	0.9~2.5	0.9~3.0

二、园路系统的布局形式

园林中园路的布局，一般在园林总体规划（方案设计）时已解决。园路工程设计主要是根据规划所定线路、地点的实际地形条件，再加以勘察和复核，确定具体的工程技术措施，然后做出工程的技术设计。

园路系统主要由不同级别的园路和各种用途的园林场地构成。园路系统布局一般有三种：套环式、条带式和树枝式（图8-1）。

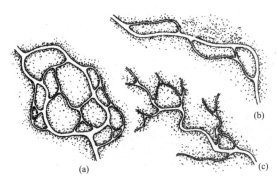

图8-1　三种园路系统的布局形式
（a）套环式；（b）条带式；（c）树枝式

1. 条带式园路系统

在地形狭长的园林绿地上，采用条带式园路系统比较合适。这种布局形式的特征是：主园路呈条带状，始端和尽端各在一方，并不闭合成环。在主路的一侧或两侧，可以穿插次园路和游览小道。次路和小路相互之间也可以局部地闭合成环路，但主路不闭合成环。条带式园路布局不能保证游人在游园中不走回头路。所以，只有在林荫道、河滨公园等带状公共绿地中，才采用条带式园路系统。

2. 树枝式园路系统

以山谷、河谷地形为主的风景区和市郊公园，主园路一般只能布置在谷底，沿着河沟从下往上延伸。两侧山坡上的多处景点，都是从主路上分出一些支路，甚至再分出一些小路加以连接。支路和小路多数只能是尽端式道路，游人到了景点游览之后，要原路返回到主路再向上行。这种道路系统的平面形状，就像是有许多分枝的树枝一样，游人走回头路的次数很多。因此，从游览的角度看，它是游览性最差的一种园路布局形式，只有在受地形限制不得已时才采用这种布局。

3. 套环式园路系统

这种园路系统的特征是：由主园路构成一个闭合的大型环路或一个"8"字形的双环路，再由很多的次园路和游览小道从主园路上分出，并且相互穿插连接与闭合，构成较小的环路。主园路、次园路和小路是环环相套，互通互连的关系，其中少有尽端式道路。因此，这样的道路系统可以满足游人在游览中不走回头路的愿望。套环式园路是最能适应公共园林环境，并且在实践中也是应用最为广泛的园路系统。

但是在地形狭长的园林绿地中，由于受到地形的限制，套环式园路也有不易构成完整系统的遗憾之处，因此在狭长地带一般都不采用这种园路布局形式。

三、园路的宽度确定

在以人行为主的园路上根据并排行走的人数和单人行走所需宽度确定园路宽度；在兼顾园务运输的园路上则根据所需设置的车道数和单车道的宽度确定园路宽度。

公园中，单人散步的宽度为0.6m，两人并排散步的道路宽度为1.2m，三人并排行走的道路宽度则可为1.8m或2.0m。个别狭窄地带或屋顶花园上，单人散步的小路最窄可取

0.9m。如果以车道宽度及条数来确定主园路的宽度，则要考虑设置车道的车辆类型，以及该类车辆车身宽度情况。在机动车中，小汽车车身宽度按 2.0m 计，中型车（包括洒水车、垃圾车、喷药车）按 2.5m 计，大型客车按 2.6m 计。加上行驶中横向安全距离的宽度，单车道的实际宽度可取的数值是：小汽车 3.0m，中型车 3.5m，大客车 3.5m 或 3.75m（不限制行驶速度时）。在非机动车中，自行车车身宽度按 0.5m，伤残人士轮椅车按 0.7m，三轮车按 1.1m 计算。加上横向安全距离，非机动车的单车道宽度应为：自行车 1.5m，三轮车 2.0m，轮椅车 1.0m。如图 8-2 所示，为并排行走时不同人数和不同行走方式下园路宽度的情况，和设置不同车道数的主园路宽度的情况。

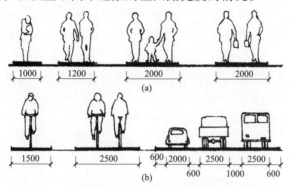

图 8-2　园路宽度确定依据

（a）人行道宽度确定；（b）主园路宽度确定

四、园路的结构

园路的结构一般由路面、路基和附属工程三部分组成。

1. 路面的结构

从横断面上看，园路路面是多层结构，其结构层次随道路级别、功能的不同而有区别。一般路面从上至下结构层次的分布顺序是面层、结合层、基层和垫层（图 8-3）。

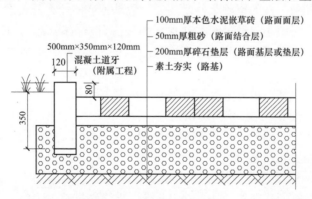

图 8-3　园路结构示意图

（1）垫层。在路基排水不畅、易受潮受冻情况下，需要在路基之上设一个垫层，以便于排水，防止冻胀，稳定路面。在选用粒径较大的材料做路面基层时，也应在基层与路基之间设垫层。做垫层的材料要求水稳定性良好。一般可采用煤渣土、石灰土、砂砾等，铺设厚度8~15cm。当选用的材料兼具垫层和基层作用时，也可合二为一，不再单独设垫层。

路面结构层的组合，应根据园路的实际功能和园路级别灵活确定。一些简易的园路，路面可以不分垫层、基层和面层，而只做一层，这种路面结构可称为单层式结构。如果路面由两个以上的结构层组成，则可叫多层式结构。各结构层之间，应当结合良好，整体性强，具有最稳定的组合状态。结构层材料的强度一般应从上而下逐层减小，但各层的厚度却应从上而下逐层增厚。不论单层还是多层式路面结构，其各层的厚度最好都大于其最小的稳定厚度。

（2）基层。基层位于路基和垫层之上，承受由面层传来的荷载，并将荷载分布至其下各结构层。基层是保证路面的力学强度和结构稳定性的主要层次，要选用水稳定性好，且有较大强度的材料，如碎石、砾石、工业废渣、石灰土等。园路的基层铺设厚度可在6~15cm。

（3）结合层。在采用块料铺砌作面层时，要结合路面找平，而在基层和面层之间设置一个结合层，以使面层和基层紧密结合起来。结合层材料一般选用3~5cm厚的粗砂、1:3石灰砂浆或M2.5混合砂浆。

（4）面层。位于路面结构最上层，包括其附属的磨耗层和保护层。面层要采用质地坚硬、耐磨性好、平整防滑、热稳定性好的材料来做，有用水泥混凝土或沥青混凝土整体现浇的，有用整形石块、预制砌块铺砌的，也有用粒状材料镶嵌拼花的，还有用砖石砌块材料与草皮相互嵌合的。总之，面层的材料及其铺装厚度要根据园路铺装设计来确定。有的园路在面层表面还要做一个磨耗层、保护层或装饰层。磨耗层厚度一般为1~3cm，所用材料有一定级配，如用1:2.5水泥砂浆（选粗砂）抹面，用沥青铺面等。保护层厚度一般小于1cm，可用粗砂或选与磨耗层一样的材料。装饰层的厚度可为1~2cm，可选用的材料种类很多，如磨光花岗石、大理石、釉面墙地砖、水磨石、豆石嵌花等，也是要按照具体设计而定。

2. 路基

路基是路面的基础，为园路提供一个平整的基面，承受地面上传下来的荷载，是保证路面具有足够强度和稳定性的重要条件之一。一般黏土或砂性土开挖后夯实就可直接作为路基；对未压实的下层填土，经过雨季被水浸润后能自身沉陷稳定，其容重为180g/cm³，可用于路基；过湿冻胀土或湿软橡皮土可采用1:9或2:8灰土加固路基，其厚度一般为15cm。

根据周围地形变化和挖填方情况，园路有三种路基形式：

（1）填土路基。是在比较低洼的场地上，填筑土方或石方做成的路基。这种路基一般都高于两旁场地的地坪，因此也常常被称为路堤［图8-4（a）］。园林中的湖堤道路、洼地车道等，有采用路堤式路基的。

（2）挖土路基。即沿着路线挖方后，其基面标高低于两侧地坪，如同沟堑一样的路基，因而这种路基又被叫作路堑［图8-4（b）］。当道路纵坡过大时，采用路堑式路基可以减小纵坡。在这种路基上，人、车所产生的噪声对环境影响较小，其消声减噪的作用十分明显。

（3）半挖半填土路基。在山坡地形条件下，多见采用挖高处填低处的方式筑成半挖半填土路基。这种路基上，道路两侧是一侧屏蔽另一侧开敞，施工上也容易做到土石方工程量的平衡［图8-4（c）］。

根据园路的功能和使用要求，路基应有足够的强度和稳定性。要结合当地的地质水文条件和筑路材料情况，整平、筑实路基的土石，并设置必要的护坡、挡土墙，以保证路基的稳定。还要根据路基具体高度情况，设置排水边沟、盲沟等排水设施。路基的标高应高于按洪水频率确定的设计水位0.5m以上。

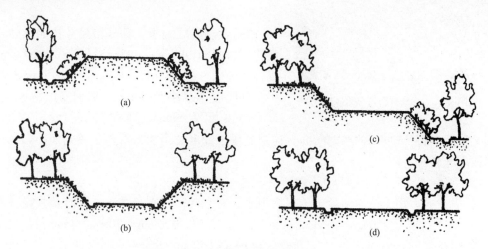

图8-4　园路路基的形式

（a）填土路基；（b）挖土路基；（c）半挖半填土路基；（d）平地式

3. 附属工程

（1）明沟。是为收集路面雨水而建的线性构筑物，通常没于地面，可分为有盖明沟和无盖明沟，在园林中常用砖块砌成。

（2）雨水井。是为收集路面雨水而建的点状构筑物，通常埋于地面下，与雨水管相连，通过雨水井收集雨水后，再经过排水管排出。在园林中常用砖块砌成基础与井身，铸铁制作成雨水井盖。

（3）道牙。道牙一般分为立道牙和平道牙两种形式，其构造如图8-5所示。它们安置在路面两侧，使路面与路肩在高程上起衔接作用，并能保护路面，便于排水。道牙一般用砖或混凝土制成，在园林中也可以用瓦、大卵石等。

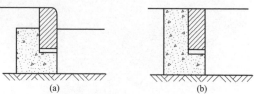

图8-5　园路道牙的形式

（a）立道牙；（b）平道牙

五、园路路面的铺装类型

路面铺装形式根据材料和装饰特点可分为整体现浇铺装、片材贴面铺装、板材砌块铺装、砌块嵌草铺装、砖石镶嵌铺装和木铺地等六种类型。

1. 板材砌块铺装

该类型铺装材料通常指厚度在50~100mm的装饰性铺地材料。

（1）板材铺地。包括打凿整形的天然石板和预制的混凝土板。

1）天然石板。一般被加工成497mm×497mm×50mm、697mm×497mm×60mm、

图 8-6 天然石板（火烧板）

997mm×697mm×70mm 等规格，其下铺 30～50mm 的砂土做找平的垫层，可不做基层。或者以砂土层作为间层，在其下设置 80～100mm 厚的碎（砾）石层作基层也行。石板下不用砂土垫层，而用1：3 水泥砂浆作结合层，可以保证面层更坚固和稳定（图 8-6）。

2）预制混凝土板。其规格尺寸按照具体设计而定，常见有 497mm×497mm、697mm×697mm 等规格，铺砌方法同石板一样。不加钢筋的混凝土板，其厚度不要小于 80mm。加钢筋的混凝土板，最小厚度可仅 60mm，所加钢筋一般用直径 6～8mm、间距 200～250mm 的双向布筋。预制混凝土铺砌的顶面，常加工成光面、彩色水磨石面或露骨料面。

（2）砖铺地。

1）黏土砖。用于铺地的黏土砖规格很多，有方砖，也有长方砖。方砖及其设计参考尺寸如：尺二方砖，400mm×400mm×60mm；尺四方砖，470mm×470mm×60mm；足尺七方砖，570mm×570mm×60mm；二尺方砖，640mm×640mm×96mm；二尺四方砖，768mm×768mm×144mm。长方砖如：大城砖，480mm×240mm×130mm；二城砖，440mm×220mm×110mm；地趴砖，420mm×210mm×85mm；机制标准青砖，240mm×115mm×53mm。砖墁地时，用 30～50mm 厚细砂土或 3：7 灰土作找平垫层。方砖墁地一般采取平铺方式，有顺缝平铺和错缝平铺两种做法（图 8-7 和图 8-8）。

图 8-7 青砖席纹立铺

图 8-8 透水砖（荷兰砖）人字纹平铺

2）混凝土方砖。正方形，常见规格有 297mm×297mm×60mm、397mm×397mm×60mm 等表面经翻模加工为方格或其他图纹，用 30mm 厚细砂土做找平垫层铺砌（图 8-9）。

3）透水砖铺地。透水砖的主要生产工艺是将煤矸石、废陶瓷、长石、高岭土、黏土等粒状物与结合剂拌和，压制成型再进入高温煅烧而成具有多孔的砖。其材料强度高、耐磨性好。

（3）木质砖砌块路面。木质砖砌块路面因其具有独特的质感，较强的弹性和保温性，而且无反光，可提高步行的舒适性而被广泛用于露台、广场、园路的地面铺装。

（4）砌块铺地。用凿打整形的石块，或用预制的混凝土砌块铺地，也是作为园路结构面层使用的。混凝土砌块可设计为各种形状、各种颜色和各种规格尺寸，还可以结合路面不同图纹和不同装饰色块，是目前城市街道人行道及广场铺地的最常见材料之一（图8-10）。

图 8-9　混凝土方砖（透水砖）　　　　　图 8-10　天然石块（骨石）

2. 片材贴面铺装

片材是指厚度在 5~20mm 的装饰性铺地材料，常用的片材主要是花岗岩、大理石、釉面墙地砖、陶瓷广场砖和马赛克等。这类铺地一般都是在整体现浇的水泥混凝土路面上使用。在混凝土面层上铺垫一层水泥砂浆，起路面找平和结合作用。用片材贴面装饰的路面，边缘最好要设置道牙石。

（1）天然石材片铺地。主要指花岗岩，花岗石可采用红色、青色、灰绿色等多种，要先加工成正方形、长方形的薄片状，然后用来铺贴地面（图8-11）。其加工的规格大小，可根据设计而定，一般采取 500mm×500mm、700mm×500mm、700mm×700mm、600mm×900mm 等尺寸。或用其碎片铺贴，多成冰裂纹。常用的天然石材还有大理石，大理石铺地与花岗石相同。

（2）陶瓷广场砖铺地。广场砖多为陶瓷或琉璃质地，产品基本规格是 100mm×100mm，略呈扇形，可以在路面组合成直线的矩形图

图 8-11　天然石材片

案，也可以组合成圆形图案。广场砖比釉面墙地砖厚一些，其铺装路面的强度也大一些，装饰路面的效果比较好。

（3）釉面墙地砖铺地。釉面墙地砖有丰富的颜色和表面图案，尺寸规格也很多，在铺

图 8-12 釉面墙地砖

地设计中选择余地很大；其商品规格主要有 100mm×200mm、300mm×300mm、400mm×400mm、400mm×500mm、500mm×500mm 等多种（图 8-12）。

（4）马赛克铺地。庭园内的局部路面还可用马赛克铺地，如古波斯的伊斯兰式庭园道路，就常用这种铺地。马赛克色彩丰富，容易组合地面图纹，装饰效果较好，但铺在路面较易脱落，不适宜人流较多的道路铺装，所以目前采用马赛克装饰路面并不多见。

3. 整体现浇铺装

整体现浇铺装主要包括水泥混凝土路面、沥青混凝土路面和塑胶整体路面。整体现浇铺装的路面适宜风景区通车干道、公园主园路、次园路。

（1）沥青混凝土路面（图 8-13）。一般以 30~50mm 厚沥青混凝土作面层。根据沥青混凝土的骨料粒径大小，有细粒式、中粒式和粗粒式沥青混凝土可供选用。这种路面属于黑色路面，一般不用其他方法来对路面进行装饰处理。

（2）透水性沥青铺地。这种路面通常用直溜石油沥青。在车行道上，为提高骨料的稳定和改善耐久性，有必要使用掺橡胶和树脂等办法改善沥青的性质。上层粗骨料为碎石、卵石、砂砾石、矿渣等。下层细骨料用砂、石

图 8-13 彩色沥青混凝土面层

屑，并要求清洁，不能含有垃圾、泥土及有机物等。石粉主要使用石灰岩粉末，为防止剥离，可与消石灰或水泥并用。掺料为总料重量的 20% 左右。对于黏性土，这种难于渗透的土路基，可在垂直方向设排水孔，灌入砂子等。

（3）水泥混凝土路面。路面面层一般采用 C20 混凝土，做 120~160mm 厚。路面每隔 10m 设伸缩缝一道。对水泥混凝土面层的装饰，主要采取各种表面抹灰处理。

1）普通抹灰。用普通灰色水泥配制成 1：2 或 1：2.5 水泥砂浆，在混凝土面层浇注后尚未硬化时进行抹面处理，抹面厚度为 1~1.5cm。

2）彩色水泥抹面。水泥路面的抹面层所用水泥砂浆，可通过添加颜料而调制成彩色水泥砂浆，用这种材料可做出彩色水泥路面。彩色水泥调制中使用的颜料，需选用耐光、耐碱、不溶于水的无机矿物颜料，如红色的氧化铁红、黄色的柠檬铬黄、绿色的氧化铬绿、蓝色的钴蓝和黑色的炭黑等。

3）彩色水磨石地面（图 8-14）。它是用彩色水泥石子浆罩面，再经过磨光处理而成的装饰性路面。按照设计，在平整后、粗糙、已基本硬化的混凝土路面面层上，弹线分格，用玻璃条、铝合金条（或铜条）作为分格条。然后在路面上刷上一道素水泥浆，再用 1：1.25~1：1.50 彩色水泥细石子浆铺面，厚 0.8~1.5cm。铺好后拍平，表面滚筒压实，待出浆后再用抹子抹面。

4）露骨料饰面（图8-15）。采用这种饰面方式的混凝土路面和混凝土铺砌板，其混凝土应用粒径较小的卵石配制。

5）表面压模（图8-16）。是在铺设现浇混凝土的同时，采用彩色强化剂、脱模粉、保护剂来装饰混凝土表面，以混凝土表面的色彩和凹凸质感表现天然石材、青石板、花岗岩甚至木材的视觉效果。

图8-14 彩色水磨石地面

图8-15 混凝土路面露骨料饰面

图8-16 水泥混凝土面层表面压模

（4）彩色混凝土透水透气性路面。透水性路面是指能使雨水直接渗入路基的人工铺筑的路面。彩色混凝土透水透气性路面是采用预制彩色混凝土异型步道砖为骨架，与无砂水泥混凝土组合而成的组合式面层。一般采用单一粒级的粗骨料，不用或少用细骨料，并以水泥为胶凝材料配制成多孔混凝土。其空隙率达43.2%，步道砖的抗折强度不低于4.5MPa，沙砂混凝土抗折强度不低于3MPa。因此具有强度较高，透水效果好的性能。其基层选用透水性和蓄水性能较好，渗透系数不小于10~3cm/s又具有一定强度和稳定性的天然级配砂砾、碎石或矿渣。

过滤层在雨水向地下渗透过程中起过滤作用，并能防止软土路基土质污染基层。过滤层材料的渗透系数应略大于路基土的渗透系数。土基的要求：为确保土基具有足够的透水性，路基土质的塑性指数不宜大于10，应避免在重黏土路基上修筑透水性路面。修整土路基时，其压实度宜控制在重型击实标准的87%～90%。

4. 木铺地

（1）木条板铺地。用于铺地的木材有正方形的木条、木板，圆形、半圆形的木桩等。在潮湿近水的场所使用时，宜选择耐湿防腐的木料。

天然木材独具的质感、色调、弹性，可令步行更为舒适。而贾拉木、红杉等木材在通常的环境条件下无须使用防腐剂，是可使用10~15年不腐朽的进口建材，常用于露台、广场、木质人行道，水滨码头甲板、木桥的地面铺装。

一般用于铺装木板路面的木材，除无须防腐处理的红杉等木材外，还有多种可加压注入防腐剂的普通木材。防腐剂应尽量选择对环境无污染的种类。还有许多具有一定耐久性的木材，如柚木（东南亚）等。

红杉木木质柔软，耐磨性较差，适用于可赤足踩踏的园路地板。另外，因加工容易，还可用于栏杆长凳。

（2）圆木铺地。铺地用的木材以松、杉、桧为主，直径10cm左右。木材的长度平均锯成15cm。

5. 镶嵌与拼花铺装

用砖、石子、瓦片、碗片等材料，通过拼砌镶嵌的方法，将园路的结构面层做成具有美丽图案纹样的路面（图8-17～图8-19）。一般用立砖、小青瓦瓦片来镶嵌出线条纹样（图8-20），并组合成基本的图案，再用各色卵石、砾石镶嵌作为色块，填充图形大面，并进一步修饰铺地图案。

图8-17　鹅卵石

图8-18　鹅卵石纹式镶边

图8-19　水洗石子

图8-20　小青瓦铺地

（1）水洗石子（图8-19）。水洗石子的粒径一般为5～10mm，卵圆形，颜色有黑、灰、白、褐等，可以选用单色或混合色应用。混合色者往往较能与环境调和，因此应用较普遍。洗石子地面处理除了用普通的水泥外，尚可用白色或加有红色、绿色着色剂的水泥，使石子洗出的格调更为特殊。

（2）鹅卵石（图8-17和图8-18）。鹅卵石是指直径为6~15cm，形状圆滑的河川冲刷石。用鹅卵石铺设的园路稳重而又实用，别具一格。

6. 木屑路面

木屑路面是利用针叶树树皮、木屑等铺成的，其质感、色调、弹性好，并使木材得到有效利用，一般用于公共广场、散步道、步行街等场所，有的木屑路面不用黏合剂固定木屑，只是将砍伐、剪枝留下的木屑简单地铺撒在地面上。使用这种简易铺装路面时应注意慎重选择地点，既要避免因风吹雨淋破坏路面，又要预防幼儿误食木屑。

7. 嵌草路面

嵌草路面有两种类型：一种是在块料铺装时，在块料之间留出空隙，其间种草。如冰裂纹嵌草路面，人字纹嵌草路面等。绿色草皮呈线状有规律地分布（图8-21）；另一种是制作成可以嵌草的各种纹样的混凝土空心砖，通常绿色草皮呈点状有规律地分布。

嵌草路面的预制混凝土砌块按照设计可有多种形状，大小规格也有很多种，也可做成各种彩色的砌块，但其厚度都不小于80mm，一般厚度都设计为100~150mm。砌块的形状基本可分为实心和空心两类。

图8-21　嵌草路面

第二节　园路设计的常用材料选择

1. 花岗岩品种

天然石材中的花岗岩质地坚硬密实，在极端易风化的天气条件下耐久性好，能承受重压，表面颜色和纹理多样，装饰性好，是常见的园路路面铺装面层材料。

花岗岩是典型的深成岩，其化学成分主要是 SiO_2（质量分数为65%~70%）。所以花岗岩为含硅较多的重酸性深成岩。

（1）花岗岩板材的类型。按表面加工的方式分为：粗磨板（表面经过粗磨，光滑而无光泽）、磨光板（经打磨后表面光亮、色泽鲜明、晶体裸露，经刨光处理即为镜面花岗岩板材）、剁斧板（表面粗糙，具有规则的条状斧纹）、机刨板（用刨石机刨成较为平整的表面，表面呈相互平行的刨纹）等。

（2）花岗岩板材的规格。天然花岗岩剁斧板和机刨板按图纸要求加工。粗磨板和磨光板材常用尺寸为300mm×300mm、305mm×305mm、400mm×1400mm、600mm×300mm、600mm×600mm、900mm×600mm、1070mm×750mm 等，厚度20mm。

（3）花岗岩的特点。装饰性好，其花纹为均粒状斑纹及发光云母微粒；坚硬密实，耐磨性好；耐久性好；花岗岩孔隙率小，吸水率小；耐风化；具有高抗酸腐蚀性；耐火性差，花岗岩中的石英在573℃和870℃会发晶体转变，产生体积膨胀，火灾发生时引起花岗岩开裂破坏。

天然花岗岩的常用品种如图8-22所示。

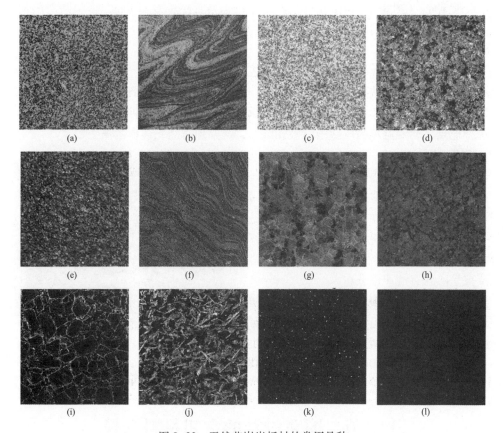

图 8-22　天然花岗岩板材的常用品种

（a）芝麻灰；（b）幻彩麻；（c）黄金麻；（d）黄金钻；（e）将军红；（f）幻彩红；
（g）枫叶红；（h）印度红；（i）大啡珠；（j）树挂冰花；（k）黑金砂；（l）蒙古黑

2. 加工处理过的石材

石材表面通过不同的加工处理可以形成不同的效果，加工过的石材（图 8-23）有以下类型：

（1）烧毛后。用火焰喷射器灼烧锯切下的板材表面，利用组成花岗石的不同矿物颗粒热膨胀系数的差异，使其表面一定厚度的表皮脱落，形成表面整体平整但局部轻微凸凹起伏的形式。烧毛石材反射光线少，视觉柔和，与抛光石材相比石材的明度提高、色度下降。

（2）剁斧后。剁斧是传统的加工方法，常用斧头錾凿石材表面形成特定的纹理。现代剁斧石概念的外延大大延伸了，常指人工制造出的不规则纹理状的石材。剁斧石一般用手工工具加工，如花锤、斧子、錾子、凿子等通过锤打、凿打、劈剁、整修、打磨等办法将毛坯加工成所需的特殊质感，其表面可以是网纹面、锤纹面、岩礁面、隆凸面等多种形式。现在，有些加工过程可以使用劈石机、自动锤凿机、自动喷砂机等完成。

（3）机刨纹理后。通过专用刨石机器将板面加工成特定凸凹纹理状的方法。

（4）哑光后。将石材表面研磨，使石材具有良好的光滑度、有细微光泽但反射光线较少。

（5）抛光后。将从大块石料上锯切下的板材通过粗磨、细磨、抛光的工序使板材具有良好的光滑度及较高的反射光线能力，抛光后的石材其固有的颜色、花纹得以充分显示，装饰效果更佳。

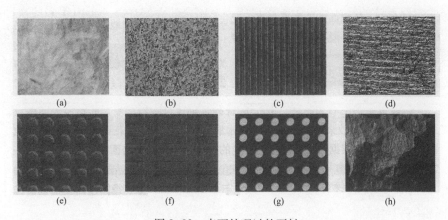

图 8-23　表面处理过的石材

（a）抛光石材；（b）烧毛石材；（c）机刨纹理石材；（d）机刨剁斧石材；（e）凹凸石材（常用于盲道）；
（f）凹凸石材（常用于盲道）；（g）钻孔石材；（h）剁斧（蘑菇石）石材

（6）其他特殊加工。现代的机械技术为石板的加工提供了更多的可能性，除了上述基本方法外还有一些根据设计意图产生的特殊加工方法，如在抛光石材上局部烧毛做出光面毛面相接的效果，在石材上钻孔产生类似于穿孔铝板似透非透的特殊效果等。

（7）喷砂。用砂和水的高压射流将砂子喷到石材上，形成有光泽但不光滑的表面。

对于砂岩及板岩，由于其表面的天然纹理，一般外露面为自然劈开或磨平显示出自然本色而无须再加工，背面则可直接锯平，也可采用自然劈开状态；大理石具有优美的纹理，一般均采用抛光、哑光的表面处理以显示出其花纹，而不会采用烧毛工艺隐藏其优点；而花岗石因为大部分品种均无美丽的花纹则可采用上述所有方法。

第三节　园路设计要点及内容

一、公园的园路类型分析

一般公园铁园路根据重要性、级别和功能分为主园路、次园路、游步道三类。

例如根据某公园设计方案分析，公园内部如果不通行机动车，可允许主园路上通行公园内部电瓶游览车。公园主园路宽度为 2.5m。主园路贯穿四个入口广场和各景区，形成闭合环状，是全园道路系统的骨架。该公园次园路宽度一般为 2.0～1.5m，分布于各景区内部联系各景点，以主园路为依托形成闭合环状，次园路类型最多，长度最大，主要为游人游览观景提供服务，不通行电瓶游览车。游步道宽度一般为 1.0～1.2m，分布在各景点内部，布置灵活多样，如水边汀步、假山蹬道、嵌草块石小道等。

二、公园园路系统的布局形式

园路系统主要由不同级别的园路和各种用途的园林场地构成。一般园路系统布局形式有套环式、条带式和树枝式三种。

通常公园的园路系统由主园路、次园路、游步道、各入口广场、体育活动场、源水休闲广场、亲水平台等园林场地组成。

公园的园路系统的特征是：主园路形成一个闭合的大型环路，再由很多的次园路和游步道从主园路上分出，并且相互穿插连接与闭合，构成较小的环路。不同级别园路之间是环环相套、互通互连的关系，其中少有尽端式道路。

例如，校区中心公园的园路系统形式为套环式园路系统（图8-24）。

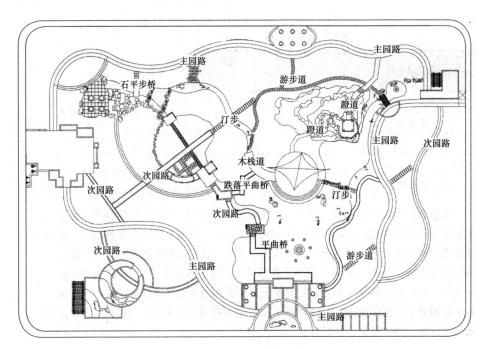

图8-24　某公园的园路系统

三、主园路铺装式样设计

首先确定园路的铺装类型（链接理论知识：园路路面的铺装类型）。不同的路面铺装由于使用材料的特点不同，其使用的场所有所不同。如通机动车的主园路一般选择整体现浇铺装，即水泥混凝土路面和沥青混凝土路面为主。

公园主园路不通行机动车，主要通行游人。因此可选择装饰性更好的道路铺装形式为片材贴面铺装或板材砌砖铺装。

片材是指厚度在5~20mm之间的装饰性铺地材料，常用的片材主要是花岗岩、大理石、釉面墙地砖、陶瓷广场砖和马赛克等。大理石在室外容易腐蚀破损，因此主要用于室内。马赛克规格较小，一般边长在20~30mm，最大在50mm以内。由于规格小容易脱落，因此主要用于墙面，地面只做局部装饰。

考虑主园路既能保证一定承载量，同时保证美观，并考虑与自然式公园意境相协调，设计确定主园路铺装形式为片材贴面铺装。采用不规则花岗岩石片冰裂纹碎拼。石片间缝用彩色卵石镶嵌。卵石与石片保持水平以保证游人行走的舒适性。

材料选择为30mm厚300~500mm的不规则黄锈石，冰裂纹碎拼；φ30~50彩色卵石（白色或黄色）嵌缝，与石板做平。园路边缘设置道牙石。道牙石选用600mm×300mm×

50mm 的青石板。青石板表面处理为荔枝面（图 8-25）。

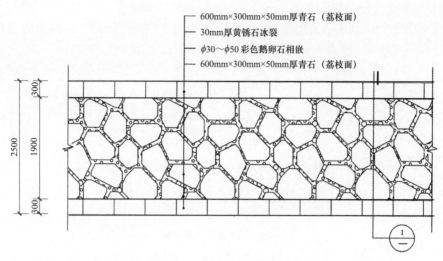

图 8-25　主园路平面铺装详图

四、主园路结构剖面设计

主园路不通行机动车，主要通行游人，因此园路对承重要求不高。已确定主园路铺装形式为片材贴面铺装。该类型铺地一般都是在整体现浇的水泥混凝土路面上采用。在混凝土面层上铺垫一层水泥砂浆，起路面找平和结合作用。由于片材薄，在路面边缘容易破碎和脱落，因此该类型铺地最好设置道牙，以保护路面，同时使路面更加整齐和规范。

园路的结构各层的厚度一般要求见表 8-3。

表 8-3　　　　　　　　　　　　　路面结构层最小厚度表

结构层材料		结构层名称	最小厚度/mm	备　　注
水泥混凝土		面层	60	
水泥砂浆饰面处理		面层	10	
石片、陶瓷墙地砖表面铺贴		面层	15	水泥砂浆作结合层
沥青混凝土	细粒式	面层	30	双层式结构的上层为细粒式时，其最小厚度为 20mm
	中粒式	面层	35	
	粗粒式	面层	50	
石板、预制混凝土板		面层	60	预制板加 φ6~φ8 钢筋
整齐石块和预制砌块		面层	100~120	
不整齐石块		面层	100~120	
砖铺地		面层	60	用 1:25 水泥砂浆或 4:6 石灰砂浆作结合层
砖石镶嵌拼花		面层	50	
级配碎石		基层	60	
渣土（塘渣）		垫层	80~150	
大块石		垫层	120~150	

某园路结构为：路基为素土夯实；路面垫层为 150mm 厚碎石灌浆填缝；路面基层选用 120mm 厚素混凝土（即无配筋的混凝土）；路面结合层为 30mm 厚 1∶3 干硬性水泥砂浆（干硬性是指砂浆拌合物流动性的级别），面上撒素水泥增加对片材的黏结度；路面面层为 30mm 厚黄锈石，彩色卵石嵌缝，50mm 厚青石为路缘道牙侧石，略突出路面 20mm，青石边缘做倒角圆边处理。卵石与黄锈石面平齐，以便保证游人行走的舒适性和安全性（图 8-26）。

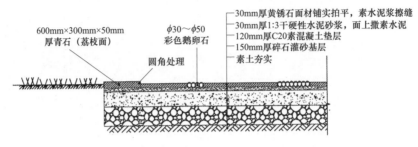

图 8-26　主园路构造详图

常用的建筑材料图例见表 8-4。

表 8-4　　　　　　　　　　　常用建筑材料图例

名称	图　　例	名称	图　　例
自然土壤		木材	
夯实土壤		纤维材料	
砂、灰土		金属	
毛石		多孔材料	
石材		玻璃	
普通砖		橡胶	
混凝土		防水材料	
钢筋混凝土		塑料	

五、次园路铺装式样设计

不同景区内的次园路铺装形式根据景区特点有不同要求。本步骤以西入口广场东侧水平草地内的次园路为例。已知该次园路宽度为 2m。

首先确定路面铺装的类型：依据公园设计方案，该次园路为直线形，位于平地。园路铺装的形式可选择整形的板材砌砖铺装。

板材砌砖铺装是指用厚度在 50～100mm 的整形板材、方砖、预制混凝土砌块铺设的路面。通常包括板材铺地、砌块铺地、砖铺地三种类型。

（1）砖铺地。通常指用混凝土方砖、黏土砖、透水砖的铺地形式。混凝土方砖常见规格有 297mm×297mm×60mm、397mm×397mm×60mm 等表面经翻模加工为方格或其他图纹。黏土砖有方砖，也有长方砖。方砖及其设计参考尺寸有：尺二方砖，400mm×400mm×60mm；尺四方砖，470mm×470mm×60mm；足尺七方砖，570mm×570mm×60mm；二尺方砖，640mm×640mm×96mm；二尺四方砖，768mm×768mm×144mm。长方砖规格有：大城砖，480mm×240mm×130mm；二城砖，440mm×220mm×110mm；地趴砖，420mm×210mm×85mm；机制标准青砖，240mm×115mm×53mm。

（2）砌块铺地。指用凿打整形的天然石块，或用预制的混凝土砌块铺。混凝土砌块可设计为各种形状、各种颜色和各种规格尺寸，还可以结合路面不同图纹和不同装饰色块，是目前城市街道人行道及广场铺地的最常见材料之一。

（3）板材铺地。包括打凿整形的天然石板和预制的混凝土板。选用的天然石板一般加工的规格有：497mm×497mm×50mm、697mm×497mm×60mm、997mm×697mm×70mm 等。预制混凝土板的规格尺寸常见有 497mm×497mm、697mm×697mm 等。预制混凝土铺砌的顶面，常可加工成光面、彩色水磨石面或露骨料面。

根据设计分析确定园路铺装的形式为整形的板材砌砖铺装中的砖铺地。砖选择规格为 300mm×150mm×60mm 的彩色混凝土砖，砖铺地采用人字纹错缝平铺方式，宽度为 1.6m，以暗红色彩砖为主，每 750mm 设置一行蓝色彩砖，增加园路的节奏韵律。路缘设置平道牙，道牙材料选用 500mm×200mm×50mm 的预制 C15 细石混凝土板（图 8-27）。

公园其他景区次园路平面铺装设计详图方法同上。

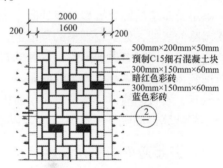

图 8-27　次园路平面铺装详图

六、次园路结构剖面设计

已知确定该次园路铺装的形式为整形的板材砌砖铺装。该类面层材料可作为道路结构面层。可在其下直接铺 30～50mm 的粗砂作找平的垫层，可不做基层。或以粗砂为找平层，在其下设置 80～100mm 厚的碎石层作基层，为使板材砌砖面层更牢固，可用 1∶3 水泥砂浆作结合层代替粗砂。

通过设计分析，考虑由于沿海地区园路区域为软土，地下水位高。次园路宜设置垫层为排水、防冻需要；同时设置结构强度高的素混凝土基层，保护路面不沉降。因此路面结构各层设计为：路基为素土夯实；路面垫层为 100mm 厚碎石层；路面基层为 100mm 厚 C15 混凝土层；路面结合层为 20mm 厚 1∶3 水泥砂浆层；路面面层为 300mm×150mm×

60mm 的彩色预制混凝土砖。道牙形式为平道牙，材料选择为 50mm 厚预制 C15 细石混凝土板（图 8-28）。

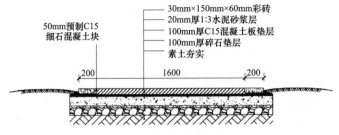

50mm预制C15
细石混凝土块

30mm×150mm×60mm彩砖
20mm厚1:3水泥砂浆层
100mm厚C15混凝土板垫层
100mm厚碎石垫层
素土夯实

200 1600 200

图 8-28 次园路结构详图

公园其他景区次园路结构设计详图方法同上。

七、游步道铺装式样设计

游步道主要分布在各景点内部，以深入各角落的游览小路。宽度一般为 1.0~1.5m。本步骤以北入口广场南面的平整草地上的嵌草块石小道为例。

游步道设计要结合景点环境特点，随地形起伏，高低错落，曲折多变，路面铺装应自然生动，形式多变。

游步道要满足游人的最小运动宽度，一般单人最小宽度为 0.75m，因此可选择该处游步道宽度为 1.0m。

确定游步道的铺装类型。该处游步道功能上只满足 1 人游览通行，考虑该处为西面直线次园路的延伸，处于较平整的草地上，因此选用有规则的圆弧曲线线形布置，材料选用规整的石板。同时考虑到园路与草坪的自然融合，综上缘由该处游步道铺装类型选用砌块嵌草铺装。材料选用规格为 1000mm×400mm 的毛面红色系中国红花岗岩。相邻的石板间留缝嵌草，石板间缝设计宽度宜小于游人的一步距，即 650mm。因此相邻石板（以石板间的中心线计算）间隔不超过 700mm，以便保证游人行走的舒适性（图 8-29）。

八、游步道结构剖面设计

由于游步道功能上只满足 1~2 人游览通行，因此游步道对结构强度较低，可以采用厚度小的基层或省略不做。

通过设计分析，确定该处游步道结构设计为：路基为素土夯实；采用 50mm 厚的粗砂作为垫层，同时起找平的作用；路面面层选用 80mm 厚毛面花岗岩；不设置道牙（图 8-30）。

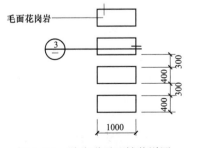

毛面花岗岩

③

300
400
300
400

1000

图 8-29 游步道平面铺装详图

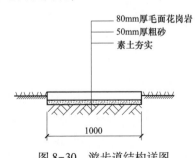

80mm厚毛面花岗岩
50mm厚粗砂
素土夯实

1000

图 8-30 游步道结构详图

九、其他及整理出图

园路台阶的结构设计。

例如使用设计公司标准 A3 图框，在 CAD 布局中选用合适比例把公园道路铺装与结构设计图各详图合理布置在标准图框内。一般各等级园路铺装详图设计出图比例为 1：60，各等级园路结构详图出图比例为 1：30。出图打印，如图 8-31 所示。

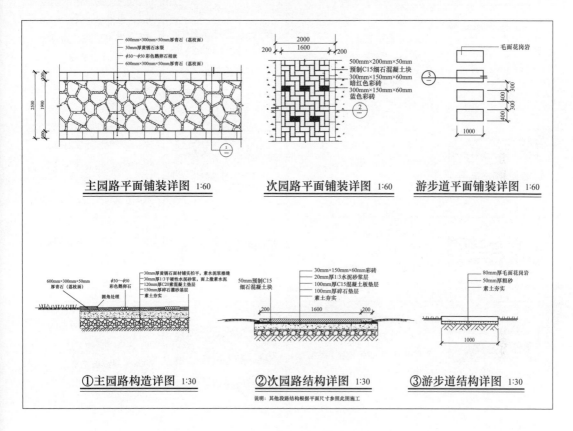

图 8-31 园路铺装与结构设计施工图

第四节 常见园路及其附属工程构造设计实践

常见的园路根据路面铺装特点和功能可以分为水泥混凝土车行道、沥青混凝土路、水洗石混凝土路面、陶瓷广场砖路面、石板路面、连锁混凝土砌块路面、砖铺地、透水砖铺地、弹石路面、卵石路面、砌块嵌草路面等。常见的园路类型及其结构层组合见表 8-5。

表 8-5 常见的园路路面结构层组合

简图	材料及做法	简图	材料及做法
水泥混凝土路面	160mm 厚 C20 混凝土 30mm 厚粗砂结合层 180mm 厚块石垫层 素土夯实	砖铺装路面	普通砖细砂嵌缝 5mm 厚粗沙垫层 100mm 厚碎石垫层 素土夯实
沥青混凝土路面	40mm 厚中粒沥青混凝土 80mm 厚碎石基层 100mm 厚碎石垫层 素土夯实	卵石路面	70mm 厚混凝土栽卵石 40mm 厚 M2.5 混合砂浆 150mm 厚碎石垫层 素土夯实
混凝土砌块路面	100mm 厚 C20 混凝土砌块 15mm 厚 1:3 水泥砂浆 150mm 厚级配砂石垫层 素土夯实	聚氨酯材铺装	6mm 厚聚氨酯类面层 6mm 厚聚氨酯类基层 30mm 厚细粒沥青混凝土 40mm 厚粗粒沥青混凝土 150mm 厚碎石垫层 素土夯实
天然石板铺装路面	30mm 厚石板 粗砂找平层 150mm 厚碎石垫层 素土夯实	石板嵌草路面	100mm 厚石板留草缝 40mm 50mm 厚粗砂垫层 素土夯实
陶瓷地砖铺装路面	8mm 厚陶瓷地砖 1:3 水泥砂浆结合层 100mm 厚 C15 混凝土基层 150mm 厚碎石垫层 素土夯实	砌块嵌草路面	100mm 厚混凝土空心砖 30mm 厚粗砂找平层 200mm 厚碎石垫层 素土夯实

一、礓磋的结构设计

在坡度较大的地段上，一般纵坡超过 15% 时，本应设台阶，但为了能通行车辆，将斜面做成锯齿形坡道，称为礓磋。其形式和尺寸如图 8-32 所示。

二、园路台阶的结构设计

园林道路在穿过高差较大的上下层台地，或者穿行在山地、陡坡地时，当路面坡度超过 12° 时，为了便于行走，在不通行车辆的路段上，可设台阶。台阶的宽度与路面相同，一般每级台阶的高度为

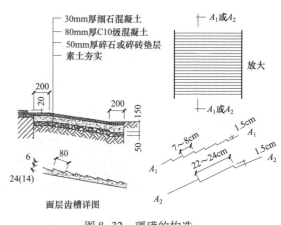

图 8-32 礓磋的构造

12～17cm，宽度为30～38cm。为了防止台阶积水、结冰，每级台阶应有1%～2%的向下的坡度，以利排水。

有时为了夸张山势，台阶的高度可增至25cm以上，以增加趣味。在广场、河岸等较平坦的地方，有时为了营造丰富的地面景观，也要设计台阶，使地面的造型更加富于变化。台阶根据使用的结构材料和特点可分为砖石阶梯踏步、混凝土踏步、山石磴道、攀岩天梯梯道等。其结构设计要点如下。

（1）山石磴道。在园林土山或石假山及其他一些地方，为了与自然山水园林相协调，梯级道路不采用砖石材料砌筑成整齐的阶梯，而是采用顶面平整的自然山石，依山随势地砌成山石磴道。山石材料可根据各地资源情况选择，砌筑用的结合材料可用石灰砂浆，也可用1∶3水泥砂浆，还可以采用山土垫平塞缝，并用片石刹垫稳当。踏步石踏面的宽窄允许有些不同，可在30～50cm之间变动。踏面高度还应统一起来，一般采用12～20cm。设置山石磴道的地方本身就是供登攀的，所以踏面高度大于砖石阶梯。

（2）砖石台阶。以砖或整形毛石为材料，M2.5混合砂浆砌筑台阶与踏步，砖踏步表面按设计可用1∶2水泥砂浆抹面，也可做成水磨石踏面，或者用花岗石、防滑釉面地砖作贴面装饰。根据行人在踏步上行走的规律，一步踏的踏面宽度应设计为28～38cm，适当再加宽一点也可以，但不宜宽过60cm；二步踏的踏面可以宽90～100cm。

每一级踏步的宽度最好一致，不要忽宽忽窄。每一级踏步的高度也要统一，不得高低相间。一级踏步的高度一般情况下应设计为10～16.5cm。低于10cm时行走不安全，高于16.5cm时行走较吃力（图8-33和图8-34）。儿童活动区的梯级道路，其踏步高应为10～12cm，踏步宽不宜超过45cm。一般情况下，园林中的台阶梯道都要考虑伤残人士轮椅车和自行车推行上坡的需要，要在梯道两侧或中带设置斜坡道。梯道太长时，应当分段插入休息缓冲平台，使梯道每一段的梯级数最好控制在25级以下；缓冲平台的宽度应在1.58m以上，太窄时不能起到缓冲作用。在设置踏步的地段上，踏步的数量至少应为2～3级，如果只有一级而又没有特殊的标记，则容易被人忽略，使人绊跤。

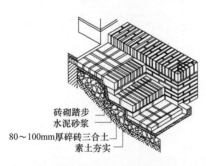

图8-33 砖台阶的构造

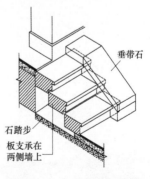

图8-34 条石台阶的构造

（3）混凝土台阶。一般将斜坡上素土夯实，坡面用1∶3∶6三合土（加碎砖）或3∶7灰土（加碎砖石）作垫层并筑实，厚6～10cm；其上采用C10混凝土现浇做踏步。踏步表面的抹面可按设计进行。每一级踏步的宽度、高度及休息缓冲平台、轮椅坡道的设置

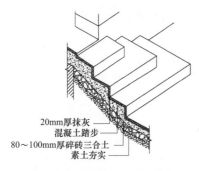

20mm厚抹灰
混凝土踏步
80～100mm厚碎砖三合土
素土夯实

图 8-35　混凝土台阶的构造

等要求，都与砖石阶梯踏步相同，可参照进行设计（图 8-35）。

（4）攀岩天梯梯道。这种梯道是在风景区山地或园林假山上最陡的崖壁处设置的攀登通道。一般是从下至上在崖壁凿出一道道横槽作为梯步，如同天梯一样。梯道旁必须设置铁链或铁管矮栏并固定于崖壁壁面，作为登攀时的扶手。

第九章

园林场地景观设计

第一节 园林场地设计理论

一、园林场地的类型

园林场地是相对较为宽阔的铺装地面。而园路是狭长形的带状铺装地面。园林场地的主要功能是汇集园景、休闲娱乐、人流集散、车辆停放等。园林场地根据场地的主要功能不同可分为园景广场、休闲娱乐场地、集散场地、停车场和回车场等类型。具有不同实用功能的园林场地类型其设计形式也不相同。

1. 园景广场

园景广场是将园林立面景观集中汇聚、展示在一处，并突出表现宽广的园林地面景观（如装饰地面、花坛群、水景池等）的一类园林场地。园林中常见的门景广场、纪念广场、中心花园广场、音乐广场等等，都属于这类广场。第一方面，园景广场在园林内部形成开敞空间，增强了空间的艺术表现力；第二方面，它可以作为季节性的大型花卉园艺展览或盆景艺术展览等的展出地；第三方面，它还可以作为节假日大规模人群集会活动的场所，而发挥更大的社会效益和环境效益。

2. 休闲娱乐场地

这类场地具有明确的休闲娱乐性质，在现代公共园林中是很常见的一类场地。例如，设在园林中的旱冰场、滑雪场、跑马场、射击场、高尔夫球场、赛车场、游憩草坪、露天茶园、露天舞场、钓鱼区，以及附属于游泳池边的休闲铺装场地等，都是休闲场地。

3. 集散场地

集散场地设在主体性建筑前后、主路路口、园林出入口等人流频繁的重要地点，以人流集散为主要功能。这类场地除主要出入口以外，一般面积都不很大，在设计中附属性地设置即可。

4. 停车场和回车场

停车场和回车场主要指设在公共园林内外的汽车停放场、自行车停放场和扩宽路口形成的回车场地。停车场多布置在园林出入口内外，回车场则一般在园林内部适当地点灵活设置。

5. 其他场地

附属于公共园林内外的场地，还有如旅游小商品市场、花木盆栽场、餐厅杂物院、园林机具停放场等，其功能不一，形式各异，在规划设计中应分别对待。

二、园林场地的地面装饰类型

园林场地的常见地面装饰类型有图案式地面装饰、色块式地面装饰、线条式地面装饰、台地式分色地面装饰（图9-1）。

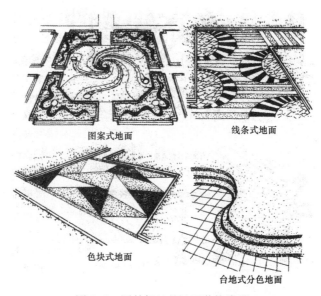

图案式地面　　　　线条式地面

色块式地面　　　　台地式分色地面

图9-1　园林场地的地面装饰类型

1. 线条式地面装饰

地面色彩和质感处理，是在浅色调、细质感的大面积底色基面上，以一些主导性、特征性的线条造型为主进行装饰。这些造型线条的颜色比底色深，也更要鲜艳一些，质地常常也比基面粗，是地面上比较容易引人注意的视觉对象。线条的造型有直线形、折线形，也有放射状、旋转形、流线型，还有长短线组合、曲直线穿插、排线宽窄渐变等富于韵律变化的生动形象。

2. 色块式地面装饰

地面铺装材料可选用3~5种颜色，表面质感也可以有2~3种表现；广场地面不做图案和纹样，而是铺装成大小不等的方、圆、三角形及其他形状的颜色块面。色块之间的颜色对比可以强一些，所选颜色也可以比图案式地面更加浓艳。但是，路面的基调色块一定要明确，在面积、数量上一定要占主导地位。

3. 台地式分色地面装饰

将广场局部地面做成不同材料质地，不同形状，不同高差的宽台地或宽阶形，使地面具有一定的竖向变化，又使某些局部地面从周围地面中独立出来，在广场上创造出特殊的地面空间。其地面装饰对不同高程的台地采用不同色彩和质地的铺地形式。例如，在广场上的雕塑位点周围，设置具有一定宽度的凸台形地面，就能够为雕塑提供一个独立的空间，突出雕塑作品。

4. 图案式地面装饰

用不同颜色、不同质感的材料和铺装方式，在广场地面做出简洁的图案和纹样。图案纹样应规则对称，在不断重复的图形线条排列中创造生动的韵律和节奏。采用图案式手法铺装时，应注意图案线条的颜色要偏淡偏素，绝不能浓艳。除了黑色以外，其他颜色都不要太深太浓。对比色的应用要掌握适度，色彩对比不能太强烈。地面铺装中，路面质感的对比可以比较强烈，如磨光的地面与露骨料的粗糙路面，就可以相互靠近，强烈对比。

三、园林场地的竖向设计

一般园林场地进行竖向设计时，都要求地面又宽又平，并保持一定的排水坡度，使人既感觉到场地的平坦，又不会在下雨时造成地面积水。不同平面形状的场地，在竖向设计上会有一些不同的要求。

1. 凸形场地

场地周围低，中央高，雨水从中央向周围排，通过外围的雨水口而排出。凸形场地适宜在山头、高地设置，也可用在纪念碑、主题雕塑等需要突出中心景物的广场上。

（1）园林场地竖向设计要有利于排水，要保证场地地面不积水。为此，任何场地在设计中都要有不小于 0.3% 的排水坡度，而且在坡面下端要设置雨水口、排水管或排水沟，使地面有组织地排水，组成完整的地上地下排水系统。场地地面坡度也不要过大，坡度过大则影响场地使用。一般坡度在 0.5% ~5% 较好，最大坡度不得超过 8%。

（2）竖向设计应当尽量做到减少土石方工程量，最好要做到土石方就地平衡，避免二次转运，减少土方用工量。场地整平一般采用"挖高填低"方式进行。如果在坡度较大的自然坡地上设置场地，设计时应尽量使场地的长轴与坡地自然等高线相平行，并且设计为向外倾斜的单坡场地，这样可以减少土方工程量，也有利于地面排水。

（3）场地竖向设计与场地的功能作用有一定的关系。合理的场地竖向设计有利于场地功能作用的充分发挥。例如，广场上的座椅休息区，其地坪设计高出周围 20~30cm，使成低台状，就能够保证下雨时地面不积水，雨后马上可以再供使用。

（4）广场中央设计为大型喷泉水池时，采用下沉式广场形式，降低广场地坪，就能够最大限度地发挥喷泉水池的观赏作用。园林中纪念性主体建筑的前后场地，采用单坡小广场的竖向设计，使主体建筑位置稍高，显得突出；又使雨水从建筑前向外排出，很好地保护了建筑基础不受水浸。

2. 矩形双坡场地

对面积广大，自然地形平坦的广场用地，可按双向坡面设计成双坡广场。双坡广场两个坡面的交接线自然形成一条脊线，成为广场地面的轴线。轴线的走向最好与广场中轴线相重合，或与广场前主路的中心线相接，以利地面排水和广场景观。双坡场地的排水，都是从地面轴线两侧向坡面以外排，通过最外侧的集水沟或地下雨水管排除掉。过分狭长的矩形广场，则可在短轴方向另加一条脊线，并在脊线变坡点处做适当的处理，如布置花境或纪念物等，以消除空间过于拉长的感觉。

3. 矩形单坡场地

园林大门前后广场、园林建筑前后的小场地、建在坡地上的小广场等，常常顺着天然坡面做成单坡场地。单坡场地的坡度一般大于 5%，不利于车辆行驶，可作为休息场地，布置一些花坛、草坪，或设计为有乔木遮阴的铺装场地，作为露天茶园。由图 9-2 中等高线表达的广场竖向特征可知，这类矩形的单坡广场地面没有明显的轴线；场地排水也是单方向的。

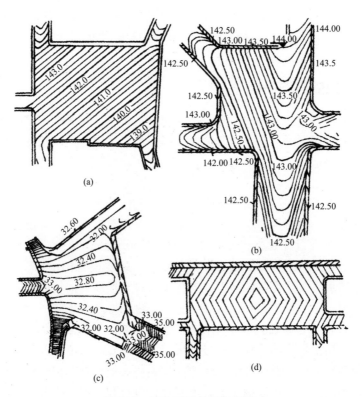

图 9-2　园林场地的竖向布置

（a）单坡广场；（b）有纵脊线的双坡广场；（c）向上下倾斜的双坡广场；
（d）有主轴的双坡广场

4. 下沉式广场

这类广场近似于盆地形，平面上的形状多成圆形。它可使广场周围的建筑、树木景观得到突出的表现，也使广场地面更低，可以从周围斜向俯瞰，而广场的全貌及其地面景观的观感也就会更好。下沉式广场的排水，可在广场中央地下设置环形雨水暗沟；雨水从广场周围向中央排，通过广场中圈的雨水口排入暗沟。

第二节　园林场地景观设计分析及内容

以某园林景观设计为例：

一、园林场地类型

园林场地根据功能不同可分为园景广场、休闲娱乐广场、集散场地、停车场和回车场、其他场地。园林场地是游人在园林中的主要活动空间。

园景广场是指一处将园林景观（如装饰地面、花坛群、水景池、雕塑等）集中汇聚展示的宽广园林地面，常见的类型有门景广场、纪念广场、中心花园广场、音乐广场等。

休闲娱乐广场具有明确的休闲娱乐性质。如园林中的露天舞场、露天茶厅、旱冰场、滑冰场、赛车场、跑马场、钓鱼台等。

集散场地以人流集散为主要功能，常设在人流频繁的公园出入口、建筑物前、主要路口等重要位置。

某公园的主要园林场地有：东入口广场、西入口广场、南入口广场、北入口广场、体育健身活动广场、源水休闲广场、南北亲水平台、停车场等。

东入口广场、南入口广场、北入口广场以人流集散为主，属于集散场地。

西入口广场以景观装饰为主、人流集散为辅的门景广场，属于园景广场。

北亲水平台上广场设置大型景观张拉膜结构，是公园的平立面构图中心。因此北亲水平台是以景观装饰为主、亲水休闲活动为辅的园景广场。

体育健身活动广场、源水休闲广场、南亲水平台广场分别是以体育健身活动、品茶、钓鱼亲水等休闲活动为主的广场，属于休闲娱乐场地（图9-3）。

下面以西入口广场为例，介绍公园的场地设计。

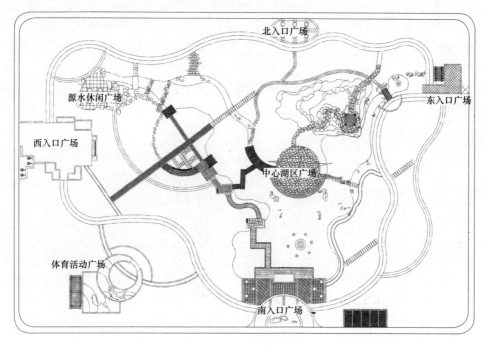

图9-3　某公园的场地类型

二、某公园入口广场的平面铺装设计

公园出入口的门景广场，由于人、车集散，交通性较强，绿化用地不能很多，一般都在10%～30%，其路面铺装面积常达到70%以上。

园景广场的铺装面积较大，在广场设计中占重要地位，地面常用整体现浇的混凝土铺装、各种抹面、贴面、镶嵌及砌块铺装方法进行装饰。园林场地的常见地面装饰类型有：图案式地面装饰、色块式地面装饰、线条式地面装饰、台地式分色地面装饰（链接理论知识：园林场地的地面装饰类型）。

园景广场的铺装地面设计应注意以下几条原则。其一，整体性原则：地面铺装的材料、质地、色彩、图纹等，都要协调统一，不能有割裂现象。其二，主导性原则：即突出主体、主次分明。要有基调和主调，在所有局部区域，都必须要有一种主导地位的铺装材料和铺装做法，必须要有一种占主导地位的图案纹样和配色方案，必须要有一种装饰主题和主要装饰手法。其三，简洁性原则：要求广场地面的铺装材料、造型结构、色彩图纹不要太复杂，适当简单一些，以便于施工。其四，舒适性原则：一般园景广场的地坪整理和地面铺装，都要满足游人舒适地游览散步的需要，地面要平整。地形变化处要有明显标志。路面要光而不滑，行走要安全。

通过分析可知，广场地面一般应以光洁质地、浅淡色调、简明图纹、平坦地形为铺装主导。

分析可知，入口广场属于园景广场，场地平面形状大致成规则的长方形，周边设置有规则的花坛、水池、景墙、宣传牌等景物布置。可对入口广场进行规则的线条式铺装设计。

首先整个广场以 400mm×400mm×30mm 的黄锈石花岗岩火烧板贴面顺纹斜铺为基调，形成暖色调的基底，保持广场地面的整体性。其次，以与基调不同质地和色彩的十字交叉线条将广场分为四个局部，形成在大面积底色基面上用主导性的规则线条造型为主的线条式地面装饰类型。

整个广场用 600mm×600mm×40mm 福建 654 号浅灰色荔枝面花岗岩板镶边。明显标记出整个广场的范围，以体现广场的整体性（图9-4）。

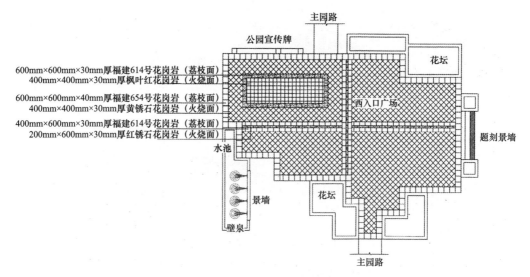

图9-4 入口广场的平面铺装设计

整个广场被规则的十字形线条划分为四个局部，左上部为广场入口部分，可进行重点局部装饰。如进行色块式地面装饰，在黄色基底中设置一个规则的浅灰色镶边的红色长方形色块，起到强调和装饰入口的作用。采用材料为 400mm×400mm×30mm 的枫叶红花岗岩火烧板为色块，400mm×600mm×30mm 福建 614 号荔枝面花岗岩板为浅灰色镶边。该处也可设置成装饰性更强的图案式地面装饰，可选择与公园主题或性质相符的图案进行装饰

（图 9-4）。

三、入口广场的竖向设计

一般场地在竖向设计中，都要求将地面整理成又宽又平，并保持一定的排水坡度。坡度取值可参考表 9-1。不同平面形状的场地根据原地形现状可设计为：单坡场地、双坡场地、下沉场地、凸形场地等类型。

表 9-1　　　　　　　　　　　　　公园各类场地的坡度取值

场地类型	适宜坡度（%）	最小坡度（%）	最大坡度（%）
广场与平台	1~2	0.3	3
运动场地	0.5~1.5	0.4	2
游戏场地	1~3	0.8	5
停车场地	0.5~3	0.3	8
高尔夫球场地	2~3	1	5

入口广场自然地形平坦，面积比较大，通过分析确定入口广场竖向设计为双坡场地。把两个坡面的交接线自然形成一条脊线，成为广场的东西轴线。场地从广场东西轴线两侧向坡面以外排水，通过最外侧的集水沟或地下雨水管排除。坡度取值为 1%，广场地面最高点控制高程为 24.300m。周边花池高 450mm，花池内种植土高程为 24.750mm（图 9-5）。

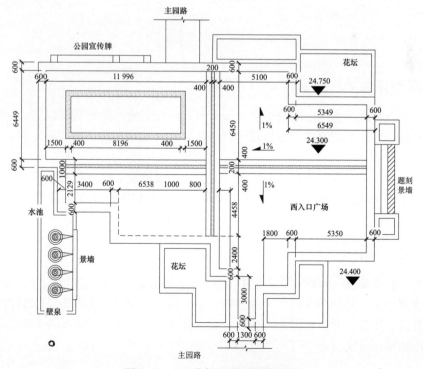

图 9-5　入口广场的平面铺装设计

四、入口广场的场地结构设计

场地的结构设计方法基本与园路的结构设计相同。

入口广场的功能主要为景观装饰，人流集散为次。主要供游人赏景和交通，不通行机动车。因此场地的荷载不大，场地对结构要求不高。选用铺装形式为装饰效果好的片材贴面铺装。选用材料主要为不同品种颜色的花岗岩，形成平面铺装式样。

确定铺装形式为片材贴面铺装。由于片材材料薄，一般为 5～20mm。这类铺装一般都要求在整体现浇的水泥混凝土基层上采用。该广场片材选用厚度为 30mm 的黄锈石、红锈石、枫叶红、福建 614 号、福建 654 号等品种的花岗岩片材。

在厚度为 100mm C20 混凝土基层上铺垫一层厚度为 25mm 的 1：2 水泥砂浆，起路面找平和结合作用。设置 150mm 厚碎石垫层。场地基础为原土夯实。

片材贴面铺装其边缘最好设置道牙石，使场地边缘整齐规范。该广场用 40mm 厚的浅灰色福建 654 号荔枝面花岗岩收边（图 9-6）。

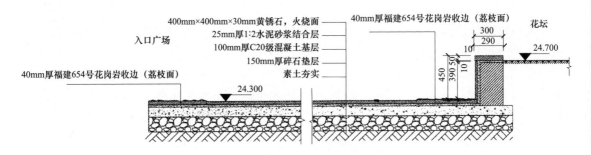

图 9-6　入口广场的场地结构设计

五、其他类型场地的设计

该校区中心公园还有其他广场类型。如南入口广场东侧有停车场的设置，分析停车场地的平面布局，对停车场地进行铺装设计和结构设计（方法参见链接实践知识：停车场的设计）。

公园在西南位置设置了体育活动广场，为游人提供健身活动的场所和器材。分析体育活动场地的平面布局，对体育活动场地进行铺装设计和结构设计（方法参见链接实践知识：游戏场的设计）。

六、整理出图

使用设计公司标准 A3 图框，在 CAD 布局中选用合适比例把公园西入口广场铺装与结构设计图合理布置在标准图框内。一般根据文字、尺寸清晰可见为标准，依据图样与图框的大小设置出图比例：铺装详图为 1：200，结构剖面详图为 1：25。出图打印。具体图纸布局及出图的操作方法（图 9-7）。

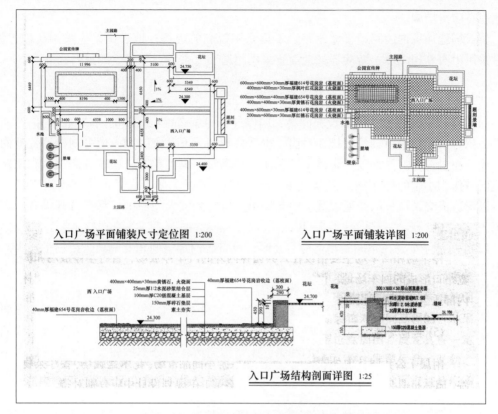

图 9-7　园林广场铺装和结构施工图打印

第三节　常见园林场地类型的设计

一、游戏场的设计

游戏场设计要点。公园内的游戏场要与安静休憩区、游人密集区及城市干道之间，应用园林植物或自然地形等构成隔离地带。幼儿和学龄儿童使用的器械，应分别设置。游戏内容应保证安全、卫生和适合儿童特点，有利于开发智力，增强体质。不宜选用强刺激性、高能耗的器械。

游戏设施的设计应符合下列规定。

（1）机动游乐设施及游艺机，应当符合《游乐设施安全规范》（GB 8408—2008）的规定。

（2）儿童游戏场内应设置坐凳及避雨、庇荫等休憩设施。

（3）宜设置饮水器、洗手池。

（4）儿童游戏场内的建筑物、构筑物及设施的要求：室内外的各种使用设施、游戏器械和设备应结构坚固、耐用，并避免构造上的硬棱角；尺度应与儿童的人体尺度相适应；造型、色彩应符合儿童的心理特点；根据条件和需要设置游戏的管理监护设施。

（5）戏水池最深处的水深不得超过 0.35m，池壁装饰材料应平整、光滑且不易脱落，池底应有防滑措施。

游戏场地面场内园路应平整，路缘不得采用锐利的边石；地表高差应采用缓坡过渡，不宜采用山石和挡土墙；游戏器械地面宜采用耐磨、有柔性、不扬尘的材料铺装。

二、停车场的设计

（1）停车场的位置，一般设在园林大门以外，尽量布置在大门的同一侧。大门对面有足够面积时，停车场可酌情安排在对面。少数特殊情况下，大门以内也可划出一片地面做停车场。在机关单位内部没有足够土地用作停车场时，也可扩宽一些庭院路面，利用路边扩宽区域作为小型的停车场。面临城市主干道的园林停车场，应尽可能离街道交叉口远些，以免造成交叉口处的交通混乱。停车场出入口与公园大门原则上都要分开设置。停车场出入口不宜太宽，一般设计为 7~10m。

（2）园林停车场在空间关系上应与公园、风景区内部空间相互隔离，要尽量减少对园林内部环境的不利影响，因此一般都应在停车场周围设置高围墙或隔离绿带。停车场内设施要简单，要保证车辆来往和停放通畅无阻。

（3）停车场内车辆的通行路线及倒车、回车路线必须合理安排。车辆采用单方向行驶，要尽可能取消出入口处出场车辆的向左转弯。对车辆的行进和停放，要设置明确的标识加以指引。地面可绘上不同颜色的线条，来指示通道，划分车位和表明停车区段。不同大小长短的车型，最好能划分区域，按类停放，如分为大型车区、中型车区和小型微型车区等。

（4）根据不同的园林环境和停车需要，停车场地面可以采用不同的铺装形式。城市广场、公园的停车场一般采用水泥混凝土整体现浇铺装，也常采用预制混凝土砌块铺装或混凝土砌块嵌草铺装；其铺装等级应当高一点，场地应更加注意美观整洁。风景名胜区的停车场则可视具体条件，采用沥青混凝土和泥结碎石铺装为主；当然如条件许可，也可采用水泥混凝土或预制砌块来铺装地面。为保证场地地面结构的稳定，地面基层的设计厚度和强度都要适当增加。为了地面防滑的需要，场地地面纵坡坡度在平原地区不应大于 0.5%，在山区、丘陵区不应大于 0.8%。从排水通畅方面考虑，地面也必须要有不小于 0.2% 的排水坡度。

车辆的停放方式，按车辆沿着停车场中心线、边线或道路边线停放时有三种：平行式、垂直式、斜角式（图 9-8）。停车方式对停车场的车辆停放量和用地面积都有影响。

1）垂直式。车辆垂直于场地边线或道路中心线停放，每一列汽车所占地面较宽，可达 9~12m；并且车辆进出停车位均需倒车一次。但在这种停车方式下，车辆排列密集，用地紧凑，所停放的车辆数也最多；一般的停车场和

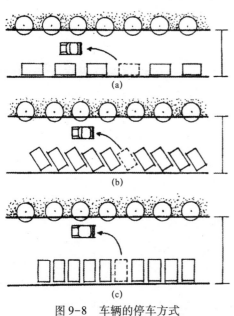

图 9-8　车辆的停车方式
（a）平行式；（b）斜角式；（c）垂直式

宽阔停车道都采用这种方式停车。

2）平行式。停车方向与场地边线或道路中心线平行。采用这种停车方式的每一列汽车，所占的地面宽度最小，因此这是适宜路边停车场的一种方式。但是为了车辆队列后面的车能够驶离，前后两车间的净距要求较大；因而在一定长度的停车道上，这种方式所能停放的车辆数比用其他方式少 1/2～2/3。

3）斜角式。停车方向与场地边线或道路边线成45°斜角，车辆的停放和驶离都最为方便。这种方式适宜停车时间较短、车辆随来随走的临时性停车道。由于占用地面较多，用地不经济，车辆停放量也不多，混合车种停放也不整齐，所以这种停车方式一般应用较少。

图9-9是停车场的几种布置形式。根据停车场位置关系、出入口的设置和用地面积大小，一般的园林停车场可分为如图中所绘的停车道式、转角式、浅盆式和袋式等几种。

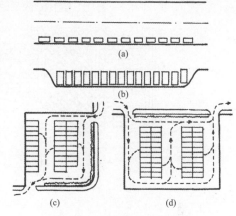

图9-9 停车场的布置形式

（a）停车道式；（b）浅盆式；
（c）转角式；（d）袋式

三、园林场地与园路的交接

园路与园林场地的交接，主要受场地设计形式的制约。规则场地中，园路与其交接有平行交接、正对交接和侧对交接等方式。对于圆形、椭圆形场地，园路在交接中要注意，应以中心线对着场地轴心（即圆心）进行交接，而不要随意与圆弧相切交接。这就是说，在圆形场地的交接应当严格对称；因为圆形场地本身就是一种多轴对称的规则形〔图9-10（a）〕。

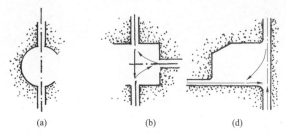

图9-10 园路与园林场地的交接

（a）圆形场地宜对中交接；（b）对中交接影响场地的使用；（c）沿边交接对场地使用的影响较小

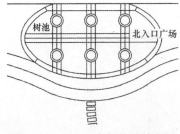

图9-11 北入口广场的设计范围

园路与不规则的自然式场地相交接，接入方向和接入位置就没有多少限制了。只要不过多影响园路的通行、游览功能和场地的使用功能，则采取何种交接方式完全可依据设计而定。以图9-10（b）中自然式场地交接情况为例，园路若从场地正中接入，则使路口左右两侧的场地都被挤压缩小，对场地本身的使用就会有很大的影响；若从场地一侧接入园路，则场地另一侧保留的面积比较大，场地功能所受的影响就比较小了［图9-10（c）］。

根据园林广场的设计实践操作方法，完成该校区中心公园如图9-11、图9-12所示的两处广场，即南入口广场、北入口广场的平面铺装设计和结构设计。

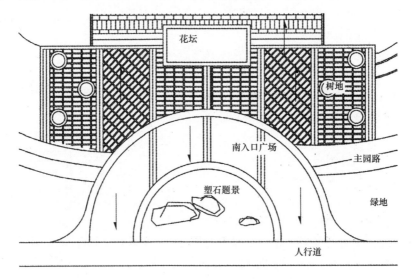

图9-12　南入口广场的设计范围

第十章

园林场地景观设计案例

案例 1　绿荫如盖的隐居处

1. 设计说明

（1）从街道到前入口的过渡要自然。

（2）提供一个与外部隔离、向后回退的遮阴性花园。

（3）结合一些可食用的植物。

2. 主题构成

（1）90°/矩形网格（下沉的天井）。

（2）120°/六边形网格（平台和后院）。

（3）自由螺旋线（前面的人行道）。

（4）蜿蜒曲线（前面的花床和车行道）。

3. 设计原则

（1）主景。遮阴设施构成后院的主焦点。小喷泉成为这一回退的花园内的第二焦点。

（2）趣味性。改变多边形边界的方向，为后院的空间带来动感。植物增加了形式和色彩的种类。

（3）韵律。在平台和回退的花园之间反复使用多边形铺装物以创造出一种规律性。

（4）尺度。强调家庭尺度。设计成适于2~4人的私密性空间。

（5）空间特点。入口的步行道由两段台阶组成"S"形，沿斜坡深入前院。这一步行道向两头延伸，传递着开始和到达的意境。后院的植物篱墙组成了较大的室外空间。四周的植物绿篱和头顶的遮阴设施围合成一个高度封闭的回退花园。遮阴设施的顶篷在四周向下倾斜，使得四周的各边处形成了更加私密的小空间。

（6）统一性和协调性。后院统一于三角形网格的角度重复。流动的曲线把前院的空间和元素连接在一起。与建筑相接的景观元素以直角相连。种植床软化了前院的方形和弯曲形体之间的过渡。

本案例涉及的设计图及实景如图 10-1~图 10-7 所示。

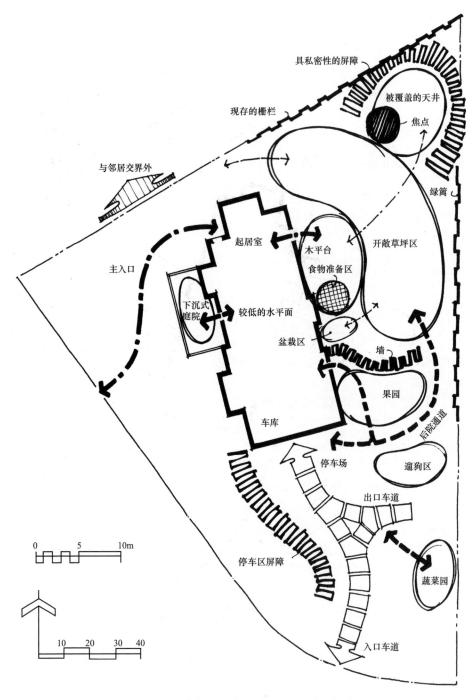

具私密性的屏障

现存的栅栏

被覆盖的天井

焦点

与邻居交界处

绿篱

起居室

木平台

开敞草坪区

食物准备区

主入口

下沉式庭院

较低的水平面

盆栽区

墙

果园

后院通道

车库

停车场

遛狗区

出口车道

0　　　5　　　10m

停车区屏障

蔬菜园

入口车道

10　　20　　30　　40

图 10-1　绿荫如盖的隐居处——概念性平面图

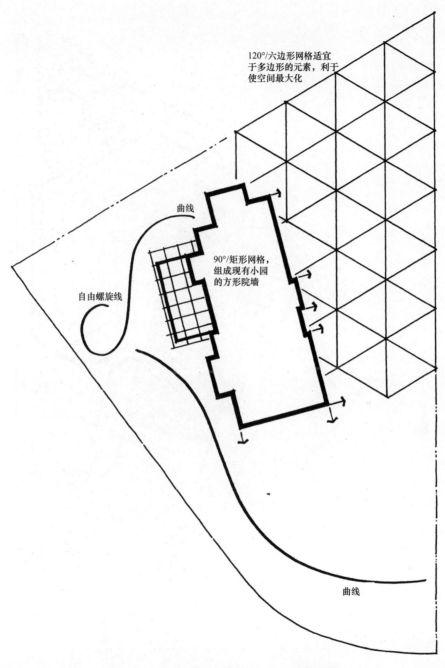

图 10-2　绿荫如盖的隐居处——主题创作图

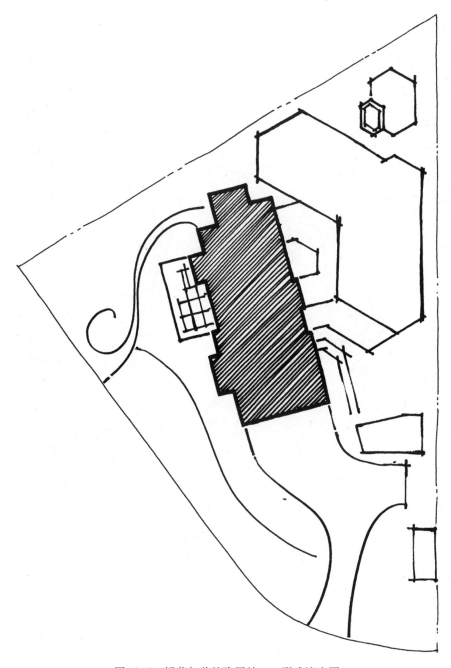

图 10-3　绿荫如盖的隐居处——形式演变图

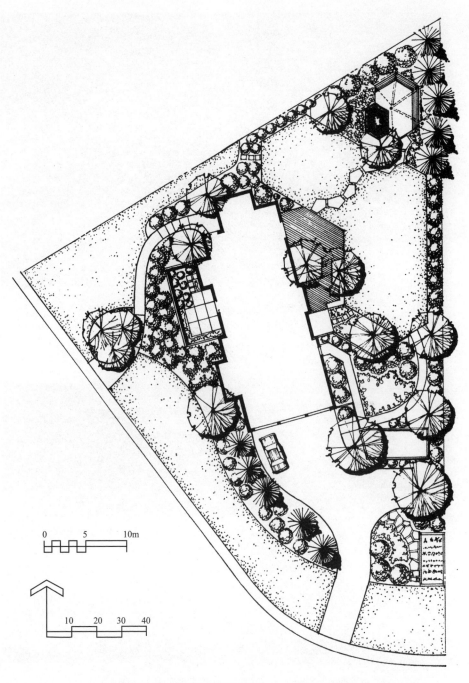

0　　5　　10m

10　　20　　30　　40

图 10-4　绿荫如盖的隐居处——最终设计图

图 10-5　绿荫如盖的隐居处——前入口步道

图 10-6　绿荫如盖的隐居处——带角的后院木平台

图 10-7　绿荫如盖的隐居处——有喷泉的安静休憩平台

案例 2　平台连接

1. 设计说明

（1）利用新建湖岸产生的额外地面。

（2）使新建的景观建筑产生出是原有建筑延伸的感觉。

（3）使湖面的景观最大化。

（4）把岸上活动和水上活动连接起来。

（5）充分利用从室外大门到地面的显著高差（6ft，约 2m），开发设计有趣竖向感受的可能。

（6）创造室外放松和娱乐的起居空间。

2. 结构主题

（1）135°/八角形主题重复（游船和游泳平台）。

（2）135°/八角形主题（紧挨建筑作为建筑线的延伸）。

（3）弓形主题（低处主平台）。

（4）多圆组合主题（地面的庭院）。

3. 设计原则

空间序列和连接：上层平台是小型私密的空间。左侧的热水池平台是一个高度私人和封闭的空间。右侧的烧烤平台可以远眺风景。

两段优美的台阶在平台处会合，然后下到大又开阔的中心娱乐平台。另外两段台阶下到地面层和室外空间连接，该室外空间以部分被种植隔开的庭院形式出现。总体来看，建筑呈梯级的景观形式扩展，与长满草的地面边界结合。平坦的草地围合着湖面。小型的八角形游船平台似乎在召唤参观者去探索湖中的美景。该设计完全是围绕着连接来展开的——建筑和场地的连接以及室内室外活动和场地的连接。

（1）趣味。除了空间序列外，各种结构形状的变化也给景观带来趣味。感觉的丰富性来自喷泉的声音和触感。

（2）统一性。建筑的材料和颜色在景观结构上的重复使组合有了统一性。

（3）协调性。各形状间有强烈的连接并且交通流畅。半圆形使直线到曲线的过渡非常协调。草地和水面形成的相似面和谐共处。

（4）强调。最大的视觉吸引来自湖水本身的光线质量变化。小型的视觉焦点为庭院后的喷泉和中心的火盆。半圆形的平台是中心的主导结构，其周围连接着其他的结构。

（5）尺度。小空间设计供 2~4 人使用，而其他的空间预计容纳多达 20 人。一旦出去到达湖上，尺度感受就变得更加"宏大"。

本案例涉及的设计图及实景如图 10-8~图 10-11 所示。

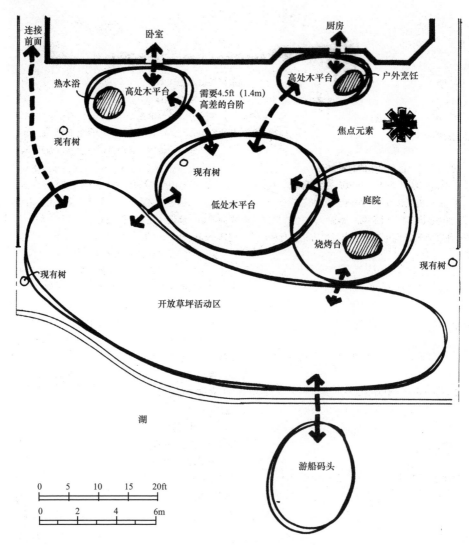

图 10-8　平台连接——概念平面图

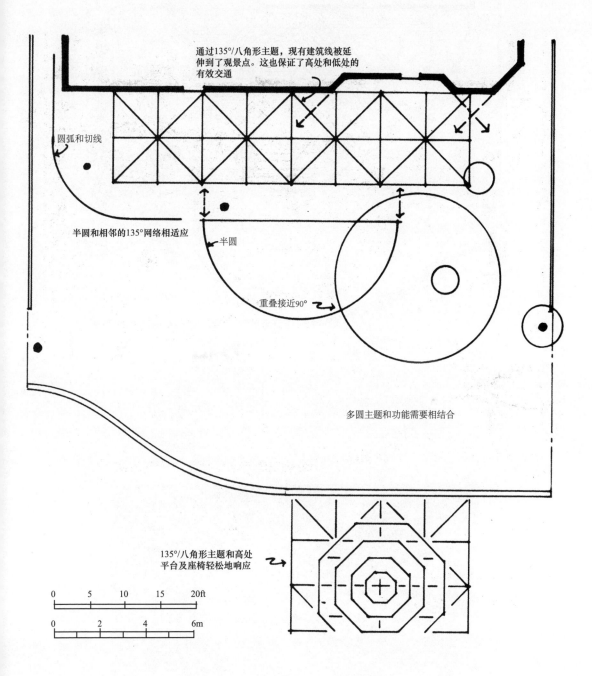

通过135°/八角形主题，现有建筑线被延伸到了观景点。这也保证了高处和低处的有效交通

圆弧和切线

半圆和相邻的135°网络相适应

半圆

重叠接近90°

多圆主题和功能需要相结合

135°/八角形主题和高处平台及座椅轻松地响应

0 5 10 15 20ft

0 2 4 6m

图 10-9 平台连接——主题构成图

285

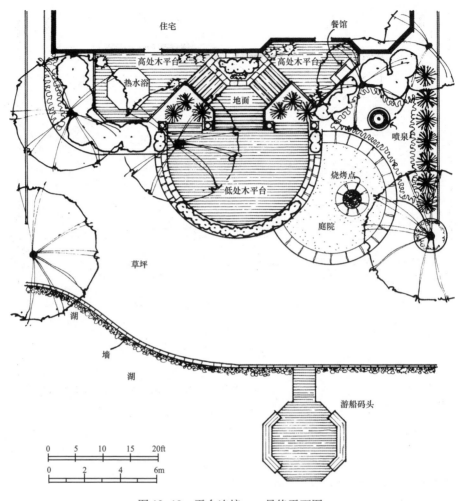

图 10-10　平台连接——最终平面图

图 10-11　平台连接——远望热水浴平台

参 考 文 献

［1］里德．园林景观设计：从概念到形式［M］．郑淮兵，译．2 版．北京：中国建筑工业出版社，2016.

［2］尹文，顾小玲．风景园林设计［M］．上海：上海人民美术出版社，2014.

［3］王晓俊．西方现代园林设计［M］．南京：东南大学出版社，2000.

［4］刘涛．园林景观设计与表达［M］．北京：中国水利水电出版社，2013.

［5］易军，等．园林硬质景观工程设计［M］．北京：科学出版社，2015.

［6］田永复．中国园林建筑构造设计［M］．北京：中国建筑工业出版社，2004.

［7］张建林．园林工程［M］．北京：中国农业出版社，2002.

［8］韩玉林．园林工程［M］．重庆：重庆大学出版社，2006.

［9］陈祺．山水景观工程图解与施工［M］．北京：化学工业出版社，2008.